UNREAD

SPYING
ON
WHALES

# 鲸之骨

穿越海陆
与
时空的
寻鲸之旅

[美]
尼克·彭森
著

曾千慧 译

THE PAST,
PRESENT,
AND FUTURE OF
EARTH'S MOST
AWESOME CREATURES
NICK PYENSON

海峡出版发行集团 | 海峡书局
THE STRAITS PUBLISHING & DISTRIBUTING GROUP

图书在版编目（CIP）数据

鲸之骨：穿越海陆与时空的寻鲸之旅 /（美）尼克
·彭森著；曾千慧译. -- 福州：海峡书局，2022.5
书名原文：SPYING ON WHALES
ISBN 978-7-5567-0942-7

Ⅰ. ①鲸… Ⅱ. ①尼… ②曾… Ⅲ. ①鲸—普及读物
Ⅳ. ①Q959.841-49

中国版本图书馆 CIP 数据核字 (2022) 第 035657 号

图字：13-2022-020 号
审图号：GS（2022）936 号

出 版 人：林彬
责任编辑：廖飞琴 龙文涛
特约编辑：王羽嚞 庞梦莎
美术编辑：王颖会
封面设计：吾然设计工作室

鲸之骨：穿越海陆与时空的寻鲸之旅
JING ZHI GU: CHUANYUE HAILU YU SHIKONG DE XUN JING ZHI LÜ

作　　者：（美）尼克·彭森
出版发行：海峡书局
地　　址：福州市白马中路15号海峡出版发行集团2楼
邮　　编：350001
印　　刷：三河市冀华印务有限公司
开　　本：710mm×1000mm，1/16
印　　张：17.25
字　　数：220千字
版　　次：2022年5月第1版
印　　次：2022年5月第1次
书　　号：ISBN 978-7-5567-0942-7
定　　价：68.00元

关注未读好书

未读 CLUB
会员服务平台

每位作家在创作时都会想到某个非常特殊的读者，

这本书为你，也为我的家人而写。

动物是不应当由人来衡量的。在一个比我们的生存环境更为古老而复杂的世界里，动物生长进化得完美而精细，它们生来就有我们所失去或从未拥有过的各种灵敏的器官，它们通过我们从未听过的声音来交流。它们不是我们的同胞，也不是我们的下属。在生活与时光的长河中，它们是与我们共同漂泊的别样的种族，被华丽的世界所囚禁，被世俗的劳累所折磨。

——亨利·贝斯顿，《遥远的房屋》（ *The Outermost House* ）

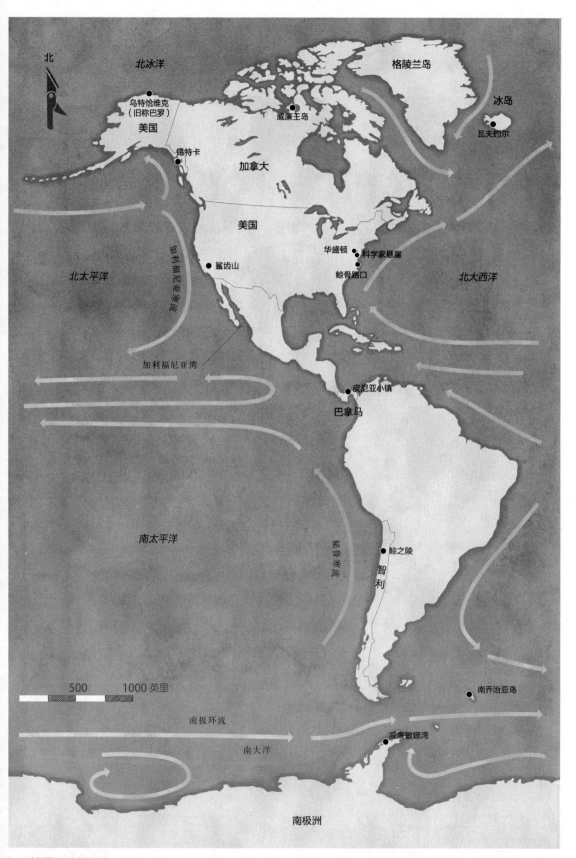

北

北冰洋

格陵兰岛

冰岛

瓦夫约尔

乌特恰维克
（旧称巴罗）

威廉王岛

美国

锡特卡

加拿大

美国

北太平洋

鲨齿山

华盛顿

科学家悬崖

鲸骨路口

北大西洋

加利福尼亚湾

皮尼亚小镇

巴拿马

南太平洋

鲸之陵

智利

500    1000 英里

南乔治亚岛

南极环流

威廉敏娜湾

南大洋

南极洲

注：书中插图系原书插附地图

# 目录

# 序言

　　此时此刻，"旅行者 1 号"和"旅行者 2 号"空间探测器正在距离我们大约 160 亿千米的地方，以每小时约 5、6 万千米的速度飞行，每一艘探测器上都运载着一枚镀金的铜版唱片。它们是我们的信使：携带着我们在太阳系中的位置信息、我们的科学知识架构、一小部分影像和音乐，以及来自全球各地的问候声样本。此外，它们还携带了鲸歌。

　　这些鲸歌记录里的悠长的吱吱声与低吟声来自座头鲸。20 世纪 70 年代，美国国家航空航天局执行了旅行者号的发射任务，我们对鲸的认知正在快速转变，鲸在我们眼里正从猎捕对象转变为新生环境运动的文化标志和象征。当时科学家们刚发现，雄性座头鲸会发出复杂的歌声，每首鲸歌由若干主题组成，而每个主题则由若干音符构成，就像俄罗斯套娃一样嵌套着，循环往复。从我们第一次听到座头鲸的鲸歌，它们就已经开始演化，这些座头鲸就像新兴歌手，它们跨越洋盆，在匆匆旅行中即兴演唱，歌曲中的结构和层次随着年月不断变化、更新。

　　然而，对于局外之人，座头鲸的鲸歌仍然是个谜。我们能够捕捉到鲸歌的变化、细节和复杂性，但我们无从知晓鲸歌的真正含义。我们缺乏必要的背景来破译和理解它——"它"也可以用来指鲸类文化的任何一部分内容。即便如此，我们还是将鲸歌送入了星际空间，因为吟唱这些歌曲的生物是最为高级的生物，我们对它们充满了敬畏与喜爱之情。数千年来，我们猎捕它们，将它们刻入神话与图腾中，用它们的骨头建造了中世纪城堡的拱门。鲸类的存在如此扣人心弦，以至于我们认为它会引起外星生命的兴趣——或许，外星生命能够理解这些超凡脱俗、虚无缥缈的鲸歌。

　　与此同时，地球上的鲸类仍然是神秘的。它们生命中 99% 的时间都位于水下，远离不断接触它们的人类，而人类大部分的观测工具都无法窥见它们。我们只有在安全的船只上瞥见它们的时候，或者当它们被海浪冲刷到岸上之后，才会对它们产生深入的思考。它们还有一段不完全为人所知的演化历程，这段过去令人吃惊。比如说，它们并非一直生活在海里。远在五千万年以前，它们的祖先生活在陆地。随后，这些祖先从四条腿的河岸生物变成了海洋中的巨兽，而这些内容我们只能从它们的化石记录中解读，这些化石记录由四处分散的骨头碎块组成，不均匀地遍布整座地球。

　　我们并不满足于对鲸类知之甚少的现状，因为它们庞大的生命尺度与体形令我们对它们产生了无休止的迷恋。它们是地球上最大的动物。有些鲸类的寿命是我们人类的两倍长。它们的迁徙可跨越一整座大洋。一些鲸类用它们嘴巴内侧上方的"筛子"捕食，另一些鲸类则演化出了用声音在深渊中导航的技能。鲸类用令人难以理解的语言与同类交谈。一直以来，在我们人类历史的短暂片段中，我们对它们的认知已经发生了变化：从最初肆无忌惮地捕杀它们，到逐渐意识到这些动物与我们一样，它们也有自己的文化。而我们的行为无论是直接还是间接的，都在将它们的命运置于岌岌可危的境地。

　　古生物学家是带领我们了解鲸类的好向导，这并不仅是因为鲸类的演化历史十分有趣，而且还因为古生物学家与我们一样，习惯于在不清楚所有事实的情况下提出问题。有时我们会缺失真相：中期的化石因为人为或自然的原因消失了，导致前后历史中的线索无法连贯；为了腾出空间修路，原本可研究的骨床被夷为平地；而有些被误鉴的骨头躺在博物馆的某处抽屉里。当面对这些挑战时，古生物学家开始推理，利用许多不同的证据来理解我们无法直接观察或者研究的过程和原因——其实这同侦探用的方法一样。换句话说，像侦探那样去思考，是一种能够解开鲸类过去、现在和未来的奥秘的有效方法。

这本书并不是一本罗列了每个鲸类物种的综合性书籍——鲸类的物种数量太多了，任何一本比百科全书要薄的书都装不下介绍这些物种的全部内容。相反，这本书有选择性地挑选了一些内容，展现了我们追寻鲸类的旅途，已经灭绝的和仍然存活的。我描述了自己从南极到智利荒漠，到巴拿马的热带海岸，以及到冰岛与阿拉斯加离岸海域的经历。我用了各种各样的设备和工具研究鲸类：吸附在鲸背部的杯状吸盘标记，将鲸的皮肤和脂肪从肌肉与神经剥离的解剖刀具，以及敲开、刮去盖着闪烁的化石骨架上的石头的锤子。

本书的叙述内容将大致分为三个部分：过去、现在和未来。总的说来，我想要回答以下几个问题：鲸从哪里来？现在它们是如何生活的？以及未来，这些生活在地球的人类时代（这是一个新的纪元，有些科学家将之称为"人类世"）的动物将会怎么样？但是我要讲的这些故事并不能十分恰好地被分类装进这三个时间格子里。相反，它们相辅相成并相互作用，因为我们在研究鲸类的时候需要先考虑到手头所有的证据，再考虑采用何种研究思路。要解开现生鲸类的诸多谜团需要了解它们的演化历史，而我们从化石记录中发现的奇妙线索，则可以厘清现生鲸类有意义的事实并预测鲸类未来的发展。

本书的第一章讲述了鲸类的习性如果从陆生转变至完全水生的历史过程，这一过程的推测主要依赖于化石记录提供的证据，记录揭示了早期鲸类的模样。这些化石向我们展现了我们从别处了解不到的鲸类发展的历史细节，而我首先探究了这些线索是如何被挖掘出来的。追随着鲸骨化石，我来到了智利的阿塔卡马沙漠，这里有"鲸之陵"，埋藏着世界上最丰富的鲸类化石。在此，我和同事们为鲸之陵里隐藏的生态学谜团苦苦思索。这个地方是怎么形成的呢？它能够告诉我们鲸类在地质时期怎样的故事呢？

第二章的内容考察了鲸类在生命历史长河中成为体形最大的生物的过程和原因。研究体形最大的鲸类物种具有挑战性，这意味着我们要考虑生物学的极限，还要考虑超大规模的生物每天要做些什么来维持它们庞大的体形。当我在捕鲸站试图将鲸的肌肉与骨头联系在一起的时候，我有了另一个偶然的发现：我在鲸的身上发现了一个全新的感觉器官。这个位于鲸的下颌正尖端的器官对须鲸演化成史无前例的巨兽的方法、时间和原因来说，意味着什么？

最后，本书的第三章探索了鲸类与人类共享人类世地球的未卜前途。仅在 20 世纪，远洋捕鲸活动就已经杀害了超过 300 万头鲸，导致许多鲸类种群的个体数量低于最低丰度水平。尽管如此，在 21 世纪以前，还没有一个鲸类物种走向灭绝。其他物种，例如小头鼠海豚，也在濒于灭绝的物种名单上，目前它们的数量已少于 10 多头或 20 多头。不过从野外调查传来的信息并非都是可怕的：一些鲸类物种正在从濒危边缘恢复过来，甚至随着气候和海洋变化扩张了新的栖息地。根据鲸类现在的生存状态和我们对它们演化历史的了解，我们所设想的人鲸共存的未来会是怎么样的呢？

最后，追求对鲸类的认知是人类的事业之一。本书讲述的故事不只是为了让读者认识鲸类，还要让读者认识研究它们的科学家。这些科学家来自不同的学科领域，从细胞生物学和声学，到地层学和降落伞物理学。还有一些是已逝的学者，但是我们可以通过他们的著作、收藏的标本和他们提出的有深度的问题了解他们。我职业生涯中最棒的特权之一是获得了在史密森尼学会工作的机会，我在这里不仅获得了从事相关科研工作的自由，还得到了某些世界上最大、最重要的第一手物证，包括标本、科研期刊和未发表的实地考察笔记。每一天，我都在思索这些先于我时代的科学家，他们处理着同样的物证，摸索着同一问题的答案，结果却受到了时代条件的制约。我希望这本书能够在介绍鲸类故事的同时，将这些科学家的内心生活也传递给读者们。

第一章

# 过去

# 1
## 如何认识鲸

我呆坐在散落着无数碎冰的海上，碎冰随着海浪的缓慢波动而起伏。我们花了一整个上午的时间在威廉敏娜湾寻找座头鲸，我们的橡皮艇在高耸而锋利的巨大冰山之间穿梭，每一座冰山都犹如一座翻倒的大教堂。现在我们停下来，关掉引擎，静静地听着一头约 36 吨重的鲸游向水面，发出悠扬而响亮的呼吸声，这样的呼吸声意味着我们接近目标了。我们来到南极，来到地球的末端，只是为了将可移除的标记安装在这些庞大的海洋哺乳动物背上，但是我把我们在南极的工作想象得太简单了。当我们坐在露天小艇上等着的时候，我越来越感到我们的脆弱，小艇漂在布满碎冰的海上就像一粒微尘。"别摔下去了。"此时我的朋友兼老同事阿里·弗里德伦德尔面无表情地说。

我努力地回忆我们已经离开"奥特柳斯号"多久了，"奥特柳斯号"是我们的母船，比这艘小艇要大得多，具有防冰的钢制船体。我们的四面八方都被冰原岛峰的景色所包围，锯齿状的岩石尖顶穿透了周围乳白色的冰川顶部，在冰川与海面相接之处，呈现出冰雪峭壁耸立在海湾上的景象。在没有人的大小当参照物的情况下，这些景物看起来似乎很远，又似乎很近。冰、水、岩石和光组成的超自然景色不仅弯曲了我的视线，还扭曲了我对距离和时间流逝的感觉。

如果你将你的左手握成拳头，那么你竖起的大拇指就是南极半岛；而你的拳头则呈现出南极大陆的轮廓。杰拉许海峡是沿着大拇指（南极半岛西部）外侧延伸的其中一段内部通道，而威廉敏娜湾在杰拉许海峡的尽头，围出了一处粗糙的"死胡同"。杰拉许海峡是鲸、海豹、企鹅和其他海鸟的分布热点区，威廉敏娜湾则是这一热点区的靶心。所有来到这里的动物都想要将磷虾纳入腹中，磷虾是一种小体形的甲壳动物，是南极海洋食物网的核心。现在再看看你的手：一只磷虾大概只有你的大拇指那么长，鲸之所以捕食它们，是因为这些磷虾在南极的夏季会聚集形成庞大的群体，或称为"集群"。在适合的阳光与富含营养的海水的共同作用下，密集的磷虾团会形成一种超级生物体，这种生物体可以绵延数千米，每立方米的海水中都有上百只磷虾。以某些标准衡量，磷虾的生物量比地球上其他任何一种动物的生物量都要大。而这个富含卡路里的群体正潜伏在不远的某处，就在我们的船底下。

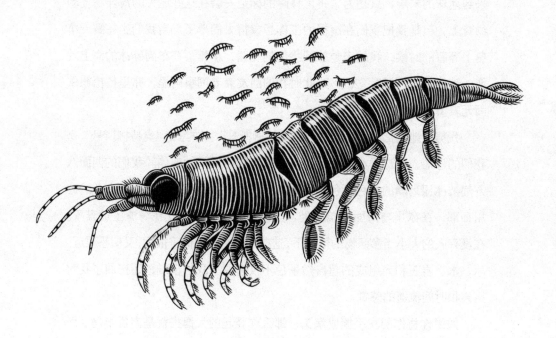

哪里的磷虾产量充足,哪里就会有鲸,但是研究鲸类的最基本问题在于,我们几乎见不到它们。除了它们浮出水面呼吸的时候,或是我们潜水的时候,我们才能以有限的方式去寻找它们。鲸天生就是神秘的生物,我们的许多工具都无法测量它们的生命参数:它们穿越整座海洋,潜入光所达不到的海洋深处,它们的寿命与人类持平——甚至更长。

在威廉敏娜湾,我们的目的是将一个光滑的塑料标记粘在座头鲸的背上,来记录它的声音、影像、它所在的水深以及它的速度变化,甚至记录它的俯仰、摇摆或是滚转运动。我们的标记会通过时间戳的方式为我们提供关键信息,能体现座头鲸如何与环境互动以及它们如何摄食磷虾。阿里和他的同事已经沿着南极半岛给鲸打标记并追踪这些鲸将近20年了,他们根据磷虾团的密度、水温、日光和其他变量的变化绘制鲸的运动轨迹。气候变暖导致两极的温度上升得比地球的其他地方都要快,因此每年都有必要重新绘制轨迹。

我坐在小艇的边缘,阿里正站在小艇的前端扫视水面。我们计划的行程多达数周,而此时距离行程开始已经过去了好几天。一开始我们对尽可能多地给座头鲸安放标记充满希望——因为在理想情况下,座头鲸会集群觅食——然而到目前为止,我们收获寥寥。阿里僵硬地站着,像是一座装饰船头的雕像,他的怀中抱着一把6米长的碳纤维杆。杆子晃动着,节奏和涌浪一致,而在杆子的末端,是泪滴状的标记。我望着天空,云朵在我的头顶缓慢移动,在水面上映出斑驳闪烁的光影,我在想,地球上是否还有其他像南极这样陌生的地方。突然,一声响亮的汩汩声打断了正在发呆的我,接着是从两个鼻孔里喷出水汽的轰鸣声。一头鲸呼气时喷出的喷潮出现了。

我们知道,接下来马上会有更多的喷潮出现。通常一群座头鲸会一同浮出海面呼吸,有时它们的动作同步或只隔几秒钟。它们通常排成一排,在潜入水中之前连续地呼吸几次——除非它们睡着或是真的没力气了,否则鲸似乎宁可待在水下也不愿意留在水面。鲸群成员之间的呼吸紧密协调，这或许与它们想要最大限度地增加待在水下的时间有很大关系，在水下，它们合作觅食，躲避捕食者。一些物种以亲近的家族谱系为单位集结成群，共同迁徙或狩猎；而另一些物种，例如我们面前的座头鲸，则形成暂时的团体，似乎它们之间的相遇只是偶然事件。

"哦！这才对嘛。"阿里喊道。座头鲸呼出的水汽在冷空气中缓慢散去。阿里指着距离小艇十几米远的一小片水面，那里与水面上的海浪相比显得十分平静。这其实是鲸的尾印，尾印暴露了鲸的踪迹，它在我们小艇下方看不见的深处。单片的尾印张开，变成了好几片，每一片都有我们的小艇那么大，尾印从深海抬升起来，旋转并伸展成光滑的百合花瓣形状。我们是对的。"它有伙伴。"阿里说。在没有回声探测器的帮助下——回声探测器在探查鲸的踪迹的同时，也会暴露我们自己的位置——我们利用水面上短暂出现的图案观察它们的路径。

我们启动引擎，稍微向前开了一点，开过了尾印最后一次出现的位置。几秒钟后，就在一瞬间，一对巨大的鼻孔鼓出水面，发出了雷鸣般的声响，喷射出一道掠过我们的水雾。一片背鳍浮出水面，紧接着是第二道和第三道喷潮的出现。"在最后这头鲸后面减速停下，在它们潜下去之前大概还会呼吸三次。"阿里喊道。

我们追踪着这群鲸里的落后者，操纵小艇航行至正确的位置。当我们驶近这群庞然大物之时，阿里在船头俯下身，将杆子伸出去，让带有标记的末端位于背鳍前方。接着，阿里果断地将杆子的末端向着鲸的背部发射出去，标记的吸盘令人满意地重重扣在鲸的皮肤上。当我们把杆子拉回来时，这头鲸转了个身潜入水下。我们停下动作，等着它再次出现。当它再次上浮时，我们看到了它光滑发亮的背上附着霓虹色标记，于是我们欢呼了起来。那头鲸在吸入最后一口气之后，把它那宽得吓人的尾叶伸出水面，然后和其他鲸一起潜入了翡翠绿的黑暗之中。阿里冲我咧嘴一笑，略带得意地通过无线电回复"奥特柳斯号"："打上标记了。"

　　给鲸打标记就有点像在鲸的背上粘一台智能手机，当然了，首先你要有充足的条件能接近这头 40 吨重的哺乳动物。就像你的手机一样，标记也能录视频、追踪地理位置、自动旋转图像，只是这些功能都被置于一个微小、实惠的装置中，这个装置能够集录像、GPS 和加速度计为一体。如此与手机相似的技术，已经推动了一场认识动物如何在它们的世界迁移的革命。科学家们称这是一种生物信标跟踪记录的新方法，这种方法已经引起了生态学家、行为生物学家和解剖学家的兴趣，他们都对动物的空间和时间迁移细节好奇不已。生物信标跟踪记录对于揭示那些难以研究的动物每日、每月甚至每年的曲折路程来说十分重要。将标记粘在企鹅、海龟或是鲸身上，就有机会了解它们如何游泳、它们吃些什么，以及它们做的任何事情。毕竟海洋动物的大部分时间都待在水下，我们观察不到。

　　研究鲸类的活动轨迹与研究陆地上或者海洋里的其他大型哺乳动物的活动轨迹完全不同。为了了解野外的鲸类，研究人员需要花大把的时间待在船上，把标记粘在它们的背上，在水下滑动摄影机，或是操纵无人机从它们的上方观察——前提还是你足够幸运能一开始就遇见它们。生物信标跟踪记录帮助我们克服了在野外遇不上这些动物的难题，通过标记，我们可以远距离观察这些动物的生活，我们的感官延伸得比长焦镜头更远，能够更亲近、更细致地了解它们。以座头鲸为例，标记记录的数据展示了这些鲸如何冲向大规模的磷虾群和其他猎物，大口吞食这些食物的场面，摄食过程还通常有伙伴协同。对于以"温柔海洋巨兽"著称的座头鲸来说，这种包围捕食的形式似乎不太符合这一物种的设定。然而事实上须鲸都是严肃的捕食者，它们并不像吃海草的海牛，反而更像狼或狮子，摄食时要运用高超的策略和讲究效率。千万不要因为它们没有牙齿，或是因为磷虾在逃命时没有惊恐地喊叫，就小瞧它们。

数小时后，"奥特柳斯号"在威廉敏娜湾小心翼翼地前行，两束耀眼的聚光灯光打在船只前进的道路上，搜寻航道前方的冰山。在船头外，我看着厚厚的雪花飘过锥形的光柱，而阿里正在打开无线电的金属天线，追踪我们安装的标记。要获得标记所收集的数据，我们必须将标记回收。我们得找到它们并把它们从水中捞出来，前提是它们已经从鲸背上脱落。按照设计，它们可以在被刮擦、碰撞或自行脱落之前，依靠吸盘的吸力在鲸背上支撑几分钟、几个小时甚至几天的时间。标记上具有浮力的霓虹色外罩可以使整个装置浮在水面，直到我们对它进行三角定位。

在阿里的职业生涯中，他在任何场合、任何一座大洋中打过标记的鲸类物种数恐怕都比别人多。我们互为朋友和同事，具有共同的抱负和黑色幽默，除此之外，我们在南极共事时还建立了一座学科之间的桥梁——我负责古生物学，他负责生态学。这是因为，要探究鲸类如何在五千多万年来演化成海洋生态系统的主人，需要以研究当今的鲸类为基础。而隔行如隔山，要弥合学科之间的鸿沟，不同学科的研究人员有必要共同工作，如果是一起在野外工作，那就更好了。

阿里组装的金属天线看起来像装饰在旧电视机上的一对精心制作的兔

耳。他将天线插进一个带有扬声器的小型接收器里，过了一会儿，我们听到一串断断续续的哔哔声。"哔哔声的间隔告诉我们这头鲸正在睡觉，浮到水面上呼吸，然后又沉下去了。"阿里微笑道，"它打着瞌睡，肚子里装满了磷虾。周六晚上这么消遣还挺不错的。"我们得晚点再回来听听，当我们的标记脱落、浮在水面上的时候，发出的哔哔声是连续不间断的。

现存的大部分大型须鲸都属于须鲸科，须鲸科的鲸在水下以猎捕磷虾和其他小型动物为食。须鲸科是偶蹄目鲸下目下的一科，其成员更是广为人知，包括座头鲸、蓝鲸、长须鲸和小须鲸。须鲸科动物也是这颗星球上体形演化得最大的脊椎动物——它们比最大的恐龙还要重得多。即使是最小的须鲸科动物——小须鲸，其成年个体的体重也可达到 10 吨，大约是一头成年雄性非洲象的两倍重。须鲸科动物的外观相比于其他须鲸（如灰鲸或弓头鲸）有明显的差异：它们从下颌到肚脐之间有长长皱皱的喉囊，喉囊里的褶皱叫"喉褶"（是的，鲸类也有肚脐眼儿，就像你我一样）。这一特征将须鲸科动物与其他须鲸轻而易举地区分开来，而喉褶也在须鲸科动物摄食的过程中起到了重要的作用。

鲸穿越整座洋盆，挖掘记忆中曾经迁徙时到达的摄食场，依概率寻找食物。须鲸科动物随着季节变化而迁徙，迁徙路线跨越整个半球。一头鲸自冬季在热带开始寻找配偶、生育幼崽，夏季则来到极地，在持续的阳光下觅食。须鲸体内还留有嗅叶，而与它们有亲缘关系的齿鲸，例如虎鲸和宽吻海豚，嗅叶早已消失。须鲸可以在海水表面嗅到猎物的踪迹，一旦嗅到些什么，它们可以立刻改进现场搜索猎物的路径。一开始须鲸的嗅觉是为了感知在空气中传播的气味而演化的，而不是水中的气味，我们对鲸这一感官的了解连皮毛都没达到。我们不知鲸以哪种方式，在适当的时机来到对的地方觅食。生物信标跟踪记录的研究结果告诉我们，一旦须鲸来到对的地方、看到猎物群时，它们可能是通过视觉接近猎物的。由于缺乏齿鲸的"回声定位"能力，视觉很可能是须鲸在近距离场合下的主导感觉。

当猎物进入狩猎范围后，须鲸会快速摆动尾叶，将自己的游速提到最快，开始进行神奇的冲刺捕食。它们从海面下方冲出，在触及磷虾群或者鱼群的前几秒张开自己的血盆大口，鲸口之巨大甚至可能大过整头鲸。当它把下颌张开时，一股强劲的海水立刻灌入它的口中，将它的舌头向后压去，直冲入它的喉囊中。在短短几秒钟之内，须鲸那皱成手风琴一般的喉囊像降落伞打开一样鼓了起来。含入充满猎物的海水之后，须鲸便减速至几乎停了下来，此时它的喉囊鼓胀得很，看起来一点儿也不像之前那头长着翅膀般修长的动物。接下来几分钟，须鲸会慢慢地把嘴里的海水通过鲸须排出口腔，直至它的喉囊恢复至原始的样子，再把过滤出的食物吞下。为了躲避即将到来的"死亡吞噬"，磷虾和小鱼部署了分散逃窜的防御战术。结果就是，一头成功的须鲸可以一口吃掉一个更大、更分散、更具活力的超级生物体。

冲刺捕食被人们描述为地球上最大的生物力学事件之一，这也不难理解，请你想象一下，一头成年蓝鲸在数秒内含下一口水的体积，就相当于它吞了一间大客厅。座头鲸身上的标记告诉我们，在南极的其他地方，这些座头鲸有时会成对地在海底觅食，它们相伴而游，步调一致地用它们的下颌蹭海底。标记还告诉我们，须鲸科的动物和我们一样，也有左撇子和右撇子，当它们在水下滚动身体进食时，有的喜欢向左边滚，有的喜欢向右边。

科学家们打上的标记越多，我们对鲸类缺乏认知的事实就越明显。科学家们发现，蓝鲸在冲刺捕食之前有一个特定的行为。它们的头部尖端会向着食物旋转360度，这么做或许是为了将它的嘴巴精确地对准磷虾群。有一种带倒刺的轻型标记，可以深深地钩在鲸背鳍的皮肤之下，这种标记曾经追随南极小须鲸在大洋迁徙了12800多千米远，从南极半岛一直到亚热带海域。只要鲸一浮出水面，标记就会直接上传数据给卫星，历经数周到数月，直至标记脱落。这些标记对记录罕见的鲸类物种也特别有用，例如喙鲸。附着在柯氏喙鲸身上连接着卫星的潜入式标记，精确地揭示了柯氏喙鲸令人惊异的潜水极限——它们为了捕食枪乌贼和硬骨鱼，能屏住呼吸超过137.5分钟，潜入2992米的深海，创造了哺乳动物的潜水深度新纪录。如果屏住呼吸超过两个小时的画面打动不了你的话，那就想象一下你追着你的晚饭游到海面下近3000米的深处的场景吧。

结合标记数据和活体采样飞镖所获得的组织样本，我们了解到，这些座头鲸仅在南半球的夏季才到南极半岛西部摄食。在南半球的初秋到来前，它们离开结冰的海湾，穿越包围着南极洲的庞大的南极环流，沿着数千千米的不同路线到达温、热带海域。在威廉敏娜湾出现的绝大多数座头鲸，将会回到太平洋沿岸低纬的哥斯达黎加和巴拿马海域交配、繁衍后代，并且在南半球的下一个夏季到来时，再次回到南大洋觅食。


我们最终回收了标记，带着标记与标记里的数据，继续前往位于威廉敏娜湾另一侧的库佛维尔岛。当"奥特柳斯号"驶出杰拉许海峡、开向库佛维尔岛时，我从船尾望向我们经过的冰山，这些冰山比我之前见过的任何冰山都要大。它们残缺的侧面有30米高，映衬出乳蓝色和银灰色的光。它们将海面的光反射回天空，以超自然的方式闪耀着，仿佛它们并不是在这颗星球上形成的一般。当然了，这些冰山的大部分都藏于水下，因此水下的环境对"奥特柳斯号"来说有点危险，它必须小心翼翼地与这些冰山保持一定的距离。然而，即使是如此宏伟壮丽的冰山也有令人不可思议的一面，它们的寿命有限：就算是最大的冰山，哪怕其平台宽广得堪比一座城市，这些冰山的冰层也会脱落，经历千百年的消磨，最终成为海洋的一部分。

南极半岛的周围分散着若干座岛屿，就像我们正在接近的那座一样，这些岛屿在20世纪初期和中期，被作为无法居住的、仅供捕鲸作业用的场所。如今，人类文明在这里留下的只有残存的鲸骨以及偶尔出现的混凝土塔架。塔架上面挂着铜牌，表明此处是露天的文化遗址。我们把橡皮艇拖上岩石滩之后，我走向那些风化了的、被染绿了的鲸骨，这些骨头就像建筑工地上的备用木材一样散落地堆着。

解读鲸骨——寻找、研究鲸骨就是我的工作，尽管有时我感觉是骨头自己找到了我。我花了太多的时间寻找它们，为它们分类并进行思考，以至于我的大脑能够立刻识别出来，哪怕是鲸骨上最细微的曲线和纬线。鲸的骨骼相对来说体积巨大，因此通常要找到它们需要先确定你就在对的地方附近——只要来到对的地方，那发现鲸骨就不是一件意外的事情了，特别是在一个废弃的捕鲸站现场。在库佛维尔岛上，当只有30厘米高的巴布亚企鹅从我脚边快速跑过时，我闪过身子，立刻在脑海里为我遇到的第一具鲸骨列清单：肋骨、部分肩胛骨、肱骨和颅骨的碎块。很明显，这些骨头属于须鲸科，从大小来看，这些骨头的主人可能是座头鲸，甚至也可能是长须鲸。一些更完整的椎骨在海岸线上巧妙地保持着平衡的直立姿态，这或许是来南极观光的游客们摆的。成千上万的游客在南半球的夏季穿过南极半岛，试图在此拍摄一张完美的照片。

如果这些鲸骨来自座头鲸，那就没什么好惊喜的了，毕竟现在生活在南极洲周边海域的座头鲸数量这么多。某些被我们打了标记的座头鲸还可能是这些鲸骨主人的后代，与它们拥有相同的血脉。但是历史告诉我们，倘若我们把时间调回一个世纪以前，生活在这里的可不只有座头鲸：蓝鲸和长须鲸在那时的数量没有数千头也有数百头，小须鲸、喙鲸甚至南露脊鲸也是南极鲸群的一分子，而如今，阿里在此观察鲸类已经超过15年了，他看过成千上万头的鲸，却仅仅见过一头南露脊鲸。南露脊鲸在过去两百年的捕鲸史中遭到重创，其种群数量迄今难以恢复，我们对它们知之甚少，仅仅了解到它们的冬季繁殖场沿着澳大利亚、新西兰、巴塔哥尼亚和南非受保护的海岸线分布。

消失的不只有南露脊鲸。关于曾经生活在南大洋的任一鲸类物种到底有多少头，人类缺乏记忆或记录，只知道在 20 世纪的捕鲸史中，仅仅在南半球，人类就已捕杀了超过 200 万头鲸。然而，随着南大洋鲸类的种群数量逐渐从这次大灾难中恢复过来，我们开始还原此处的历史场景。2009 年的一次科考中，阿里和他的同事在威廉敏娜湾目睹了一次空前的景象，超过 300 头的座头鲸聚集到了一起，这可是有史以来记录到的最高密度的须鲸聚集现象。"这些鲸可没有极限，毕竟这里有这么多磷虾可以吃。理论上来说，它们在不得不离开之前，是怎么样都吃不完的。"阿里回忆着当时的场景说，"令人难以想象的食物资源基础意味着鲸类的种群数量恢复只是时间问题——我认为我们那年在威廉敏娜湾看到的盛况正是捕鲸未发生前的南极海域的冰山一角。"总体看来，尽管沿南极半岛分布的座头鲸数量已经恢复到接近 20 世纪初捕鲸前的最佳估计值，然而它们在南大洋的数量才恢复至捕鲸前数量的 70% 而已。

我在一块没有沾上鸟粪的礁石上停下来，在考察笔记里记下一些关于鲸骨风化程度和测量数据的信息。西南方的天空翻滚着暗灰色的云，预示着风和雪即将到来，我感觉到一股寒意爬向我潮湿的脚趾和指尖。我脱掉我的手套，将手伸向上衣口袋里的一次性暖手宝。在一堆乱七八糟的收据和糖果包装纸中，我摸到了我儿子在家里的厨房柜台上留给我的便条：

> 你去南及的时后
> 我会相你的

在我离开马里兰州的家的前一晚，我和儿子在一个塑料球上描绘考察的路线。他想知道 12800 千米有多远，我没有告诉他答案，我说"太远了"。我向他再三保证，德雷克海峡很安全，我们也会注意保暖。"当我们喝着热巧克力的时候，我会想你的。"我说道，并用微笑掩饰自己的担忧。

当我们启动橡皮艇，离开库佛维尔岛向着"奥特柳斯号"进发时，翻滚的云朵开始落雪，厚实而潮湿的雪花把我们覆盖。橡皮艇狠狠地撞击着浪花前行，此时我们看见远处有座头鲸上浮至水面，它们一呼气，大风马上就把它们呼出的喷潮吹向它们身后。在同一片视野里，既出现了那些鲜活的、正在呼吸的、摄食的鲸，也出现了岛上那些搁置在海滩上的鲸骨，这一景象让我感觉自己好像能同时看到现在和过去，而每段时间都在诉说各自的故事。无论是库佛维尔岛上的鲸骨，还是阿里在杰拉许海峡的生物标记工作都为研究南极的座头鲸打开了独有的窗口，即使我们透过这些窗口看见的事物十分不完整：过去的故事只能由散落在遥远海岸的几块骨头呈现，而现在的故事只能由搭乘在鲸背上数个小时或数天的记录仪提供的数据诉说。

为了认识世界，科学家们历经了数年的培训和研究，最终却大多把自己困于知识的谷仓中，然而解决科学问题的最佳方法却出现在学科的边缘。阿里和我都想知道须鲸是如何、在何时以及为什么演化成了海洋中的巨兽——阿里想了解更多关于它们现在的生态优势的内容，而我想知道它们在地质时期经历了什么。要回答鲸的巨大化起源这一基本问题，需要从多门学科中提取数据和见解，换言之，我们需要不同学科的观点与科学家来克服这些巨大的挑战，以了解几乎难以触及的鲸的生活。这便是为什么像我这样一名古生物学家正在地球的尽头，站在船上给鲸打标记：我需要参与一线工作，才能确切地认识到我们可以从标记中获得些什么。但是，最困扰我的鲸的问题，却不是一个标记就能为我解答的。这意味着我还要做些别的工作，我还要抱着博物馆的标本，拿着显微镜的玻片，翻阅几个世纪以前的科学文献，还要跋涉在及膝的鲸尸里。

风卷走了我潮湿的手套里的最后一点温暖，从兜帽灌进了我的领口，此时我正紧紧地拽住橡皮艇边的绳子。一百多年以前，首批科学家来到这里时，可没有那么奢侈的一次性暖手宝。他们的遭遇比我们想象的还要惨烈，能够安全返回的确定性也更低。在如此艰苦的环境下，他们必须克服野外工作的压力：揭露未知事物的渴望打败了在远离文明的世界里生活的恐惧。我拍了拍儿子给我的便条，将它完好无损地放回我的上衣口袋里。热巧克力听起来不错。

# 2
## 无与伦比的哺乳动物

我从来都不是一名鲸的狂热者。我不曾依偎着鲸的毛绒玩偶睡觉，也不曾在我的房间里贴座头鲸的海报，用悬挂的吸顶灯装饰。与大部分孩子相同，我经历过热情高昂的学习阶段：鲨鱼、埃及学、神秘动物学和古生物学。我的小古董柜里塞满了我收藏的小礼物和发现的宝物，而我的研究历程也或多或少地受到了这些珍藏的启发，这些珍藏里有我父母在加利福尼亚的朋友赠送的鲍鱼壳，有居住于新墨西哥州三叶虫腹地附近的姑姑赠送的化石，还有我在田纳西州和新斯科舍省的家庭旅行途中收集的蕨类植物化石（在蒙特利尔岛上很难找到好的化石）。我的珍藏就像是一种有形的精神支持，穿越地理与时间，同时，在我父母和意识到我这种无目的的好奇心的教授们的默许鼓励下，我如饥似渴地阅读关于恐龙、猛犸象和鲸鱼的故事。

在我沉迷学习的某个阶段，我看见了一张地图，这张地图展示了全世界鲸类物种的分布位置。我的手指在地图上沿着世界上最大的鲸——蓝鲸的分布范围移动，直至其沿着圣劳伦斯河向上，挨到我家附近。我开始设想自己能否有机会在自家附近，看到一头蓝鲸偶然浮出水面。儿时，在家附近遇见蓝鲸的梦想时常跃入我脑海里，然而在 20 年之后，我才以一名科学家的身份，认真地考虑这一梦想实现的可能性。

出于某些很难解释的原因，演化树上的一些分支变得十分个性化。我们在看似与我们相近的生物身上寻找与我们的某部分相似的影子，例如家猫的不屑和乌龟的不懈，但是最后我们发现，这些物种截然不同，我们拥有共同的祖先，然而各自的演化和亿万年的时间已将我们重新改造得面目全非。这些差异在鲸类的身上显得最为突出，它们看起来大多是另一个世界的生物，真的，它们既迷人又神秘。让人苦恼的是，它们体现了一种不协调感，因为它们在很多方面都违背了哺乳动物的传统，而且它们的外观和生活与我们相差甚远。它们在水中的体形、力量和智慧令人震惊，它们无与伦比，性情温和且对我们的生活没有威胁。它们几乎是人类梦想中的外星生命：平易近人，阅历丰富，神秘莫测。

虽然看到那些只会纸上谈兵而不付诸行动的专家的狂想庆祝时，我会皱起眉头，但我没有说任何鲸豚爱好者的不是。的确，鲸类和它们的生命是高等的，是与众不同的，就像值得一读的史诗级散文，但是它们惊人的特质对身为科学家的我来说只是起点。鲸类本身并不是我研究的终点，它们只是引领我走向探索之旅的大门，这趟探索之旅穿越海洋和时空。我研究鲸类是因为鲸类能向我展示我接触不到的世界、我感觉不到的经验尺度，它们的身体构造还能体现演化的运作过程。我通过地质锤、刀片或 X 光，找寻它们提供的证据——化石、柔软的部位或者骨头。通过研究这些证据来解答超越我们生命界限的问题是切实可行的。鲸类的历史可追溯到超越了千百万年的深时，这是需要重视的，因为过去世界出现的一些特征，例如海平面上升和海水酸化，即将在不远的未来重现。我们需要参考这样的历史背景，来推测鲸类在人类世的地球上将会发生什么。

当我们提起与我们亲缘关系相近的哺乳动物时，通常会联想到一些毛茸茸、目光敏锐、尾巴摇摆、弱小的动物，但同样是哺乳动物的鲸类却十分不同。首先，只有少数哺乳动物一生都生活在水中，鲸类就是。它们身上的毛只出现在刚出生的幼崽吻部。尽管鲸类也有和你我一样的指骨，但它们的指骨是扁平的，由同一团肉包裹，整副鳍肢呈现为流线型的叶状翅膀，没有蹄或爪破坏它们完美的"水翼"。后肢只残留在屈指可数的几个物种身上，后肢骨的残余物深埋在肌肉和脂肪中。鲸类的脊椎末端是一条类似鲨鱼尾巴的厚尾鳍，但是和鲨鱼或者硬骨鱼不同，鲸类在游泳的时候，脊椎是上下摆动的，而非左右摆动。简单来说，鲸类看起来一点儿也不像松鼠、猴子或是老虎，但鲸类和其他哺乳动物一样终生呼吸空气，胎生，抚育幼崽，与同类相互陪伴。

化石告诉我们早期的鲸类看起来明显更像典型的哺乳动物。最早的鲸类有四条腿，鼻孔位于口鼻部（吻部）前端，甚至可能还有皮毛（这一观点在古生物学家之间还有些争论，因为皮毛不容易变成化石）。它们具有锋利的、刀片状的牙齿，沿着有溪流的林地直至河流三角洲分布，偶尔也在温暖的赤道浅海沿岸的半咸水区觅食。这些居住于陆地、四条腿的原始鲸类化石，来自大约5000万年到4000万年前的岩石序列，这些岩石序列位于巴基斯坦和印度的山岭上。当时，印度次大陆还没有撞上亚洲大陆，而是坐落在地中海的前身——特提斯海中间，特提斯海在赤道位置将旧大陆南北分隔开来。

大部分早期鲸类的骨架都跟现在家养的大型犬差不多大。因为它们生活在陆地上，所以在它们身上找不到和现生鲸类一样扁平的前肢和指骨，相反，它们四肢的骨骼是圆柱状的，能够负重，手和脚的骨骼末端都是优雅、精致的指骨。从我们已发现的骨骼化石推断，它们的尾巴也不像现生鲸类的尾叶。科学家们根据它们的起源和特征，分别为它们赋予了含义深刻的拉丁文名。例如巴基鲸（*Pakicetus*），巴基鲸发源于现在的巴基斯坦，那里曾经是某群岛中的一座岛屿，早期的鲸类顺着溪流进出此岛。游走鲸（*Ambulocetus*）是一种低矮的早期鲸类，身体和头骨比例有如鳄鱼，其拉丁文可直接翻译为"步行的鲸"。慈母鲸（*Maiacetus*）是罕见的早期鲸类之一，我们博物馆保存有一副近乎完整的慈母鲸骨架。"慈母鲸"之名来自一具原始标本，在该标本腹腔附近有一具胎儿骨骼。现生鲸类分娩时，绝大部分胎儿都是尾巴先离开母体，而慈母鲸化石中胎儿的后向位置表明，在这一演化阶段的鲸仍是在陆地分娩，因为胎儿都是头部先离开母体。

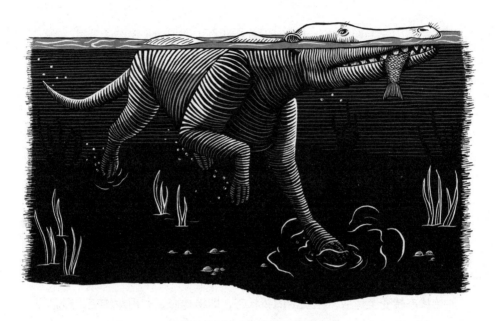

巴基鲸，陆生动物，在始新世的河床中游走

　　我们在现生鲸类身上完全找不到四条腿、指骨分离和牙齿锋利的特征组合。这些古老的生物演化成鲸的初始原因十分微妙，深深埋没于它们的骨骼中。对于我们来说这是一件好事，因为这意味着答案有可能随着这些坚硬的物质被保存了上千万年。鲸类最重要的特征之一就是包膜，包膜是外耳耳骨上的一截扇形骨质，像小海螺一样卷曲。巴基鲸有包膜，在其之后的鲸类族谱的每一分支上的动物都有包膜。包膜连同内耳和头盖骨的一些小特征，是早期鲸类和现生鲸类独有的，其他哺乳动物身上无此踪迹。换言之，这些特征正是鲸成为鲸，而非其他生物的原因。虽然目前我们还不清楚包膜是否能提高巴基鲸在陆地上的听力，但是早期鲸类的后代在水下能够定向接收声波，就是利用了外耳骨和下颌骨之间相连的结构。数千万年之后，包膜（和水下听觉）仍然存在于今天的鲸类体内，从鼠海豚到蓝鲸的身上都有。

　　5000万年的鲸类演化历程可以分为两个主要但时长不等的阶段。第一个阶段持续了不到1000万年，是鲸类从陆地到海洋的过渡阶段。最早的陆生鲸类都存在于这个阶段——即使是它们最具水性的时候，它们仍然保留了可以在陆地上支撑体重的后肢。鲸类演化至适应了全水中生活的时候，演化就进入了第二阶段，这一阶段直至现在持续了大约4000万年。灭绝作为一个不变的主题背景贯穿于这两个阶段，占据着主导地位，正如地球上的绝大多数动物一样，所有出现在演化历史上的鲸类物种现在几乎都灭绝了。尽管现生鲸类是当今世界上最多样化的海洋哺乳动物类群，有超过80个物种，然而化石记录中还记载了600多个历史物种，如今它们已不复存在。

　　第一个鲸类演化阶段基本与形态的转变有关：从最初适应陆地生活的原始状态转变至适应水生生活的新状态，即结构修正和用途转变。形态转变存在一个初始状态，而我们很难识别某些演化过程的起始时间点。例如，鲸类的听觉、视觉、嗅觉和味觉演化了将近3亿年，而且都是在鲸类最早的祖先进入海洋之前、在陆地上就已经演化完的。我们很容易将鲸类的前肢转变为鳍肢误以为是逆向演化，但事实上，鲸类并没有完全废弃其3亿年的陆地特化改造。就比如说，鲸类回到海洋之后，并没有重新长出鳃。相反，鲸类的演化结果比逆向演化更为有趣。鲸类保留了其陆地祖先的结构，演化只是为了重新适应水中生活，因此它们只是在原有结构的基础上改变了许多形态和生理构造，而不是单纯地进行变幻不定的逆向演化。

　　第二个阶段，鲸类回到水中之后，演化围绕着早期鲸类的后代进行，这些后代一生都生活在水中。这一阶段也将水中生活约束所引发的所有后果显现了出来。你可以把演化中出现的新特征看成是一种鲸类冲破束缚的技巧。换言之，演化新征指的是生物在演化过程中出现了焕然一新的结构，例如鲸须。鲸须的出现不仅给拥有鲸须的物种带来了优势，还将继承鲸须的后代带入了一个全新的适应区。鲸类的第二个演化阶段涵盖了从大约4000万年前最早的古代水生鲸类，到所有的现生鲸类，还有在这之间数百种已灭绝的鲸类物种所生存的时间。在这个演化阶段出现了新的特征，这些演化新征如鲸类的过滤摄食和回声定位，推动了现生鲸类的多样化发展。

过去的 2.5 亿年里，许多脊椎动物从陆地生态系统转移到了海洋生态系统中。这一现象首先发生于恐龙时代，2.5 亿年到 6600 万年前，许多不同的爬行动物后代先后入侵海洋生态系统。自白垩纪晚期的生物大灭绝以来，哺乳动物在海洋入侵者中占据了生态主导地位——包括所有的鲸和海獭，还有企鹅和加拉帕戈斯海鬣蜥，但它们在更后期才重返海洋。所有现生的海洋哺乳动物类群之间的血缘关系十分疏远，无论是鲸、海獭、海豹、海牛还是北极熊（没错，严格说来北极熊也是海洋哺乳动物，因为它们吃海豹，在冰封的海洋上活动）。

早期鲸类的演化之所以如此影响深远，是因为早期鲸类，例如巴基鲸、游走鲸和慈母鲸以及其他类似鲸类的化石记录极其完整，其他任何物种的化石记录都无法比拟。我们已掌握的其他哺乳动物和爬行动物的化石记录并不像鲸类那样完整和连贯，也体现不了它们从陆地向海洋过渡过程中解剖学结构上出现的具体变化。

尽管如此，但鲸类起源的证据也是最近才被发现的。直至大约 40 年前，我们才了解到第一演化阶段的早期鲸类的后肢是什么样子。1981 年发现的巴基鲸化石主要为巴基鲸颈部以上的结构，古生物学家们在一个小小的 W 形头盖骨中发现了包膜，除了包膜，这个头盖骨看起来与其他陆生哺乳动物并没有区别。这块头骨消瘦小巧，像一个手提花瓶，他们在河流沉积区域发现了它，由此总结出早期鲸类在生命中的某段时光生活在陆地上。当时除了这块头骨，古生物学家们没有发现巴基鲸其他结构的骨骼化石，因此他们只能靠单纯的猜测来描绘巴基鲸颈部以下的结构。

1994 年游走鲸的发现使这幅猜想的画面变得清晰：早期鲸类具有负重的前后肢，指骨分离，可能由脚蹼相连。游走鲸的脚相对较大，这意味着它们游泳时可能需要同时弯曲脊柱和宽大的脚。从机械学的角度来说，这种方式介于用手和脚划水（利用阻力推进力向前运动）和用水翼艇航行之间，后者就像现代鲸类用尾叶划水一样（利用升力推进力向前运动）。我们的骨盆与脊柱是完全紧密相连的，而在慈母鲸体内，只有一部分骨盆与脊柱相连，整个脊柱由此获得了可上下起伏的灵活性。一些尾椎骨的形状可揭示出很多与运动有关的信息——游走鲸的尾椎骨长度大于高度，这意味着早期鲸类有又长又粗的尾巴，尽管我们还没有足够的骨骼证据来弄清楚这些有力的尾巴可能朝什么方向摆动。

游走鲸的化石仍然没有为解答关于鲸类起源的大问题提供足够的证据：它们从哪里进入了哺乳动物的演化树？什么动物与它们的亲缘关系最近？20 世纪 90 年代的 DNA 研究表明，河马是与鲸类亲缘关系最近的动物。河马和其他偶蹄类的哺乳动物，例如牛、鹿和猪，它们和鲸类看着都不太像是亲戚，除非你瞧一瞧它们的胃部构造。即使是 19 世纪的解剖学家也知道，现生鲸类的胃和这些有蹄类动物一样有多个腔室，这表明它们之间可能存在演化关系。然而古生物学家在寻找鲸类的近亲时，还考虑到了其他已经灭绝的化石哺乳动物：中爪兽。中爪兽与早期鲸类的牙齿惊人地相似，它们也是完全的食肉动物，但中爪兽没有留下后代。如果没有找到更多四足鲸类的骨骼化石，尤其是它们四肢的骨骼化石，那么我们就没有办法分析 DNA 与化石之间的故事，也就找不到鲸类最深层的起源。

随后，2001 年，两个存在竞争关系的古生物学家团队报道了来自不同的早期鲸类物种的同一关键证据：远古陆生鲸类的踝部某骨头和现生偶蹄类动物的完全相同。这块骨头被称为"距骨"，看起来像是把两个 35 毫米的胶卷暗盒像造木筏一样连在一起，将它握在手上时，你就像握着某种棋盘游戏的棋子。牛、山羊和骆驼都有类似的距骨。现生鲸类之所以没有距骨，是因为它们已经没有脚了，它们的后肢已经退化成了骨块，紧挨着骨盆可以自由活动的部分，被厚厚的体壁包裹着。因此早期鲸类的后肢骨化石成了了解其距骨的唯一来源。而中爪兽没有这种双滑车造型的距骨，这说明它们的牙齿与早期鲸类的牙齿相似这一现象只是趋同演化的结果，这在哺乳动物演化史上是经常发生的事情。早期鲸类具有双滑车造型的距骨，这一发现证实了之前的 DNA 研究结果：鲸只是高度特化的偶蹄类哺乳动物，只不过现在没有了蹄。

自从发现巴基鲸以来，在埃及、巴基斯坦和印度的偏远地区工作的古生物学家们发现了各种各样的早期陆生鲸类，它们生活在大约 5000 万年到 4000 万年前，接近地质年代晚期"始新世"。这些早期鲸类似乎一直在尝试一些它们既熟悉又陌生的生态模式：游走鲸看起来像鳄鱼；慈母鲸看起来更像尚未进化的海狮；还有一些长相奇特的早期鲸类，例如有点像长吻水獭的雷明顿鲸（*Remingtonocetus*），就像是不同动物的混合体；而麦卡鲸（*Makaracetus*）的拉丁文名源自印度神话中的一种半鱼半哺乳动物的生物，它的口鼻部朝下，或许是为了方便觅食蛤蜊。所有这些早期鲸类都位于鲸类演化树底部已经灭绝的分支上。我们对鲸类起源的猜测是以我们如何看待今天的它们为基础的，而这样的猜测会产生认知偏差——这也是古生物学家们在试图了解这些已经灭绝的鲸类近亲的生物学知识时所要面临的巨大挑战。

要了解鲸是如何出现的，我们得重述它们的演化道路，这是我们解开鲸出现之谜必须完成的任务。我们很容易想象巴基鲸，它就像是一条将自己的脚趾浸在水里的迷路的狗；随后出现了处于中间阶段的生物：游走鲸，它们在水中待的时间更长，能在水下听见声音，用有力的四肢扑向猎物，就像伏击型的掠食者；然后是慈母鲸，它的骨盆与脊柱的联结性较弱，是最早表现出用尾巴推动身体前进的灵活性的鲸类。与先前的早期鲸类相比，和慈母鲸有亲缘关系的化石物种所覆盖的地理范围要大得多，这表明这种仍有四条腿的动物虽然已经能在海中生活，但它们还是会回到岸边生产，就像现在的海狮一样。这样看来，慈母鲸代表了早期鲸类最后一个阶段的形态。在演化史的第二个阶段，所有的鲸类不再有负重的四肢，它们的生活完全脱离了陆地。

这种线性叙事的问题在于，我们已经知道最终的结果了，我们会倾向于选择现生鲸类演化历程中阻碍最小的一条演化路径来重述。然而演化并不是这么运行的：演化不会为未来让步，演化只会满足当下最合适的环境。自然选择根据现有条件进行，它会根据眼前世界的需求，筛选生物的变异。如果你能回到始新世晚期的特提斯海岸边，你会看到早期鲸类的完整阵容——所有的早期鲸类，四条腿的和长相古怪的，都分布在海岸边，此时你根本猜不到谁是演化的最终赢家。在各自生活的时间和栖息地里，每一种早期鲸类都与现生的鳄鱼、海狮，或者水獭一样适应环境。只是当我们研究化石记录时，我们已经看到了漫长的演化的结果，我们已经知道了某些特定群体在数百万年的演化历程里的相对成功与失败。鲸类演化的最终赢家是那些完全与陆地断绝了联系、变成水生动物的早期鲸类，它们最终繁育了具备滤食和回声定位功能的后代。

最早的鲸类只是半水生的哺乳动物，它们的身体结构在某种程度上已经特化并适应靠近水的环境。尽管它们的后代在数百万年后变成了外形如鱼的巨兽，然而这并不是事先就确定好的。只是回顾过去，我们确实会注意到一些特定的特征，这些特征显示出了渐进式的形态转化：贝壳状的耳骨再次被用于水下听觉、骨盆与脊柱断开连接，尾部推进身体前进。如果你只专注于统计哪些物种灭绝了，哪些物种幸存下来了，那么你可能会忽视骨骼化石所讲述的重要内容，它们会告诉你随着地质时期发展，演化史上发生了哪些重大的变化。


如果你对鲸类演化的全局感兴趣，那么你会注意到，在鲸全身上下

200 多块骨头中，头骨可能是最重要的、最需要被研究的部位。和任何脊椎动物的头骨一样，过去和现在的鲸类头骨都集多功能于一身，容纳了其味觉、嗅觉、视觉、听觉和思维的主要器官。因此，头骨为我们了解鲸类生命及其随着时间变化的功能性信息提供了丰富的资源。毕竟当鲸类家族在演化过程中经历重大的生态转变，例如从陆地到海洋时，这些感官都会被调整，或增强，或减弱。虽然头骨坚硬，保存时间长，但它们是极具挑战性的研究对象。头骨里藏有不显眼的角落、重叠的结构和微妙的衔接处，每块骨头以复杂而隐蔽的方式相互连接。眼球和大脑等软组织都分布在几块骨头上，就像水果放在一个由拼图碎片拼成的碗里一样。更有趣的是，鲸类头骨不仅复杂，还很大。我已经研究鲸类头骨太长时间了，因此我对它们了如指掌，但我还是要经常提醒自己，鲸类头骨明显和其他哺乳动物的头骨不同。

以宽吻海豚的头骨为例，我们可以把它稳稳地放在桌子上，但还是需要用两只手小心地搬动。宽吻海豚的头骨由两个基本部分组成：一块桨状的吻，包括细长的骨头和一排排像铅笔尖一样的牙齿，以及一块覆盖着保龄球形脑壳的层状头盖骨。至于那些牙齿，你在宽吻海豚的牙齿中不会发现哺乳动物通常拥有的那些门齿、犬齿、前臼齿和臼齿等牙齿的传统排列方式。在演化史中的某个时刻，齿鲸放弃了咀嚼，它们的牙齿只为咬住猎物，然后把猎物整个吞下。宽吻海豚也许会露出牙齿，看起来像友好地咧嘴一笑，不过我是不会把我的手放在它的牙齿附近的。

接下来我们把目光从吻部挪开，观察头骨的其他部分，下一个最明显的特征便是海豚的眼眶，这里装着眼球，就像一撇粗重的眉毛，这点看起来和其他哺乳动物仍然非常相像，但是眼眶后面的骨头结构就开始有所差异了。首先是通向鼻道的孔，即"呼吸孔"。你可以顺着这些鼻孔所在骨头形成的弯曲通道向下看，看到头骨的下面，在那里你会看到类似折纸的精巧结构，那是边缘单薄的折叠的骨头。海豚通向呼吸孔的骨头其实位于眼睛的后方，这与其他哺乳动物是完全相反的，其他哺乳动物的鼻孔位于口鼻部的尖端，而海豚的鼻孔位于它们的头顶。如果你的鼻孔位置和那些海豚一样，那你就要从你的额头上方擤鼻涕了。

巴基鲸、慈母鲸和雷明顿鲸的鼻孔是通向口鼻部的，但是在早期鲸类的其他阶段，这些结构逐渐向后方移动，直到呼吸孔迁至头顶，位于眼睛后上方，与我们今天看到的宽吻海豚一样。有趣的是，鼻孔会"迁移"的动物不只有鲸类：海牛和海象都是完全水生的哺乳动物，它们的鼻孔也位于头骨较高的位置，但没有在眼后，而它们早期亲戚的化石显示，过去它们的鼻孔位置要更靠头骨前方一点。通过鼻孔迁移，海牛和海象这样完全水生的哺乳动物在水中便不需要像狗狗划水那样把鼻子露出水面，就可以将身体定位在一个更省力的水平位置。但是我们面前这个宽吻海豚的头骨之所以看起来古怪，原因可不只是为了达到水平游泳的目的。


从侧面看，宽吻海豚的头骨顶部就像一把勺子。你可以想象一下如果你是一头海豚，你的眉毛正上方有一个碟状的额头，这是种什么感觉。活着的海豚脑袋的这个位置装有一块被称为"额隆"的脂肪，所有的齿鲸都有，因此齿鲸的前额向外隆起，圆鼓鼓的。位于额隆后方、呼吸孔下方的，是一些空腔。空腔是由海豚的肌肉构成的气囊，并且被两瓣像嘴唇的器官密封着。当嘴唇像喇叭一样嗡嗡作响时，气囊就会发出声音，声音会在脑袋内反弹，并由额隆汇聚起来发射到脑袋外，形成高频率的声波束，就像在海豚前额上绑了一个探照灯一样。

通过一组特化的体内结构相互协调产生声波，齿鲸创造了生物声呐，或称"回声定位"，用声音观察它们的水下世界。所有现存的齿鲸物种都会运用回声定位，不论是抹香鲸、喙鲸、淡水豚、鼠海豚，还是真正的海豚（属于海豚科动物的齿鲸）。这是它们在昏暗的河流或深海，有时甚至是在1000多米深的暗无天日的地方导航或狩猎的方式。回声定位本身只在其他脊椎动物中演化过几次，齿鲸是唯一一类在水下运用回声定位的动物。

然而，制造高频音只是回声定位的一部分；声音从物体上反射之后，会产生动物需要听到的回声。这些回声与海豚典型的吱吱声不同，后者是低频音，它们用类似的低频音相互交流，而用高频音进行回声定位。我们在水下听不到声音来源的方向，而鲸类可以，它们的耳骨漂浮在中空的腔室内。活体海豚的耳骨悬挂在充满海绵组织的窦腔中，令耳朵在听觉上相互隔离，让大脑能够探测到声音到达左耳和右耳时间上的微小差异，从而有助于从三维角度精确定位声源。自游走鲸时代起，鲸类就掌握类似的听觉能力了。

但鲸类没有外耳，声音是如何传到耳骨的呢？与额隆一样，其他的脂肪也能够传导声音。齿鲸的下颌后部有凹陷的空腔，这里装有满满的脂肪体，空腔向后分叉，伸入直接与耳骨相连的结构。类似于声音一路传入我们漏斗状的耳道，这些脂肪体为声音提供了到达耳朵的途径，尽管研究人员仍然在争论齿鲸脑袋内是否还有其他传导声音的路径，但是测定齿鲸回声定位的基本结构需要设计巧妙的实验和难以入手的圈养动物。直至20世纪50年代末，人们才对齿鲸神秘的回声定位能力有较为具体的了解，在此之前人们对这一能力知之甚少，当时美国海军表现出了强烈的兴趣，在他们的支持下，科学家们以一种简单的方式发现：用吸盘盖住一头圈养海豚的眼睛后，它仍然能在迷宫里找到目标物。

我们对齿鲸如何实际运用回声定位能力依然知之甚少，尤其是那些在野外自由生活的齿鲸。它们的回声定位能力甚至超过了当前最先进的军事技术，而我们却才刚刚开始了解回声定位的基本知识。不同物种的齿鲸，无论是气囊的排列方式、额隆的形状，甚至是耳骨的结构都有明显的差异。这些差异中的任何一个对声音的频率意味着什么，齿鲸又是如何感知到的，仍然是个大谜团，需要未来的研究论文攻克。然而，我们可以说，海豚头骨形态的转变历程向我们展示了演化如何重塑或修改现有结构——例如鼻孔向眼睛后方移动——而其他时候演化则会产生全新的结构，例如海豚头上的声呐系统。至于演化新征是如何产生的，这仍然是当今生物学最重要的未解之谜之一。

变换形态和产生新征是鲸类演化过程中反复出现的主题，演化树中的任何群体均如此，有时候我们很难分析二者之间的区别。想想如今大多数鸟类用来飞行的羽毛如何经历了很多次转变，从覆盖在它们的恐龙祖先身上的羽状物演化而来；或者想想海龟在演化史早期是如何获得胸腔内的肩胛骨的，随后海龟的肋骨与其他骨头融合在了一起，如此一来，在过去2亿年里，每只海龟的肩膀都紧紧地塞在龟甲内。在这两个例子里，演化新征确实来自动物身体的某处，这是一种从身体某些可用部位开始发生的极端形变，但新征产生的结果和形态变化产生的结果有所不同。形态变化可以是部分结构的减少或是大小、比例的改变，然而新征却是一个新结构一次性演化形成的新外观，它的产生为所有后代带来了演化上的成功。现生鲸类就是受益于演化新征带来的巨大成功的典范，齿鲸的回声定位和须鲸的过滤摄食所用到的生物结构，都是它们的祖先体内没有的。

演化是一种智能的"黏合剂"，它将现生鲸类各方面的古怪特征和鲸类祖先的特征联系起来，尽管当前我们还未完全了解演化的过程。头骨以一种看得见且清晰的方式为我们指出了这些演化线索；如果没有这些观察以及这些变化所历经的数百万年时间，我们很难阐明鲸类和其他与它们关系密切的哺乳动物之间的联系。

当我作为一名科学家回到鲸类研究的道路上时，总是或多或少地接触到头骨。大学时，我和同学在佐治亚州海岸的一处离岸岛屿野外实习，发现了一个埋在沙子里、腐烂了一半的海豚脑袋，这使我十分困惑。腐臭味驱散了班上的其他同学，而我则坚持留了下来。我并非被腐尸这种怪诞的诱惑所吸引，相反，吸引我的是一种想法，这也是我第一次思考：鲸类究竟是如何变成化石的？

在研究生期间，我到处寻找鲸类的头骨化石，它们裸露在海边的悬崖上，或是损毁于曾经是海平面的荒地岩层中。鲸类成了我了解跨越地质年代生命的工具，它们跨越的尺度如此巨大，以至于我们无法真正认识它们，尽管古生物学家们漫不经心地讨论地质标志就与他们提到上周预约的牙医一样平常。所有的这一切都引导我来到史密森尼学会，在那里我见到了世界上最丰富的鲸类头骨化石收藏品。

然而，在博物馆里当科学家，尤其是史密森尼旗下博物馆的科学家，你得花一些时间带游客参观。这简直是一场稳赚的交易。首先，我喜欢带人参观。这给了我一个尝试用新方法谈论我的想法的机会——像演化或灭绝的证据这种大问题——这些内容不仅令我兴奋，还解释了鲸类是如何形成的。其次，游客里通常有孩子，而孩子往往是最难对付的，无论他们是鲸类爱好者还是化石保护者。如果我能想办法让他们对参观的内容保持兴趣，哪怕只是一项简短的介绍，我也会认为我完成了自己的工作。谁知道呢？我甚至可能有足够的说服力来激发一个孩子长久的兴趣，而不是一时的兴趣。

我的朋友兼同事梅甘·麦克纳最早向我讲解关于鲸类的头部和声呐系统的知识时，我们还在读研究生。因此，她带着她的家人一大早在博物馆开馆之前来参观时，我很激动，因为我终于可以把这个人情还给她了。她的女儿4岁，比我的孩子大一点儿。博物馆的大厅会让人有点儿害怕，尤其是空无一人的时候，所以我以缓慢的语速开始介绍，不想表现得太强势或太兴奋。

走进桑特海洋厅时，我们在气势恢宏的露脊鲸模型下稍做停留，随后转向了张牙舞爪、形如鳗鱼的龙王鲸骨架。龙王鲸也是一种早期的鲸类，比巴基鲸和慈母鲸晚出现几百万年，而且但大小和形状都与它们有很大差异。它的名字（Basilosaurus）听起来像恐龙，是从拉丁文翻译来的，意为"帝王蜥蜴"，这与它蛇形的外观和公交车那么大的体形相符，但命名人误把它当成了海洋爬行动物。最早的龙王鲸化石采集于19世纪初期，是从阿肯色州和亚拉巴马州乡下的白垩质泥灰岩中采集来的。

龙王鲸的头骨长度超过 1 米，上下颌长着手掌大小的锯齿状牙齿，每块脊椎骨都大到可以当凳子用。龙王鲸的骨架给人一种海怪的印象，它的名字也保留了下来，不过这仅仅是科学家命名物种的惯例。

和现生鲸类不同，龙王鲸的头部较小，在整个身体中占比不大，手臂在肘部弯曲，腿则奇小无比，且根本不能在陆地上支撑它的巨大重量。然而

一颗龙王鲸的牙齿

龙王鲸与所有早期的陆生鲸类一样也有包膜，它的耳骨就漂浮在头骨下方的窦腔内。龙王鲸不会回声定位，也不会滤食，这令它在某种程度上陷入了鲸类演化的中间地带：它是最早的完全水生的鲸类之一，无法在陆地上生活，但又具备许多和陆地祖先相同的生物结构。

我和梅甘走在龙王鲸的骨架之下，我指着龙王鲸的后肢大声地开玩笑，说它们在龙王鲸游泳时就像没放好的微型起落架，在身下晃来晃去。梅甘于是俯身对她的女儿说："嘿，埃塔，尼克平时就研究鲸的骨头，比如这些骨头。"埃塔盯着我认真思考了一会儿，问道："为什么呢？"

我张开嘴准备回应，一般来说我往往会提到学校、科学和好奇心之类的陈词滥调。但我知道我可以回答得更好，所以停顿了一会儿。

"它们的骨头都在讲故事，"我说，"关于鲸类来历的故事。"她抬头看了一眼天花板上的庞然大物，龙王鲸就像一条巨大、灵活而可怕的蛇。"如果你成为一名科学家，你就可以学会阅读和了解它们的故事。"我知道我引起她的注意了。"但是它们肯定不会全都出现在博物馆里，"我笑着说，"你得先找到它们。"

# 3
## 骨语故事

我走在长长的灰色公路上，这条公路穿过一座牧场的山坡，此时我的双目正四下打量。在加利福尼亚的夕阳照耀下，起伏的金色草地令这座山丘看起来像是一头巨大的、毛茸茸的动物，露出了它侧面的沉积物。我沿着一条小路继续向前走，这是一条与裸露着丰富化石的岩层平行的小路。每走两步，我就观察一下，再多走两步，刮一刮露出的泥土，接着再走两步，运气好的话，会有新的发现。

在离我几米远的地方，我的同事吉姆·帕勒姆也在做同样的事情。我在读研究生的时候就认识吉姆了，我们在野外工作时配合默契，无需交流太多。吉姆是研究海龟和其他爬行动物的专家。如同我看过足够多的鲸骨一样，吉姆也已看过足够多的海龟标本，即使是最小的龟壳化石碎块，也能够帮他解开海龟起源的谜团。海龟起源的地质时期比鲸类还要早，不过我们常在发现鲸类化石的同一种岩石中发现海龟化石。吉姆和我的确十分契合，无论是按性格来看还是按岩石单元来看。

我们一起巡视了内华达山脉山麓的许多其他露头（岩石露出地面的部分）。我们并肩工作，默默无语地扫视着。"嘿。"吉姆突然说着，随之伸出手去。他把一颗巴掌大小的鲨鱼牙齿举向天空，锯齿状的边缘切断了橙色的太阳光。我低下头，紧接着看到了山坡上的其他鲨鱼牙齿和鲸骨碎块，它们因近期山坡被侵蚀才露出，在粗糙的沉积物表面犹如宝石一般耀眼。"嘿，看看这个。"我说着，从一堆新形成的沉积物中抽出了一段海豚肋骨。

当我把它翻过来放在指间时，我注意到一些不寻常的东西——一组 10 多条的平行线在这段骨头表面划出了一排痕迹，这是鲨鱼的齿痕。也是，毕竟这个地方被称作"鲨齿山尸骨层"。

事实上，"这段肋骨属于一种已经灭绝的小型齿鲸"，这可能是最无趣的观察结果了。这种鉴定，只要你同样耐心地学习，例如在博物馆的藏品库里面待上好久，就可以在第一时间认出骨骼的主人。更有趣的是，这段骨头告诉了我们一部分故事：大约在 1500 万年前的中新世中期，一头古代鲨鱼正猛咬着一头如今已灭绝的海豚的肋骨。

我们不知道骨头意味着这头海豚遭遇了鲨鱼致命的攻击，还是那头鲨鱼仅仅是啃食了海豚的尸体。我们也没有实质的办法弄清楚吉姆手里的鲨鱼牙齿和我手上拿的肋骨之间是否存在因果关系。我们各自握住样本合作，试图将鲨鱼牙齿与肋骨上的齿痕匹配起来，匹配结果很相似但并不精确。即使它们能精确匹配，要把这两件证据联系起来也太过牵强，这就像要把某只疑似意外闯入谋杀现场的橡胶鞋强行与谋杀事件联系起来一样。鲸骨的确能给我们讲故事，但是它们讲的故事并非总是令人满意的、在预料之中的。


我把这些新发现的骨头放入我脑袋里的鲸骨架子上。我无法详细地向你描述我的脑内图书馆是如何构架的，但每次我在野外或是在博物馆里的抽屉内看到一块鲸骨碎块时，我都会溜进这座脑内图书馆。碎块越支离破碎，就越有趣。我小心地把它捡起来，用拇指触摸它的褶皱、凸起和曲折处，然后用眼睛仔细观察它的外观。接着我的思维开始快速阅读脑海中的一大串储存卡，找到这块骨头在主人体内的最佳身份：左边还是右边？对称的，是来自骨架的主轴吗？是头骨还是脖子以下的结构？有没有被啃食的痕迹？有没有异常的病理表现？这些储存卡上面标记了骨头表面每处凸起和凹入的名称。我花了好几年时间才建好这座脑内图书馆，其中，我花了很长时间去记忆在我触手可及的范围内获得的许多骨架，为此我一遍又一遍地翻看每一块碎片，追踪每一处表面。你也可以把一堆真实的文献放在手边作为参考指南，因为你肯定不是第一个捡起鲸骨问它问题的人：你是怎么来到这儿的？你位于骨架的哪处？你的主人经历了什么？无论是在野外还是在博物馆内，我在这场追逐的过程中都会产生不可否认的兴奋感，而且幸运的是，我随身携带着我的脑内图书馆。任何人都可以参与进来，业余"侦探"有时甚至可以破获悬案。

然而即使有了鲸骨碎块和脑内图书馆，事情的发展也不一定完全顺利：你几乎不可能得到所有的答案。和其他脊椎动物一样，鲸也有粘连骨骼的物质，例如韧带、纤维、软骨和肌肉，而这些物质会被快速降解、被海浪拍碎、被食腐动物吞食，并且随着时间消散，因此鲸的骨骼化石往往是极其不完整的。我们对于大多数化石鲸类物种的了解往往只基于对其破碎的头骨的了解，除了它们最易鉴定和最独有的特征之外，我们对其他一无所知。在一段时间的世界某些地方，我们可以把我们所知道的关于鲸类化石记录的所有信息放在一张桌子上。这些骨头的碎块——头骨、牙齿、椎骨、鳍肢骨——看起来就像是一张杂乱的拼图，等待有人把丢失的图块带来。或者最好是把拼图盒子的封面带来。

对于大多数化石鲸类来说，这种情况是我们自其演化史的第一阶段就开始考虑的，而这一阶段至少有部分发生在陆地上。我们并没有获得巴基鲸、游走鲸、雷明顿鲸，或是慈母鲸大多数近亲的完整骨架。显然，水生生物的遗骸相对保存得更完好。从慈母鲸到体形大得多的早期鲸类，例如龙王鲸，鲸类体形的增长或许也是我们能获得更完整的完全水生鲸类骨架的原因之一。因为随着鲸类的体形变大，成对的腿骨和脚骨消失，此时骨头变大，骨头的总数量就会减少。事实上，我们对鲸类用后肢推进演化到用尾叶推进之间的过渡期还没有很详细的了解。对于所有发生在最早期鲸类身上的解剖学结构的变化，我们所收集的化石记录存在缺失，而我们对最后的半水生鲸类和最早的完全水生鲸类之间的认识也存在缺口。为了补全这张拼图，我们需要在对的地方开展更多的野外考察工作，研究年代正确的石头，此外，我们还需要大量的运气。

一名优秀的古生物学家仅仅依靠骨骼残片，就可以在研究的道路上走得很远，但有时运气也很重要。有些地方——或是某些时间段，因为古生物学家会同时考虑时间和空间两个因素——的化石产量惊人，可出现成百乃至上千个个体的化石碎块。这些化石产量丰富的区域被称为"骨床"。当我遇到这样一处区域时，我的脑内图书馆就派上用场了，它会帮我区分这些骨骼碎块来自鲸类还是其他动物。在骨床最密集的地方，化石鲸类会与已灭绝的其他海洋哺乳动物、海鸟、海龟和鲨鱼混杂在一起，挤在只有几厘米厚的岩层中。另一方面，一具完整的鲸类骨架也可以散布在一片广阔的区域，这片区域的面积甚至能达到若干平方千米。骨床的定义主要与骨骼化石集中在单一的一层岩石中有关。一旦古生物学家和地质学家发现了一处骨床，他们就希望知道地质时间对这些化石的压缩程度有多大。这些化石可能表示发生在100万年里的故事，也可能表示仅仅发生在一天里的故事。

20世纪20年代，我在史密森尼学会的前辈雷明顿·凯洛格，意识到位于美国加利福尼亚中央谷地的鲨齿山尸骨层含有丰富的鲸类化石，这些鲸类化石大部分是根据它们破碎的头骨和独特的耳骨鉴定出来的。鲸类外耳、中耳和内耳的骨骼，是所有哺乳动物中矿化程度最高的骨骼。这些耳骨有利于增强鲸类的水下听觉，也对地质记录的保存有帮助。先前讨论的宽吻海豚互相分离的耳骨，也可以追溯到鲨齿山尸骨层时期，以及更早的巴基鲸时期。

凯洛格描述并命名了 12 个来自鲨齿山尸骨层的未知的化石鲸类物种，包括一系列已经灭绝的须鲸、早期的抹香鲸、远洋海豚以及淡水豚的远亲。在鲸类演化史的这一阶段，那时的世界到处都是滤食型和回声定位型的鲸类，所有陆生鲸类早就灭绝了，然而这些滤食型和回声定位型的鲸类却与海牛、索齿兽（*Desmostylus*，长相类似河马的怪异食草类动物）、早期鳍脚类动物和早期海象生活在一起。

记录上述历史场景的化石材料就来自鲨齿山尸骨层，这层橘棕色的岩层只有几厘米厚，布满了骨骼碎块，位于贝克斯菲尔德东北部，面积大约有十几平方千米。吉姆第一次把我带到鲨齿山尸骨层去时，还是在我读研究生的前几年，他对那里的海龟化石更感兴趣。后来，我专注于研究鲨齿山尸骨层的确切年代，以及弄清楚这种富含骨块、偶尔还会出现部分骨架的致密的岩石单元是如何形成的。环境背景就是一切，没有它，我们无法获得过去更大的生态问题的答案。

过去几十万年，这张骨床基本上是一片裸露的海底，它积存了中新世鲸类、海龟、鲨鱼和其他落入海底的动物残骸的坚硬部分，而较轻的沉积物则被一扫而过。因此，如今这张仅有几厘米厚的骨床捕捉到了一段被压缩的时间，1600 万年到 1500 万年前，这 100 万年对地质学家来说并不算太长，但它比智人的存在时间要长得多。对古生物学家来说，这或许也是他们能够对当时生活在加利福尼亚附近的已灭绝鲸类和其他脊椎动物进行全方位采样的足够长的时间段。当时，中央谷地还是一个向太平洋开放的海湾。弄清楚这周围有多少种鲸类化石物种、科学命名所有物种，以及了解它们的演化关系，这些都是当前古生物学家们在进行的研究工作，因为这里几乎没有可以用于研究物种的基础骨架材料。（凯洛格鉴定大多数物种时依据的是耳骨化石，这个举动其实令人费解，因为耳骨在物种鉴定上有局限性。）这些工作费时费力，需要一次又一次地测量和比较不同的骨头碎块。很多时候，我们只能简单地留下一句话："这是个新东西，是应该为它命个名的，但我们说不出它的更多信息，除非有人找出了它完好的头骨。"

凯洛格完成了他的论文后便投身于鲨齿山的研究工作，并在华盛顿的史密森尼学会获得了一个职位。在那里，他把注意力转向更完整的、在鲸类演化史中处于更早时期的鲸类化石。到了 20 世纪 30 年代，史密森尼学会已拥有全世界最多的早期鲸类化石藏品，但这些藏品并不属于巴基鲸等早期的陆生鲸类，且在那之后的半个世纪，人们仍然没有发现巴基鲸的骨架。相反，藏品库里有一抽屉接一抽屉的龙王鲸化石，以及其他最早完全水生的鲸类化石，这些化石足以在展厅内搭出完整的骨架，也足以让人们了解到这些已经灭绝的鲸类是什么样的。

龙王鲸看起来一点儿也不像鲸，说它长得像鲸都算是给它面子。龙王鲸长着牙齿，吻部占头部的大部分，看起来有点儿像头巨大的豹海豹，不过它的鼻孔不像豹海豹一样位于口鼻部末端，而是要往后一些。和大部分现生鲸类不同，龙王鲸的脖子清晰可见。虽然它的手指和手掌很可能也被肉体包裹，形成了桨状的前肢，但它可以做到现生鲸类做不到的——弯曲肘部。最引人注目的还是它长长的、像鳗鱼一样的身体，其中，尾巴占了身体的大部分。龙王鲸的尾部可能有尾叶，但是它也有卡通式的迷你后肢，这两条后肢是它的陆生祖先留下的痕迹。正如前面提到的，这样的后肢不可能在陆地上支撑龙王鲸庞大的身体，毕竟龙王鲸的体重有 6 吨左右。换句话说，龙王鲸是完全水生的鲸类，它一生都生活在水里。

凯洛格对这两条小小的后肢知之甚少，因为当时，史密森尼学会所收藏的龙王鲸化石只有一块骨盆和一块单一的股骨。龙王鲸有后脚吗？有脚趾吗？最终，科学家们根据在埃及发现的龙王鲸骨架回答了这些问题，那个地方远离美国的沿海平原。另外，这具骨架被发现时，凯洛格已经去世多年了。

自 19 世纪以来，古生物学家就知道和建造古埃及金字塔的材料来源相同的地层中含有海洋化石，其中也包括鲸类化石。这些富含化石的岩层位于开罗的西南方约 160 千米处，大面积地暴露在法尤姆洼地一个叫作"瓦地阿希坦"的地方，该名称的大致意思为"鲸之谷"。20 世纪末，科学家在这片区域开展了更详细的考察工作，列了一份物种名单，其中包括 10 种不同的早期鲸类，以及早期的海牛、灵长类动物和象最早的祖先。然而，这片谷地之所以叫瓦地阿希坦，是因为这里有数百种化石鲸类——特别是龙王鲸——的骨架，这些骨架分布在数千米的广袤沙漠地带，边缘是悬崖和被狂风侵袭的岩石台地。这些骨架也来自骨床，但其与鲨齿山尸骨层的模式不同。超过 300 条的早期鲸类的骨架散落在约 260 平方千米的范围内，其中包括有史以来发现的第一具完整的龙王鲸骨架，头骨、肱骨、肋骨、尾椎和后肢，所有的结构都完好无损，甚至是每条后肢的四个小脚趾也是如此。除了作为遗迹，这对后肢在龙王鲸的生活中还有什么功能呢？对此我们仍不清楚。（有些科学家推测，龙王鲸短小的后肢或许能在它交配时起作用，尤其是考虑到龙王鲸的外观与蛇极度相近。）

龙王鲸的完整骨架为我们提供了其行为模式的诸多线索。和它的一些祖先一样，

龙王鲸

龙王鲸的内耳在声学上是独立的，可以在水下定向地听到声音，但是其脸部没有足够的空间来容纳任何一种回声定位器官。因此，龙王鲸只能听到低频的声音，而不能像现生齿鲸一样，发出超声波用回声定位。根据龙王鲸的胃内含物化石判断，它生前以鱼类为食。龙王鲸头部的每颗牙齿都能咬碎骨头，其整体咬合力超过了其他任何现生或已灭绝的哺乳动物，包括鬣狗。根据在法尤姆发现的另一种较小的早期鲸类头骨上的齿痕，科学家们推断龙王鲸也捕食其他鲸类，就跟现在的虎鲸一样。龙王鲸和虎鲸的一个主要区别是，龙王鲸可以独自粉碎它的食物，而虎鲸通常需要与同伴合作才能将食物撕裂。目前我们无法确定龙王鲸是不是群居动物，因为我们缺乏证明龙王鲸群居的合适的化石。

瓦地阿希坦富含化石的岩层反映了古海岸线的形成时间：在 4000 万年至 3500 万年以前，古海岸线于始新世晚期的海平面周期性升降期间形成。龙王鲸可能栖居在古海岸线的潟湖环境中，之后被掩埋在潟湖内；它的生活方式和今天的许多海豚没有什么不同，从海岸到开阔海域都有分布。始新世晚期、龙王鲸灭绝时，鲸类家族的一些后续分支已经开始演化，直至演化成为现生鲸类。虽然我们现在没有合适的化石记录来推论现生鲸类——包括回声定位型鲸类和滤食型鲸类——演化初期的模样，但是我们怀疑这些过渡期鲸类的外观会有点儿像龙王鲸——完全水生，不过没有那么明显的蛇形外观，而且体形要小于它们在数千万年后即将演变成的海洋巨兽。

关于长着腿的化石鲸类的情况就讲这么多。但是最初是什么原因令鲸从陆地回到水里的呢？这个问题把我们带到了鲸类演化第一阶段和第二阶段之间的时期，这个时期位于演化树中鲸类向慈母鲸和龙王鲸分化的位置。在大约 1000 万年的时间里，鲸从长得像四条腿的巴基鲸，演化成了长得更像龙王鲸的动物。在这个时期内的某个时候（很可能是在后半期），鲸变短的后肢使它们既能在陆地上缓慢行走，也能在水里游动，它们的呼吸孔沿着口鼻部向后移动。然后，在某个时间点，有一代鲸不再从水中回到陆地上，在它们的后代中，"诞生"了蓝鲸、座头鲸、抹香鲸、海豚以及其他的现生鲸类物种（还有许多已经灭绝的鲸类，例如凯洛格发现的中新世物种）。

寻找某个现象发生的真正原因，通常不如寻找过程和相关数据更有决定性，尤其是在演化科学中。因为过程比原因更容易被证实。对于鲸的起源，关于它们为什么重返海洋的解释比比皆是：为了躲避陆地上的捕食者；在水中能获得更多的食物；为了占据新的栖息地——因为自先于那时（约在其2000万年前的白垩纪晚期）的巨型海洋爬行动物灭绝以来，海洋这个栖息地还没有被任何大型海洋捕食者开发过。这些解释都很合理，但也都很难被证实。也许有一天，我们可以利用这些早期鲸类的地质学背景，或是通过比较它们和那些海洋爬行动物的骨骼学，抑或是利用新的分析工具，从而进行可评估的预测，将这些解释精练为一个假设。有一点是肯定的：我们会从更多的化石当中受益，所以我们应该继续寻找它们。


在野外见到的每一块骨骼化石碎块都可能是新发现，但它们并非都是珍贵的。我们总是要先做出决定，确定是否要收集某块化石。事实上，这一切都与我们目前面对的问题，以及这些化石的发现如何帮助我们回答这些问题有关。骨床就像收藏证据的宝库：这些区域含有丰富的线索，要么是因为其中有高密度的化石遗骸，例如鲨齿山尸骨层；要么是因为标本在一个给定空间内具有完整性，例如瓦地阿希坦骨床。一项化石发现可以告诉我们某一个体的信息，但它也可以捕捉到一张真实的、已经在地质年代消失的、反映生态交互作用的照片。这是来自遥远的地质年代的生命的重要细节，特别是当我们想要知晓已灭绝生物的故事时，这些细节不仅包括它们的解剖学结构和演化关系，还包括它们在数百万年前生活环境里的食物网以及所处的生态系统。找到这些古生物学宝库是令人兴奋的，而且也令我难以抗拒，相信很快我也会为自己找到这样的宝库。

# 4

## 穿梭在鲸类化石的时光隧道中

想象一下，此时的你正飘浮在太空中，南美洲巨大的锥形尾巴就在你的下方，你俯瞰着它，将它上面覆盖着的云、冰、土壤和水剥离，躲藏在深处的地质世界因此变得清晰可见。熟悉的大陆轮廓仿佛锯齿状的浮雕一般起伏不平。安第斯山脉高耸的山脊被红色和灰色的条带覆盖，向东延伸至阿根廷，赭石和沙子覆盖着智利向西部延伸。从这个角度看去，南美洲的锥形尖端被海洋板块组成的拼图锁住，而一道出乎意料的、深邃黑暗的裂痕划破了其西部的边界。

这一裂痕标记了纳斯卡板块和南美洲板块之间的边界，不可避免地，前者的边缘慢慢地滑入后者的边缘之下。这样的板块活动将曾经的海底抬高，将埋藏其中的古老生物缓缓带到了南美洲西部边缘的干燥陆地上，包括那些已经灭绝的鲸类动物。这种板块运动过程被称为"俯冲作用"，它历经地质时期，最终会形成类似安第斯山脉的结构。但是，在人类的生命历程里，俯冲作用会造成强大的逆冲型地震，这种地震足以撼动整座城市，困住渔船，并能在一瞬之间夺取数千人的生命。

1835 年，年轻的查尔斯·达尔文在智利康塞普西翁附近的海岸观察到了俯冲作用的效果。环球航行 3 年后，英国皇家海军舰艇"贝格尔号"（又名"小猎犬号"）绕过火地岛的尖角，向南美洲的西海岸进发。地震发生的时候，达尔文正在岸上。地震的强度在数小时内逐渐提高，在这段时间内，康塞普西翁的大部分居民得以安全逃离，死亡人数也控制在几十人之内。余震令当地人惊慌失措了好几天。后来达尔文亲自调查了康塞普西翁的受损情况,并取得了第一手资料,他注意到大部分城市都被震平或烧毁了,或是被随之而来的海啸淹没,港口的整条海岸线上升了数米,海岸上到处都是搁浅的帽贝和海星。达尔文推测,这些灾难性的影响与他早些时间于距离奇洛埃南部几百千米处观察到的火山爆发有关。达尔文怀疑,火山爆发、海岸线突然上升、地震和海啸,都与某一共同的潜在机制有关。他的直觉猜测比他已经知道的内容更为正确:这些现象都是俯冲作用——巨大板块之间的剧烈滑动——的结果,也是支撑板块构造学说的中心过程。

板块构造学说是关于地球如何运作的一个非常年轻的概念。20世纪末之前,地质学的课本上还没有明确的答案能解释为什么南美洲东部的边缘与非洲西部的海岸能如此严丝合缝地拼在一起。那时要人们解释这一现象就像要在不了解牛顿物理学的情况下发射登月火箭。最终科学家们发现,随着地质时期发展,地球深处的对流在推动着地球岩层表面的破碎地壳不断运动。每一座大陆,以及它们之间的海洋板块,都漂浮在一颗内部熔化的、翻滚的庞大球体上。板块构造学说也清晰地解释了化石记录中多种多样的模式成因,包括为什么南半球不同大陆上这么多的植物和已经灭绝的动物看起来如此相似。这是因为它们在1亿年前,曾经一起生活在一座更大的大陆上,只是后来这座大陆分裂了。

达尔文开始思考进化论之前,是一名地质学家,对地球及其历史有着长远的看法。当达尔文漫游于南美洲的锥形地区时,深时理论还是一个新观点。他在那里看到了康塞普西翁的地震、安第斯山脉高处的石化森林和巴塔哥尼亚已经灭绝的陆生哺乳动物的化石,这些事物都与地球这颗深不可测的古老行星产生了共鸣,这颗行星实际上经历了数十亿年的风雨,时间之长足以让自然选择的力量生出雀类、龟类和鲸类。

达尔文在南美洲的最后几天,是在智利的阿塔卡马沙漠度过的,在那里他骑着马,对任何暴露出地球内部结构的地方进行地质勘探,并一路向着卡尔德拉附近的北部海岸而去，与停泊在那儿的"贝格尔号"相会。自那之后，"贝格尔号"向西北方行驶，最终到达加拉帕戈斯群岛。课本上过多地描述了达尔文在加拉帕戈斯群岛度过的数周时光，却对他在南美洲锥形地区待了两年的事实轻描淡写。之后达尔文再也没有回到智利，但他的社交网络仍在继续进行着他当时已经开展的工作。对这片土地共同的热爱，以及对其科学问题的好奇心，激发了一代为这片崎岖开阔的土地而奔波的欧洲人，他们之间因此建立了通信联系。结果证明，友谊的力量可以超越世代：他们在智利建立了第一批研究中心，包括一座国家博物馆，这座博物馆的藏品中仍然保留着达尔文 180 多年前收集的化石。当你打开博物馆的抽屉，触摸这些标本时，你会发现这些物品连接了数个世纪的科学家，为我们对地球上关于演化的疑问奠定了基石。

秘鲁寒流（洪堡洋流）横扫阿塔卡马海岸，这是一支强大的、不断流动的海流，人类用肉眼是无法观察出来的。它的名字来自一位早于达尔文几十年、具有非凡成就和广泛知识面的科学人物——亚历山大·冯·洪堡，尽管他在秘鲁的利马南部时从未注意到它。今天，秘鲁寒流所在的海区被誉为世界上渔业资源最丰富的区域之一。打开任何一罐鳀鱼或沙丁鱼罐头，那里面的食物很有可能就来自这支从智利的巴塔哥尼亚延伸到秘鲁和加拉帕戈斯的洋流。

要了解秘鲁寒流是如何工作的，用最简单的术语来说，就需要后退一步来观察上升流的沿岸现象。当地球绕着倾斜的地轴自转时，热空气在大陆上空不均匀地流动，并在开阔大洋上空转变为信风。这些风把表层温度较高的海水吹离海岸，取而代之的是从海洋深处涌出的营养丰富的庞大水螺旋，形成"上升流"。从加利福尼亚到智利，再到安哥拉，世界各地的西部海岸都具有出现上升流所需的适宜的地理特征。上升流为丰富和高产的海洋食物网奠定了基础，因为营养物质被从深海带到了水体上层：海洋表面的水体通常含有充足的氧气，而上升流带着氮和磷来到了浅水区域，丰富了上层水体，为固定光能的浮游植物及其消费者浮游动物都带来了养分。海洋的确广阔，但上升流为这些微小生物创造了聚集的特定区域。这些微小的浮游生物同时也是其他动物的食物，而哪里有这些食物，哪里就是鲸类、沙丁鱼和企鹅都想去的地方。

如果你是一名研究鲸类的古生物学家，你就会想待在海岸附近。在那里，上升流和俯冲作用完美地结合到了一起。上升流把鲸类以及最终它们残存的遗骸——鲸骨带到了水体上层，而俯冲作用将古老的海床抬升到了干燥的陆地上。伴随着这两个过程，阿塔卡马所处的纬度意外使得整座沙漠成了科学家寻找石头的理想地点：那里没有草，没有树木，也没有散发文明气息的柏油路。在干旱和裸露的荒地的帮助下，侵蚀作用能全力挖掘被困在岩石中的古老鲸骨，且丝毫不受土壤或树根的干扰。

侵蚀作用虽然帮了忙，但是古生物学家也必须找到合适的岩石。在火成岩、变质岩和沉积岩这三类岩石中，只有在沉积岩里才能找到鲸类化石。化石无法在火山熔岩流中保存完好，也几乎无法经受住来自地表以下几十千米处的巨大的热量和压力，而这正是形成变质岩的地方。在众多沉积岩中，最可能含有鲸类化石的有离岸海底的泥岩和近岸海底的砂岩。多亏了海底抬升现象，要在阿塔卡马沙漠中找到化石，只需用脚或卡车在水洼和台地上滑动，找到石头并留意石头上面有没有化石迹象。毕竟鲸骨还是比较大的。

达尔文时代以来，人们已经从卡尔德拉盆地收集了数千块骨头和牙齿化石，其中一些最终被送到了自然历史博物馆，例如与达尔文建立通信联系而建立的圣地亚哥自然历史博物馆。从卡尔德拉盆地收集来的化石几乎全部都是头骨、鳍肢骨和牙齿碎块，从来没有完整的骨架，但它们揭示了过去秘鲁寒流的不同之处：我们所熟悉的物种，例如鲸类、鲨鱼和海龟，曾与已经灭绝的奇异物种生活在一起，像是可怕的长着骨齿的海鸟、长鼻子的海懒兽和跟校车一样大的掠食性鲨鱼。当我准备开展在阿塔卡马沙漠的工作时，我们却无法确定手头上这些化石的确切年代，我们需要一份卡尔德拉盆地完整的岩石年代表。至少，我们需要弄明白这些化石来源的岩层的正确序列，从最古老的到最年轻的。而最理想的是，我们希望通过数字地质年代确定每一层含有化石的岩层年龄。一旦设定好背景，我们就能在海洋温度、海平面高度和环流广泛变化的环境下，绘制出数百万年来所有物种的涨落图。接着我们就可以戴上地质学家的帽子，找到鲸骨，厘清秘鲁寒流生态系统的形成过程。

经过多年的准备和通信工作，我做了一些错误的选择，等我意识到时，发现自己正在阿塔卡马的阳光下汗流浃背。一张卡尔德拉盆地的地质图正摊开在我面前丰田皮卡车的引擎盖上，我暂停浏览地质图，眯起眼睛，希望能看到远处台地上聚在一起的人们。刺眼的白色光芒阻挡了我的视线，在我面前色彩斑驳的地质图和头顶淡蓝色的穹顶之间划开。我很沮丧，又心不在焉。我们迟到了。野外考察队的学生没有在约定的时间重新集合，而我们需要继续前进。

我们沿着阿塔卡马沙漠的鲸骨小径行走，这条小径径直把我们带到了断层线上——许多断层线。找到化石对我们来说并不难，找到化石的背景才困难。我们很难把正在寻找的化石岩层连续地拼接在一起。构造作用抬升古老海床的同时，也会把海床打破，就像一块分层蛋糕掉在了地板上。因此，根据岩层相对上下移动而产生的狭长垂直的裂缝，来解译从老到新的岩层顺序是十分复杂的。我们认为地质断层能绵延数百千米，这对其中一些断层来说确实如此，但它们在当地也可能仅仅是一块比房屋侧面更窄的岩石露头而已。在卡尔德拉盆地，断层作用有时会产生杂乱的岩层，而不是整齐堆叠的岩层。

简单地说，要建立一份单一的岩石年代表，我们需要找到能够重复测量岩层厚度的特定的位置，而测量用的是一种简单的地质工具"支杆罗盘"。我们还会记录每一层岩石的成分、颜色与质地。偶尔我们也会敲出一些最具研究希望的岩石样本——通常是火山灰，因为我们期待回到实验室后，能从这些物质中找到提供精确的地质年代信息的微小火山颗粒。通过这些缓慢而精密的测量、描述和采样工作，我们希望能为足够多的岩层确定它们所处的地质年代，以了解那些曾经栖息于秘鲁寒流中的、不同的灭绝物种，包括鲸类和其他物种的演替过程。

然而，回到皮卡车上，我并没有思考地质图，也没有展望未来能捕捉到的鲸类化石岩层。相反，我在思考我为了在此工作所浪费掉的时间，我远离了舒适的空调，以及我博物馆里那杂乱无章的办公桌。我考虑过在此工作要付出的所有努力与时间——协调机票、租赁卡车、得到批准许可证、向我的家人解释，以及做出职业承诺。当学生们登上台地时，我朝他们挥手。其实我真正想做的是猛击皮卡车的喇叭，让喇叭声响彻云霄。

我的朋友兼同事卡罗莱娜·古特施泰因当时正在攻读博士学位，她和我一起站在皮卡车旁说："你要知道，你不能只催促别人。"她毫不犹豫地提醒我，像对待兄弟一样估量我的焦虑，"欲速则不达。"我微微一笑，但是当我转身看向她时，我止住了笑容。卡罗的表情十分平静，我从她的登山墨镜里看到了我一双疲惫的眼睛。我沮丧地往下看，目光回到摊在引擎盖上的地质图上，呼了一口气。当我再次瞥向她时，她笑了，打破了紧张的氛围。"我们为什么不去'鲸之陵'看看那些鲸呢？"她建议，"我会打电话给图阿雷格，让他带我们四处看看。他现在和吉姆就在那儿。你不会相信的。"

事实上我有充分的理由不相信，尤其是当说到一位称自己为"图阿雷格人"的时候。图阿雷格的真名是马里奥·苏亚雷斯，他或许是我认识的人中最厉害的化石发现者。马里奥自封的绰号显然是为了唤起人们对撒哈拉地区坚忍不拔的柏柏尔人的印象，虽然每每有人问起时他都表示否定。而他也经常通过丢手机（他已经弄丢了十几个手机）和在人们需要他时完全擅离职守（通常能在最近的面包店里找到他），来背叛图阿雷格人的形象。当时他是卡尔德拉镇当地古生物学博物馆的主管，我们严格受他管辖，在他的采样许可允许下工作。

那年早些时候，图阿雷格就给我发了封电子邮件，告诉我他在某个地方发现了完整的鲸类骨架，并将该地称为鲸之陵，但我很难远程从中辨别出更多信息来。我记得在过去的一次拜访里见过那个地方，那是从泛美公路延伸出去的一条斜坡路，陷在一层橙色和棕褐色的海相岩石中，形成沟槽。那时我只注意到一头大鲸的化石，可能是一头须鲸的头骨碎块。在雕刻于软砂岩上的涂鸦旁边，当地人曾试图将骨头挖出来，但没有成功。这一点儿也不吉利。鲸类化石的头骨有时是一堆破碎的骨头，很难在岩石露头上被直接解读，需要搬回实验室里仔细研究。而且，搬运它们几乎总会牵连繁重的后勤工作，这些工作耗费的时间和资源只会超出我们的能力范围，而且坦率地说，它们也超出了我的动机范围。

卡罗的建议让我想起了我们在路边看到过的那块鲸类头骨，尽管在某种程度上我对这些回忆感到疲累。如果我们有更多的时间，也许我们会把这一块头骨收集起来，但我们必须为如何合理地利用时间做出艰难的决定。我们选择阿塔卡马沙漠是为了通过研究几十种不同物种的化石了解秘鲁寒流生态系统的演化，这为我们提供了更多获取信息的机会，远比我们从一个破碎的须鲸头骨里获取到的多。在一个野外考察季，用成堆的岩石在绵延数千米的沙漠地带建造一个单一的地层柱，在某种程度上是合理可行的，哪怕它并没有那么吸引人。我现在也整理我们的工作，想要将成果发表出来，作为未来学术合作的基础。事实证明，我并不知道自己对路边那块破碎头骨的重要性评估错得有多么离谱，也不知道它代表的范畴有多大。

我很犹豫要不要与图阿雷格见面，但一想到要再见到吉姆·帕勒姆，我还是很振奋的。吉姆是位和蔼可亲的科学家，也是能与我产生美妙共鸣的朋友。他总是会精准合理地评价我做出的关于野外后勤的决策。那天早些时候，为了最大限度地节省时间，我们分成了两组野外考察队伍：卡罗和我带着学生向南走，而吉姆和图阿雷格则北上去了鲸之陵。"我认为我们俩都不应该和图阿雷格坐在同一辆车上。"我在早餐时对吉姆说。"噢，对，这是出于理智。"他表示同意。

几年前，当吉姆、卡罗和我与图阿雷格一起参观鲸之陵时，我们将它称为"'章鱼海滩（Playa del Pulpos）'旁边的路"，取自最近的公路标志。到了 2010 年底，在这个尘土飞扬的阿塔卡马地区，它被称为鲸之陵，取自西班牙语的"鲸之山丘"之意。过去的几十年里，智利的地质资源已经成了采矿业高度重视的开采目标，为了方便大型采矿机通过，泛美公路偏远地区的道路也被拓宽了。对鲸之陵的一项环境影响研究认为，进一步的扩张很有可能会挖掘（破坏）到更多的化石。尽管如此，仍有一家公路建设公司被开绿灯放行，开始拓宽公路。为了遵守智利强大的自然遗产法，该公司招募了图阿雷格和他的博物馆人员作为助手，以确保保护所有化石。自那之后，图阿雷格便开始持续从现场给我发送不完整的电子邮件和抖得晃眼的视频。尽管如此，他并未向我准确地传达过那里发生的任何事情，我也很难从图阿雷格夸张的言辞中找出事实。

卡罗和我到那儿的时候，图阿雷格和吉姆正在采石场里踱来踱去。沙漠里每隔几米就有大片黑色的油毡防水布点缀在地面上，向南北两侧延伸。我悠闲地走到吉姆跟前，"嘿，"吉姆用低沉的声音，只简单的一句话就把所有我想知道的信息告诉了我："这里不再是我们两年前看见的那个'章鱼海滩'了。"当图阿雷格从一处防水布走向另一处，并把防水布朝后卷开时，大家都聚在他后面。眼前的场景令我惊讶得张大了嘴，每一块防水布都盖着至少一具完整的鲸类骨架，有的防水布甚至盖着好几具，堆叠在一起。每一块黑色的防水布都为鲸类骨架的轮廓画出了边界，而在路堑的采石场里，散布着几十块铺开的防水布。这些完整的鲸类骨架分布密度之高，我见所未见、闻所未闻，这完全刷新了我所知道的关于鲸类骨架如何以化石方式保存的知识。

这些骨架中，有的大约 9 米长，几乎都是完整的，从鼻子到嘴巴，这是鲸类化石中极其少见的。许多骨架看起来就像这些生物就死于原地，背部被小心翼翼地翻过来，然后历经地质时期被压扁了，就像一个压制干花标本。头骨很好认，它们具有三角形的外观，弯曲的下颌骨就在砖状椎骨链的末端。它们的肋骨架朝着尾部的方向塌陷，就像巨大的弹簧。许多骨架的肋骨依然有肩胛骨装饰，肩胛骨连接鲸的手臂，甚至还连着手指。此处遗址的鲸类化石完整得不可思议。而且数量这么多，这么密集，这真令人想不通。我实在想不出还有哪里的野外遗址保存着像这样的鲸类化石。

我十分震惊。图阿雷格正和兴奋的卡罗以及她的学生们兴高采烈地闲聊着。我走向吉姆，他正站在采石场的最南面拍照片，用他的手指头摩擦那些沉积物。我们静静地看着太阳从地平线上滑落，晚霞出现了，一丝凉风袭来。远处映入眼帘的是峰顶圆钝的埃尔莫罗山，这是一座风化的火成岩堆。

"结束了。"吉姆平静地说道。我从北向南环顾了整座采石场，这座采石场的长度超过了一个足球场。我完全明白他的意思，他说的"结束"指的是我们原本设想要做的事情结束了，现在我们必须为眼前的遗址以及这座山丘上上下下每个方向延伸出去的地方腾出时间和精力。测量卡尔德拉盆地的地层柱，把我们已经弄清楚的所有化石放进去，以及解读那张满是断层的地质图，这些工作都必须先搁置了。我的时间和计划要用的时间原本都专注在完成一件确定的事情上，那就是带着装满岩石样本的袋子和写满将被发表成文章的片段的笔记本回去。这些完整的鲸类骨架并不是我计划里的一部分，更何况这里有几十具完整的鲸类骨架。

我吸了口气，有点焦虑和不安。我对自己之前没把图阿雷格的话放在心上而懊恼，也为眼前的盛大场面所惊愕。与此同时我也意识到，这处遗址有几十具完美的鲸类骨架，其规模无疑意义重大；而据我所知，我是被公开邀请来研究这颗星球上无与伦比的化石遗址的最早一批人之一。这可真是又烦人又极具诱惑，它就像潘多拉魔盒，而我们刚刚就目睹了这魔盒的开裂。

"好吧，"我开口说，"接下来我们要做些什么？"

# 5

## 鲸死后的生活

关于鲸是如何死去的，我想过很多。这听起来像是亚哈船长在夸夸其谈，但我的注意力并不在鲸死后发出的腐烂气味或是可能爆炸的体腔上（这些东西也不会真的困扰我）。取而代之的，我着迷于鲸死亡的细节——何事、何地、如何以及为何：这些鲸的尸体发生了什么，它们在哪里死去的、怎么死去的、死去的原因又是什么。你可能会认为我们很容易在科学文献，或是许多关于公海捕鲸的事件报道中找到答案。事实并非如此，并不是所有鲸都会被冲上海岸或是被捕鲸船拖上来。所以，我会在我的脑海里分析这些因素——洋流、水深、温度、食腐动物、被埋藏的时间，甚至是鲸类的身体结构差异，这些因素导致鲸类尸体以许多不同的方式变成了化石。

弄清楚生物的哪些部分可以埋藏在岩石中，以及我们要如何找到它们，这是一场概率游戏。古生物学家倾向于把生物的生存和死亡看作一条连贯的线索，从出生到死去，再到博物馆的抽屉里。我们将这条线索视为一条信息流，在这条信息流中，各种生物学和物理学上的变化过程会在衰变道路中逐步过滤掉一些数据：一具被食腐动物啃噬成碎块的尸体，无法被完好无损地埋藏；一具骨架，或者其中某些部分，安息在永无天日的黑暗里；一些岩石中含有化石，却被意外损毁。即使人们在野外发现了一份出色的化石标本并把它收集起来，也可能贴错标签，或是将它遗忘在博物馆的抽屉里。我们在任何过程中都会丢失信息，这就是事实；从尸体到抽屉，数据在传输的过程中损耗了。不是所有的生物都会成为化石，再加上数据的损耗，如果在此前提下我们还能对过去地质年代的所有生命有完整的了解，那就是奇迹了。

像古生物学家那样去思考，会让你成为死亡之物的鉴赏家。我对鲸类尸体的研究令我获得了丰富的鲸类搁浅数据。自古以来，鲸类搁浅吸引了每一个人，从亚里士多德到在 YouTube 视频网站上观赏鲸尸爆炸视频的普通观众。搁浅，是一个永恒的主题。一头在海滩上不能动弹的海洋巨兽，只能用尾巴愤怒地拍打着海浪。这样的场景震慑了你我，因为在我们的印象中，鲸完全是属于水生王国的。一头鲸，如此庞大而奇特的生物怎么会出现在我们的世界里，被陆地囚禁、变得如此脆弱呢？

鲸类搁浅的原因多种多样，搁浅的方式也并不单一。因此，搁浅的定义并非一成不变，其定义可根据实际情况改变，因为在海岸线上看到鲸类并不是什么平常事。例如，搁浅的鲸类可能是属于同一物种的一头个体、一对母子或是多头个体，或是属于不同物种的多头个体。更为复杂的是它们搁浅的方式：有的一来到岸上就死了；有的是活体搁浅在岸上，但是身体虚弱，处境极差；有的则是以一堆鲸脂、软骨和骨头的形式来到岸上，因为它们死去多时，尸体早已腐烂。

鲸类搁浅的原因比搁浅的方式更复杂。它们因何搁浅？在某些情况下，鲸类的衰老和疾病或许可以为此提供简单的解释，而那些生活在人类活动区域附近的鲸类受到的副作用，有的显而易见（被渔网或绳索缠绕），有的则难以查明（因体内富集藻类毒素而中毒）。当然，若是一整群鲸类搁浅在岸上，十几头一排那种，就需要某些具体的解释了，不过这些原因往往难以查明。自然界中的真相往往就是这样令人捉摸不透。

对生活在 19 世纪中叶扬基人捕鲸时代之前的博物学家来说，搁浅的鲸类尸体是他们了解鲸类解剖结构的唯一素材来源。尽管巴斯克的捕鲸人已经在欧洲猎杀了数百年的鲸，但关于鲸的体内结构是怎么样的，基本没有可查阅的文献。虽然鲸类的吻部长着毛，也有乳头，用呼吸孔呼吸空气，但从外观上看它们仍然像鱼。现在这个时代，关于搁浅鲸类尸体的第一手解剖描述资料也同样有限，但不用想便知，这些鲸类尸体一定特别可怕。18世纪或19世纪初期，当一名乡村医生或是业余博物学家听到鲸类搁浅的消息时，一股解剖热潮将随之被掀起，他们将会为接下来持续数天的沉闷且气味难闻的解剖工作做准备。鲸类搁浅的偶然性决定了解剖发生地点的偶然性。尸体的体形令手边的工具相形见绌。晴朗的天气会加快尸体的腐烂速度，潮湿寒冷的天气则会延缓尸体腐烂。解剖尸体这项工作并不吸引人，而且以前的条件也不像现在，没有能吊起尸体的绞车或是起重机，也没有能记录这些发现的照片。只有墨水、纸和很强的承受能力。

一头搁浅的鲸不仅能告诉人们那些在船上就能看到的鉴别特征，比如吻部的脊、斑驳的下腹或是有关节的尾巴，搁浅的鲸还能为人们提供它内部的解剖结构、肌肉组织和器官系统。19世纪初期，新兴基础设施帮助第一批博物学家挽起袖子描述他们的所见所想，并生成科学报告，发表了科学论文。他们通过记录、说明和分享看到的事物，为其他研究者奠定了知识基础。虽然亚里士多德也知道鲸是哺乳动物，但是这些第一手的详细解剖资料所揭示的鲸类动物的内部世界，对人们来说既熟悉又陌生：它们有心脏、有肺、有肠胃，也有生殖道，这与一头奶牛或是一个税务人员并没有什么区别。早期通过对搁浅的鲸进行细致的解剖研究而获得的学术成果对科学影响重大，只有在拥有更稳定的实验室条件下工作的解剖学家才会获得比早期更优秀的成果，而后者的优势在于：若干世代后，人们发明了冰箱和电力工具，令尸体能够在更好的条件下保存。

今天我们知道爱尔兰、加利福尼亚和南非的蓝鲸都属于同一个物种，但18世纪和19世纪的博物学家却不知道。由于当时对大型鲸类的描述不完整，有时甚至不正确，博物学家会对不同鲸类个体的体形和颜色差异感到困惑，以至于仅仅基于一次搁浅案例，就为这一头个体创建了新的物种名，或是因为某头鲸的外观与另一记录相差甚远，就将其描述为新的物种。弗雷德里克·威廉姆·特鲁是我在史密森尼学会的前辈，他直到 20 世纪初期才解开了大型须鲸在物种这方面的谜题，并证明大西洋两侧的蓝鲸、座头鲸和长须鲸，以及其他一些鲸类均属于同一物种，并未因分布于大西洋两侧而分属于不同物种，尽管它们每一种此前都有几十个分类学名称。特鲁花了数年时间研究这些带着原始名字的不同的物种标本（"模式标本"），做着被大部分分类学家认为跟打扫卫生一样耗时的工作，特鲁需要追踪存档在世界各地博物馆的标本，弄清楚它们的身份。

即使是在今天，人们对某些种类的喙鲸的了解仍然只能通过研究那些被冲到海滩上的尸体来实现。是的，21 世纪了，在我们星球的海洋中，仍有好几种数吨重的哺乳动物，要想知道有关它们的基础科学知识，要靠搁浅在沙滩上的头骨。喙鲸是鲸类里下潜深度最大的一类，模样看起来像是介于宽吻海豚和潜水艇之间。事实上，我们对大部分种类的喙鲸知之甚少，但它们的物种数却占了现生鲸类物种数的四分之一。它们生活在离陆地很远的海洋，它们潜入海洋的深处，因此人类很难为它们打上标记，或拍到照片。如果没有博物馆来保存这些确实出现过的罕见遗骸，我们对这些神秘物种的了解就会更少。

当然也不是每头鲸死了之后都会被冲上岸。几百年来，捕鲸人都知道有些鲸死了之后会上浮，而另一些会下沉。扬基捕鲸人十分清楚，抹香鲸死了之后会浮起来，因为它们的脑袋里有巨大的油腔。露脊鲸（right whale），英文名意为"正确的鲸"，它们之所以得此名，是因为它们正是捕鲸人想要猎杀的目标。由于它们体内有肥厚的鲸脂层，因此死后会漂浮在海面上，这一特征与北极的近亲——弓头鲸相同。其他大型须鲸，例如蓝鲸或座头鲸，死后会在水面上漂很长一段时间，随后下沉，尽管尸体在腐烂之后会再次上浮，但这时是由尸体内腐烂产生的气体造成的。这些鲸在死后，喉囊膨胀得如一颗巨型气球，这并不少见，就像一个不知怎么没能正常打开的紧急安全气囊。

除了这些大部分捕鲸人和沙滩清洁工都知道的事实之外，有一件事在1977年之前还鲜有人知。那年，一艘美国海军潜艇巡洋舰在加利福尼亚离岸海域的卡塔利娜岛以西，距海面约1200米深的海底，发现了一具灰鲸尸体。当然，我们已经知道一些鲸类的尸体会在水体中下落，落到阳光穿不透的深海海底，只是在那之前，还没有人看到鲸尸最后的结局。1977年之后，科学家发现了越来越多这样的景象，他们将这一现象称为"鲸落"。

海洋几千米深的海底不仅寒冷、黑暗，表面还大多贫瘠荒芜。直到一头鲸在水面上咽下最后一口气，沉入水中，尸体穿越水体，像从一个世界穿越到另一个世界，最后着陆在海底。那些没有被鲨鱼啃食，或是被海鸟啄食的腐肉，无论是哪一部分，都会立刻被海里的食腐动物瓜分，例如深海鲨鱼、其他鱼类和螃蟹。然而，它们以什么方式找到这头落入海底的鲸，这仍然是个谜。据研究人员推算，在很短的时间内（大概数周或数月），这些生物将会把这头鲸的所有肉都剥去，只留下骨头。在深海海底，几乎没有水流会干扰骨架的位置，所以骨架会留在原地，保持着它的主人刚刚落下来时的姿势：下颌骨靠近或直接与头骨衔接，头骨则与脊柱呈直线相连，如果鳍肢在水面上没有被食腐动物啃噬，那么两侧也会留有肱骨与鳍肢骨。

然而，就算海底的食腐动物慢悠悠游走或是匆忙离开，故事也不会就此结束。深潜器（深海潜水器）里的科学家已经开始寻找这些鲸落骨架，甚至实验性地令鲸的尸体沉到预定好的位置，只为能了解更多关于鲸落的信息。经过多次重复试验和很长一段时间后，研究人员发现鲸落会经历几个连续的演替阶段，这与森林生态系统的组成与大小随着几十年的成熟而变化相同。

一旦肉体被吞噬殆尽，鲸落就会开始经历第二个阶段，螺、蛤蜊和多毛虫就会前来鲸尸的体内定居。这些生物中有一些以鲸的软骨和骨头的表面为食，另一些则钻入骨架周围的沉积物中。这些沉积物内富含从鲸脂和鲸油中浸出的有机质。螺、蛤蜊和多毛虫需要花费数月到数年的时间才能消耗完所有它们能吃的食物，随后鲸落生态系统就开始进入第三阶段，这一阶段可以持续几十年，甚至更久（没有人知道会有多久，因为从科学家开始研究鲸落到今天才过去了 40 年）。这大概是最后的顶级群落阶段，这里出现的生物包含两组生活在鲸骨表面或内部的细菌：利用海水中的硫酸盐来消化鲸骨中油脂的厌氧菌，利用厌氧菌的硫化物副产品结合溶解氧产生能量的嗜硫菌。在这一阶段，嗜硫菌为专性生活在鲸落生态系统里多种多样的物种提供能量，包括一些贻贝、蛤蜊和管虫，这些细菌就生活在这些生物体内，与它们共生，使它们有机会在没有阳光的世界里也能获得能量。在海洋深处，鲸尸给一个原本贫瘠的深海世界带来了新的生机。

虽然人们还不知道这些海底的骨架究竟能保存多久，但是有人估计，一具鲸尸在海底最多可以为其他生命提供 100 年的食物来源。人们对鲸落的广泛性和变异性知之甚少，因此关于鲸落，一直有新的发现：其中一项发现是被称为"食骨蠕虫"的生物，食骨蠕虫的拉丁文是 *Osedax*，字面意思为"吞噬骨头"。这是一种深海蠕虫，其生命的整个周期都依赖于鲸落生态系统的骨架。食骨蠕虫只有几毫米长，像粉红色的丝状物，覆盖在鲸骨表面。它们没有口和胃，只有被称为"触须"的波浪状卷须结构。它的共生体并不是利用硫基途径分解骨脂的细菌，而是一种能直接溶解骨脂，从而获得骨脂中的蛋白质的细菌。食骨蠕虫需要做的就是把布满细菌的卷曲根须扎进鲸骨里。

并不是所有栖居在鲸落生态系统里的物种都是专性生活在这里的，一些物种也会出现在海底的热液喷口或甲烷冷渗泉附近。这些深海栖息地的温度范围和环境背景，令一些科学家认为数百万年来，鲸落生态系统其实是这些无脊椎动物从一处栖息地跳跃到另一处栖息地的演化跳板。这一观点目前仍面临激烈的争论，因为人们对于所有以鲸落为食的物种了解太少，也不知道海底的鲸落生态系统多久出现一次、在哪儿出现。

鲸的体形大小对这个独特的生态系统起着重要的作用，毕竟从根本上来说，生态系统与鲸尸息息相关。更大的尸体为专性生活在鲸落生态系统的生物提供了更多的生存机会。事实证明，鲸的体形大小对鲸落的位置没有太大影响，而我们知道，其原因与化石记录有关。研究生时期，我有幸见到了几十年前采集到的化石鲸类头骨，它来自加利福尼亚中部离岸海域的新年岛，从暴露的岩石中采集而来。这些岩石代表了大约 1500 万年到 1100 万年前的极深海底的沉积物，而直到我在伯克利古生物博物馆的化石准备实验室里清理这块头骨，发现了嵌在头骨缝隙里的小蛤壳时，我才开始仔细思考这块化石的来源。这些蛤壳聚在一起，栩栩如生，我决定先把它们的排布规则记录下来，然后把其中一个小蛤壳撬下来看看。后来我的猜想被一名软体动物专家证实：它们是化能共生的蛤，这些蛤所属的科下所有成员，都专性生活在鲸落生态系统中。简而言之，我一直在清理的这块化石，来自鲸落生态系统。

　　研究人员过去就曾发现过附着鲸落软体动物的鲸类化石，虽然不常见，但它们本身并不是什么惊天动地的大发现。可我手里的这块头骨化石却与众不同，它属于一头只有 3 米多长的鲸。小型须鲸在中新世是很常见的，它们的体形比现在的须鲸要小得多，然而这块化石的发现，说明这些小型须鲸的体形虽小，却没有阻止鲸落生态系统演化至嗜硫无脊椎动物出现的高峰期。换言之，鲸的体形大小无法真正决定鲸落生态系统的群落结构。如果体形不能决定，什么因素能决定呢？目前还不清楚，这可能与鲸骨内的脂质有关，这些脂质限制了可以栖居在鲸骨上的物种，也限制了鲸落演替的阶段。


　　如果你在博物馆里见过展出的化石，你可能会想知道，为什么有的动物能保存得几乎完好无损，而有的只能留下一块骨头？了解死亡的生物体如何变成化石，是一个关于自我的研究领域，被称为"埋藏学"。埋藏学关注的是生物体从死亡到被发现的整个过程，而这个过程过滤掉了我们可以了解到的有关生物体的一些信息。埋藏学实际上是研究解剖学和生态学中丢失的信息的学问。理想情况下，我们想要知道我们研究的古代世界的全貌，但事实上我们无法真正了解它，因为我们不清楚生物体在死后是如何解体变迁的。

　　埋藏学起源于 20 世纪上半叶的东半球，由俄罗斯和德国科学家独立发展。直到几十年后，他们的研究成果才被翻译成英文，为美国古生物学家所了解，随后，利用生物现存物来理解死亡、毁灭和保存的观点成了一个值得称道的、成熟的科学理念。来自德国的威廉·舍费尔是埋藏学的先驱者之一，他花了数十年来观察北海沿岸生物体死亡和腐烂的模式。舍费尔像关注鲸类搁浅一样耐心地关注着每一个看起来像是生物残骸的物体，不过他后来还是以一头腐烂的鼠海豚为开端，发表了一篇关于埋藏学的开创性论文。他精准地认识到了观察大型生物的腐烂和分解模式的价值，例如一块下颌骨如何在头骨与身体其他部位分开之前，从头骨上脱落下来。鲸类和大部分脊椎动物差不多，它们的下颌骨有时会位于距离尸体其他部位很远的地方。对我们这些试图想象鲸死后是如何排列成化石的人来说，埋藏学的这类观察能够提供很多线索，也会告诉我们，这些化石还是鲸类时候的模样。

在我看来，研究搁浅的鲸类通常回报可观，但是我花了一些时间才意识到，要了解它们的重要之处，需要从海洋的尺度上思考它们。在我读研究生期间，我的一位同事向我指出，几乎每一种沿着加利福尼亚海岸生活的鲸类，都曾被冲上一条16千米长的海岸线，这条海岸线就位于雷伊斯角国家海滨。当我深入挖掘他的说法时，发现了那些由政府机构和联邦监管机构相互配合并整理的海洋哺乳动物搁浅网络记录。这些机构汇编了整个美国西海岸和美国其他地区的搁浅鲸类统计数据。搁浅的物种、体长、性别、搁浅状况，所有的数据都记录在电子表格中，提供了一份在近2100千米长的海岸线上搁浅的鲸类物种和数量清单。有趣的是，为这些政府机构工作的鲸类生物学家已经用船只截线调查法的方式给海上的鲸类物种做了详细的调查，并将结果制成表格，这让我好奇这两种观察结果，即尸体和活体的观察记录，能有多吻合。

答案是：出奇地吻合。鲸类的尸体数据和活体数据在鲸类物种的数量和相应丰度方面相互呼应，也就是说，某些物种的个体数量占比确实比其他物种的高。例如，出于各种原因，沿海海域宽吻海豚的数量要远多于蓝鲸的数量。事实上，过去的几十年里，搁浅记录发现的鲸类物种比任何活体鲸类调查所反映的物种数都要多，既包括常见物种，也包括稀有物种。

某些情况下，搁浅鲸类中会出现人们在任何船只截线调查中都未曾见过的物种。换句话说，真正的生态数据应由鲸类搁浅事件来反映，只要你从正确的时间和空间尺度去观察。

当我从鲸之陵的公路边走过一排排的鲸类骨架时，我的脑海中萦绕着上述所有的想法。我可以想象，眼前的这处遗址代表了过去发生的某次搁浅事件。而同样地，我又在想，既然我们手头上没有任何可靠的数据，也没有任何可能的原因来解释为什么搁浅会发生在这里，我就这么把它定义为搁浅事件的结果，或许太过武断了。

在化石记录中，搁浅并不常见。在已发表的文献里，其中有一例讲的是研究人员根据一堆龙涎香（龙涎香是一团硬化物质，由鱿鱼喙聚集组成）化石推测出了一场过去发生的大规模搁浅事件；另一例化石证据则来自同一处沙堤里被同时发现的三个抹香鲸头骨。然而这两起案例的规模似乎都不足以与鲸之陵代表的鲸类搁浅事件的规模相匹敌。此外，海岸线往往会受到很多影响，因为海浪会冲散和破坏搁浅的鲸类尸体，而相比之下，鲸之陵的许多骨骼化石似乎都没有受到干扰，几乎没有被任何环境因素或食腐动物破坏的痕迹。在一次对遗址的短暂探访时，我想到鲸之陵有许多类似大规模搁浅的外在迹象——尤其是在鲸骨的完整性和个体密度方面。我们要如何才能知道原因、找出任何可能的解释，这仍是我首先要解决的问题。我意识到我们还需要数据，很多很多的数据。

# 6

## 地质锤和激光

我挖了将近 20 年的鲸类化石，足迹遍布每座大陆，然而此前我从来没有发现过完整的鲸类化石骨架。这并不是说每个人都跟我一样没见过，但发现完整鲸类骨架的情况肯定是不常见的。鲸之陵遗址之所以如此令人震惊，主要原因就是这里有稀有的完整鲸类骨架化石。发现任何一具保存完好的鲸类骨架都是一件值得庆祝的事情（然后我们会为了要采集它而苦恼），不过这样的鲸类骨架有几十个，各自相距仅几米，这种现象需要某种说法来解释，以及一个找出解释的方法。

在我意识到鲸之陵的整体规模时，我已经在智利的实地考察工作里做了数年的低风险的科学研究，研究内容主要是古生物学的基本要素：在严重破碎化的卡尔德拉盆地的不同地方测量含有化石的岩层序列的厚度，以及通过连接相似类型和外观的岩石单元来连接这些区块。我的最终目标是据此了解过去的秘鲁寒流有何不同。

从科学政治问题的角度来说，稳妥行事是取得成果的必然选择。我们的经费资助者会要求我们提交考察成果。对团队来说，特别是对我来说，完成既定任务极其重要，因为我是首席研究员，也就是项目带头人。投稿成功意味着能发表许多论文，最理想的是能发表在最有名的期刊上。作为一个刚在一家大型研究所开始职业生涯的人，我感受到了投稿的压力。在我看来，这意味着要坚持做计划，把自己的研究连贯地串起来，而不是陷入某个回报不确定的大项目中。

但是我不可能无视鲸之陵，我也不想无视它。它光芒四射，它是一处无与伦比的遗址，可以促进每个与它相关的人的职业生涯发展（如果它的成果被成功发表的话）。无论鲸之陵遗址里鲸类骨架密度之高、完整性之好的原因是什么，其中都无疑存在一个有趣的科学故事，这个故事有助于我们理解海洋生态系统中鲸类的演化。但我们需要在弄清楚鲸之陵是如何形成，或者它能告诉我们什么之前，以某种方式把我们的思想集中于遗址的基本事实上。

显然，鲸之陵谜团的重要部分之一，就是这些大型鲸类为何有如此高的丰度，这些大型鲸类明显属于一种已经灭绝的须鲸科动物。然而，获取更多这些鲸类的信息的过程将十分艰难。单单一具鲸类骨架就可能包含两百块骨头，有一些骨头和保龄球或是倒下的树枝一样沉，头骨则有一架大钢琴那么大。采集一具鲸类骨架，即使是一具比鲸之陵的鲸类骨架完整性更差的骨架，也需要至少两个人的配合努力，而且通常需要几天的时间。首先，你要从那些可直接从地表采集的骨头开始下手，如果它们不是很脆弱，就可以用刷子仔细地刷去一点儿覆盖在上面的土，直到你弄清楚这是什么骨头为止。一般来说，我们会把耗时间、需要注重细节的工作留到实验室再做，但是，如果不把骨头挖出来，我们也没办法把它们运回实验室。这意味着我们要谨慎地在它们周围挖出一个清晰的边界，然后用石膏绷带把它们包裹起来，使它们干燥，表面形成坚硬的茧状物质外壳。这样的保护壳能帮我们安全地从地面挖出含有化石的岩块，并将其带回实验室进行更深一步的研究。这种方法听起来直截了当，但当你真的在处理家具大小的骨头时，就很耗时间了。

通常情况下，当骨头松散地撒落在各处时，挖掘现场变得更像是犯罪现场，我们要用网格（通常是钩在钉子或钢筋上的绳子）罩在骨头所在区域，标出每块骨头所在的位置。网格使所有骨头之间的关系清晰明了，由此我们能在一张纸上绘出它们的位置。绘制完后，每一块骨头都会被单独编目、采集，有时它们会被集中放在保护罩里，就像那些大块的岩石一样被保护起来。这是一项艰苦的工作。

以鲸之陵为例，采集每一块鲸类化石的费用由道路施工公司负责。这家公司已经同意支付图阿雷格和他博物馆里的志愿者工钱，图阿雷格他们将尽最大努力挖掘、绘制和记录每一具骨架，然后将这些骨架包起来，有的骨架会被石膏罩子完整地包裹起来，有的则被分块包裹起来，大小就跟桌子或中型汽车差不多。如果化石的尺寸太大，那么只用石膏绷带和麻布就不够严实，因此必须增加金属支持结构，以确保里面的化石在运输过程中安然无恙。虽然这些步骤保护了化石本身，但是我们每次将骨头从地里取出来的时候，都会丢失一些关键信息，比如这些骨头的埋藏方式、方位、它们与其他骨头的关联等等。而这些信息都是为我们解答这处遗址起源问题时不可或缺的信息。不过，当前最紧迫的问题是图阿雷格说，我们只有大概不到一个月的时间来研究这处遗址了，到时候所有的化石都要被移走，以便为公路北侧的车道建设腾出空间。这样的时限可真是紧张得惊人。

鲸之陵遗址的采集工作带给我们的焦虑时常笼罩着我们。我们测量了最初找到的所有岩层，并采了样。接下来的步骤就涉及编制卡尔德拉盆地的单一岩石年代表，这项工作主要以实验室或博物馆工作为基础。我们已经没有时间做更多的事情了。我知道我们需要开始着手进行在鲸之陵的工作了，只是不知道该怎么做。我们几乎没有足够的时间拍几张照片，在现场测量几块岩石，现在我们对这个地方还没有任何的定论。一个像鲸的体形那么大的复杂问题隐约浮现在我的脑海里：我到底该拿它怎么办？

在和吉姆与卡罗同行返回美国的途中，我试着不去想关于鲸之陵的化石采集问题，而是试着去思考更大的科学问题。鲸之陵是搁浅造成的吗？是仅发生一次的灾难性事件的后果吗？还是说这些尸体是随着时间慢慢累积形成的？要验证任何解释这些鲸类骨架出现在鲸之陵的理论，需要一块一块骨头、一具一具骨架地去评估这些化石，确定化石总体的情况、排列方式和每块骨头同其他骨头的关节连接处，以及它们是否曾经被食腐动物影响过等内容。这种类型的法医学研究需要时间，毫无疑问，需要比我们已经付出的更多的时间。我不确定当前我最需要哪些数据，对我来说，这项任务的艰巨程度是有史以来最高的。

从圣地亚哥飞回美国的长途飞机上，当我看到吉姆抱着他的笔记本电脑小心地挤向靠窗的座位时，我有了个主意。如果我们可以用某种数字化的方式捕捉骨头，但并不仅仅是捕捉静态图像，那么我们或许能将现场考察的时间缩短，把更多的时间留给实验室工作。我突然想起最近偶然遇到的两个人，他们就是做这种工作的。

第一次遇见亚当·梅塔洛和文斯·罗西的时候，是在史密森尼学会的一个研究小组，当时大家在一个无窗的摄影室里俯身看着一块头骨，这是一块已经灭绝的、与鳄鱼有亲缘关系的物种的头骨。当时他们正用一个连接着笔记本电脑的机械臂将激光束扫过头骨表面。文斯看见我，挺直了身子做自我介绍，并抚平了他那件没有扣紧的衬衫上无形的褶皱，随后他便开始示范操作。我一边听他说话，一边看着亚当在鳄鱼头骨上扫激光，接着，数据拼接成三维模型，实时出现在了电脑屏幕上。

亚当和文斯是史密森尼学会刚建立的三维数字化项目小组的成员，他们当时正在史密森尼学会旗下的博物馆寻找合作伙伴，为他们的工作提供研究案例。我觉得他们的工作真的很有趣，但是当时我有点好奇扫描能解决什么科学问题。我认为，首先更重要的是提出一个问题，然后这些技术才能为解决这一问题而服务。而当我在南美洲将近1万米的高空中，戳着我飞机餐里美味的意大利方形饺时，我意识到我找到了这个问题。

回到博物馆，我尽力向亚当和文斯展现我的窘境，表达我的兴奋，并希望能与他们进行某种卓有成效的合作。与古生物学的传统野外采样法相比，激光扫描采样法在鲸之陵遗址显然具有难以置信的优势。最首要也是关键的一点是，激光扫描相较于绘制网格地图或是用乳胶制作大型石膏模型的方法，都极大地节约了时间成本和金钱成本。扫描也不会与化石有任何物理接触，从而消除了撕下乳胶皮时破坏骨骼化石的潜在风险。其次，扫描将建立数字化模型，其本质上是实时的影像快照；扫描出的摹本不会衰败，而乳胶皮，甚至是塑料注模都会随着时间渐渐氧化。考虑到单具化石鲸类骨架的规模，通过扫描鲸之陵遗址里几十具的鲸骨化石并创建出它们的数字化模型，以便后期对比，似乎是十分理想的方法。在计算机屏幕上把骨架的模型叠加或是并排，可比现实世界中在骨架之间来回踱步要容易得多。

激光扫描也超越了其他技术解决方案的实用性。X光也许跟激光的效果差不多，但是要把能产生X光的机器，例如CT扫描仪带到野外现场，那可就难了。再说了，我们也没有办法在任何一家标准医院找到一台可以盛放9米长鲸类骨架的CT扫描仪（世界上只有少数几台CT扫描仪能够处理大体积的物体）。X光可以避开非常大的物体的固有视线问题：和蘸满硅胶的画笔一样，激光和相机也很难反映出沿着脊椎骨和头骨上分布的小突起和深凹槽，因为在应用工具的阈值下，这些角落和缝隙总是无法被完美捕获。

事实证明，鲸之陵即将成为博物馆标本三维数字化领域里众多成功的合作项目之一，亚当、文斯和我也成了挚友。我立刻就对他们拥有的展览艺术方面的背景大加赞赏，因为创意性工作只有冲破所有资源、个性和时间的障碍才能看到光明，所以艺术家和科学家并没有那么大的不同。亚当和文斯也知道，史密森尼学会收藏的标本之后有许多故事，而创建三维模型有希望让这些故事变得直观可见。

当我确定亚当和文斯对我手头这起特殊的案例感兴趣时，卡罗和我就开始奔走，紧急为野外考察筹备资金，我们需要食物、汽油、卡车、住宿和设备，以及现在加起来已有十几个人的机票。我们精打细算地整理了来自博物馆馆长办公室和国家地理杂志（后者也为我们最初一季的野外考察提供了部分资金）的资金，确定了预算方案，而后组建了一支绝佳的团队。在筹集资金时，我们声情并茂地强调了该项目的紧迫性，设法凑到了足够的资金，以支付我们返回智利急需的费用。在繁忙的工作中，我们越来越清楚地意识到，要解决鲸之陵的问题意味着我们将从一个安全的研究领域转移到一个高风险、高回报的研究领域。这对我这个准主管来说十分不安。科学家要通过完成大项目、递交研究成果来赢得信誉，若是花费大量的时间和金钱，却无法展示出研究成果，尤其是在国际舞台上，这意味着你和你早期职业生涯里的同事的未来也将面临风险。比起自己去冒险，我更不想把卡罗、图阿雷格和吉姆置身于这类风险之中。

当我们回到智利时，图阿雷格早就在等候并迎接我们了；我把他介绍给文斯和亚当，决定把其他的顾虑留到以后再说。飞机在卡尔德拉盆地附近的科皮亚波市降落之后，我们立刻沿着泛美公路直奔鲸之陵遗址，不到一个小时就到了。距离图阿雷格说的最后期限还有不到一周，我们没有时间干别的事了。我们需要像激光聚焦那样的专注力来干正事。

图阿雷格和他的团队已经做出了战略性的决策，他们已经决定了要记录和采集、移走哪些鲸类骨架，以及哪些骨架在我们到达之前必须完好无损地保留在原地——我简单估算了一下，少于12具。我知道，在我们返回美国的短暂过渡期，图阿雷格已经尽他所能地保护了手头上的标本，因为公路建设公司已经把上层的岩石刮走了许多，一直刮到与公路高度平齐。作为一个局外人，我在智利政治中的影响力有限。在我们前往采石场之前，我还不确定那里变成了什么样子，结果到现场一看，几周前还被沉积物覆盖满满的采石场，现在已经被开发成了一块有两个足球场那么大的空地。

我们有两种基本方法可以采用，但是它们的前后期准备工作非常不同：

其中一种是用激光臂扫描仪来扫描，这种操作需要精心搭
建扫描仪的工作环境，特别是在扫描过程中需要使用重
型防震底座来保持扫描仪位置静止不动，激光臂扫描
仪可以以亚毫米的精度来收集化石表面的几何结构
信息；另一种是用手持式高端数码相机来扫描，
它可以收集所需图像，等我们回到美国再用软
件建立化石的三维模型。激光臂扫描仪及其配
套设备过于笨重，无法在鲸类骨架之间来回移动，
只能用于单具骨架，相机则可以在多具骨架之间穿梭。

鲸之陵里有一排鲸骨化石是由三具骨架堆叠在一起的，这显然是我们
要拍照的优先对象，大家叫它们"一家人"。"一家人"中有两具大一点儿的、
成体大小的骨架，一头的吻部连着另一头的尾部，二者呈 V 形排列，而且
各方面都很完整，甚至包括它们的髋骨。在 V 形的开口处，有一具小小的
骨架向 V 形内部延伸，这是一头幼鲸的骨架，头骨还未愈合。我一般不喜
欢用昵称作为化石标本的简称，主要原因是我认为用宠物的名字称呼化石
标本，轻视了收集和研究化石工作的辛苦。在鲸之陵遗址，我们用图阿雷
格使用的现场编号为化石命名，但是称呼它们为"一家人"的确比叫它们
"B21、B22 和 B23"要容易得多。我也不得不承认，"一家人"这个称呼对
这三具构成椭圆心形轮廓的鲸骨化石表达了某种敬畏。

我们即将要做的工作没有技术指南，这些工作需要我们认真思考，运
用创造力和信任度去完成。我们在离公路只有几米远的地方安营扎寨，每
一辆 18 轮大卡车在下坡时发出的尖锐声响，都会提醒我们那条即将向北延
伸的车道。图阿雷格和他的团队在 B33 号化石标本上搭起了帐篷，B33 是
遗址里所有保存完好的大型须鲸化石之一，搭帐篷的目的是防止设备和工
作受到尘土和风的影响。我们在最大的运输箱上临时搭建了座位，这些箱

子还兼作工作台；文斯和亚当得到了扑克牌桌的优先使用权，他们将在这张桌子上为他们高性能的笔记本电脑创建一个工作站。有一次，我在其中一辆野外考察车后面停下，看着亚当和文斯忙着用笔记本电脑、激光扫描仪和三脚架工作，缆线和配件散落在他们周围。"你们就像激光牛仔。"我笑着说道。亚当咧嘴一笑，文斯则笑出了声，但他们手头上的工作却没有停下。鲸之陵里那些繁忙的声音让我第一次相信，我们真的会实现这宏伟的计划，把物质转变为数字。

顺时针方向：B21、B23 和 B22，它们有个更出名的名字——"一家人"

　　酷热的空气简直要把帐篷里的"牛仔们"融化，他们日日夜夜地待在帐篷里，缓慢地扫描 B33 号化石，从吻部到尾部。激光臂的每一次扫描，就像一把粗粗的笔刷，将扫描到的信息实时传送到笔记本电脑上，在我们面前的电脑屏幕上显示出这具骨架的数字化结构。整个扫描的分辨率之精细，在倾斜的光线下被计算机突出显示，看起来就像是古代的浮雕。就我所知，此前还没有哪具化石骨架在原位被这么仔细地扫描过，就算有，那也肯定不是鲸类的化石。想着我们可以捕捉到这样一具骨架的来龙去脉，并把它保存下来，多么奇妙，我笑了一会儿。仅仅是 B33 号这具化石标本的数据集就可能有作为学位论文研究的价值，更何况我们还收集了这里所有鲸类化石的影像数据，包括"一家人"。

回到史密森尼学会，"牛仔们"会把这些庞大而密集的扫描数据点和照片聚集起来，将它们转译成鲸之陵遗址里的鲸类的三维模型，有了这些模型，化石的细节将清晰得不可思议。而 B33 号化石的亚毫米级精度以及"一家人"化石的毫米级精度，是未来证明建立三维模型可靠性的方法之一：我们以尽可能高的分辨率来收集信息，并在过程中的每一步都保留渲染。对于扫描的数据，我们以标准格式统一处理数码照片，并用 xyz 轴坐标标识，录入成简单的文本文件，这样一来，基础的底层数据在未来也可以得到很好的恢复。这些方式确定了研究鲸之陵遗址的数字摹本的时间框架将延长至今后数年。

我们将从鲸之陵遗址收集的三维数据展示在电脑屏幕上，在远离现场的地方，它们依旧令人着迷；但是，通过三维打印技术把它们打印出来，特别是打印成手掌大小的模型，那就完全是另一种体验了。即使是今天，当我拾起其中一件彩色三维打印的模型时（这些骨架曾经需要我们在现场走上好几步欣赏和解读，现在在我手里显得紧凑多了），我仍然感觉自己回到了在遗址里考察的日子，甚至能清楚地记起那是一天中的某个特定时刻，这是根据模型上的阴影来判断的。更令人兴奋的是，我们还用三维打印技术将鲸之陵遗址里的一具骨架打印成了更大的模型。现在，任何人都能在史密森尼学会看到这具大骨架，就在美国国家自然历史博物馆的学习中心礼堂里。在我们结束鲸之陵工作后的几年，在几千千米之外，我还能沿着贴有 B33 号化石塑料摹本的墙壁走上一段，这道墙的背景由瓷砖无缝拼接而成。我可以把我的头歪向任何合适的角度去观察这具骨架，上面涂了一些颜料，就像它躺在地上一样，令我追忆起我们在阿塔卡马公路旁的漫长时光。这些标本的数据所讲述的故事与真实的故事差不多。更重要的是，任何人都可以通过电子邮件、计算机屏幕或是三维打印机共享这些数据。

在鲸之陵遗址，亚当和文斯正忙着扫描，我把我的注意力转向地质学和古生物学的数据上，我们需要检验所有关于这座鲸类坟场是如何形成的猜想。在此考察的第一季，我们测量了遗址里露出地面的岩石堆，这是我们在卡尔德拉盆地要做的大规模工作的一部分。由这项工作获得的数据所构建的地层柱，是确定岩石的地质年代的关键。地层柱还为破译这些岩石所代表的环境类型奠定了基础，由此我们可以了解这些鲸类第一次沉降在鲸之陵时的周遭环境。

到了第二个野外考察季，我们已经意识到了这处遗址存在某些更深层的信息：鲸之陵并非只由一层，而是由四层鲸类骨架组成，后来者直接堆叠在原本的鲸骨之上。我们花了好长时间才得出这个结论，很大程度上是因为人们在修建向南延伸的泛美公路时，在遗址的水平岩石单元上切下了长长的一条对角线。由于这里有长长的斜坡，因此我们之前从未完整地观察到遗址的所有岩层。从覆盖着 B33 的帐篷处，我们可以看见北面的其他鲸类骨架，它们似乎比岩石剖面高出几米。但我们并不清楚那是一个值得留意的特征，还是整个盆地大面积断层活动的结果，因为断层活动可能将单一的岩层分裂成垂直的混乱结构，后者就像人行道上不平整的石块。

要完整解读鲸之陵的所有岩层，只能沿着斜坡来回行走，在地质年代之间往复移动，顺着岩壁从一具骨架到另一具骨架，逐个追踪它们所在的岩层。这样的操作过程让我们能够在行走中追踪每具鲸类骨架的水平位置，为我们证明存在多层堆积骨架的事实提供内在证据。在四层骨架中，B33号位于第二层；与 B33 号直接相邻的新的路堑边墙上，我们还可以触摸到更多尚未露出的鲸类骨架，它们直接位于岩层序列的顶部。

我们也很快意识到，我们需要图阿雷格来帮助我们在新的信息背景下重建每具鲸类骨架的位置——因为我们在意识到遗址有四层骨架之前已经采集了所有样本，但错过了收集每具鲸类骨架来自哪一层的信息。虽然图阿雷格善于表现，但他作为古生物学家时从未辜负我们的期待，我们能够从他详细的笔记和采石场图标中推断出我们错过的信息。鲸之陵遗址其实是四处重叠的鲸骨遗址，这对我们团队来说是一个惊人的发现。这是一块在平视角度无法发现的隐藏拼图，它的发现与每具骨架的完整性以及骨架的密集程度一样重要。鲸之陵遗址存在多个含有鲸骨的化石岩层，这意味着鲸类都沉积在这个特定的地方，其原因可能是一致的——这是科学中的基本命题，因为重复的模式往往是由同样的潜在过程产生的。

# 7
## 破解"鲸之陵"疑案

　　我被夹在三个智利学生中间，坐在丰田皮卡车的长椅上，摸索着我的安全带。黑夜里月光照耀，皮卡车奔驰在崎岖不平的地面上，我还没来得及抓紧安全带扣，皮卡车便一跃而起，图阿雷格古怪而热情地踩着油门。已经是晚上 10 点了，我们还没有吃晚饭，我也不知道我们现在要去哪儿。

　　那是我们在阿塔卡马沙漠的最后一晚。所有的地质采样工作都已经完成了。"激光牛仔们"正在 B33 号化石的尾端附近进行最后的扫描工作。他们扫描着那些完美的、按顺序排列的小骨盘，这些骨盘组成了鲸尾柄中线的骨质部分。"牛仔们"让我们给他们带些吃的回来（"烤肉馅卷饼，"亚当说，"请帮我多买一些。"）。沙子摩擦着我们的皮肤，我们带着满身的砂土味，分成两队打算坐上皮卡车去大篷车餐厅吃饭。卡罗和其他人乘坐其中一辆皮卡车，沿着通常我们去雷佛伦西亚港的路线行进，那里对我们来说是标准的海滨景点。

　　与此同时，在图阿雷格的皮卡车上，每个人都顾着聊天，没有注意到图阿雷格临时决定走一条不同以往的路线。我们沿着一条几乎不能被称作车道的路前进，这是一条由矿业公司的卡车碾成的路，穿过了一片布满巨石景观的地方。图阿雷格听着收音机里的音乐，手快速地挥舞着，整辆皮卡车在音乐声中左右摇晃。

　　"图阿雷格，"我低声说，"马里奥，"我试着用他的真名再喊了一次，"我们要去哪里？"此时的我戴着考察领队的帽子，却是这座陌生国度的陌生人，真令人尴尬。车子颠簸着，图阿雷格从自我陶醉的世界里走了出来，从后视镜里看着我。"啊，别担心，"他直白地说，"我们现在要去打败另一辆车。"

当我们驶过崎岖道路尽头的最高点时，图阿雷格回到了他沉浸的世界。我望向远处太平洋上斑驳的月光倒影。透过不断晃动的窗户，可以看到埃尔莫罗山的轮廓。埃尔莫罗山占据了数千米的视野，在我们进行野外考察时，这是一座方便我们汇报所在位置的地标。这就是地质学家所说的火成岩侵入体，它由数百万年前的熔岩向地表膨胀形成，而现在正在向下侵蚀。最终，俯冲作用直接形成了埃尔莫罗山，正如形成我们记录了 40 多具鲸类骨架的那片被暴露出来的远古海底一样。尽管达尔文从未写过关于埃尔莫罗山的文章，但他在离开阿塔卡马沙漠的路上肯定不会忽略这座山的存在。我想象着"贝格尔号"逆风而行的画面，它驶向卡尔德拉的港口，去迎接一位将会改变我们对地球生命认知的船员。

我认为我可以通过解决迄今为止我职业生涯中最大的谜团，来做一些小小的贡献：鲸之陵到底发生过什么？这是一个不同寻常的解谜机会，因为古生物学家通常很难去解释地质历史上发生的独特事件。大多数时候，我们都不清楚特定事件发生的原因——为什么巴基鲸会灭绝？为什么龙王鲸会有这么长的尾巴？相反，古生物学家更愿意去归纳相似事件的类别，例如趋同演化的形式，或是化石物种兴衰与地球气候变化之间的关系。一开始，鲸之陵事件似乎是一个孤立、单一的事件，但通过仔细观察，我们发现这里有四处重复的特征：遗址由四层鲸类骨架堆叠而成。这使我们开始思考，这处遗址的出现、四次事件的发生是否存在统一的成因？在某些方面，鲸之陵之谜似乎存在多个独特的事实，但需要用普遍的原因来解释。

对于任何想要解释地质遗址成因的古生物学家来说，破解谜题的第一步往往需要迈在地质学最基础、最普遍的道路上。这样看来，鲸之陵遗址内棕褐色、松散的沉积物，反映了其单一的环境类型，这种类型与潮滩最为相似。这四层骨架一层接一层地叠在背景环境上，而背景环境却未曾发生过变化，换句话说，每次骨架出现的事件，都发生在同一片未曾变化的潮滩上。潮滩对于鳍脚类或是海懒兽来说是再寻常不过的地方，但它绝对不是任何鲸类（更不用说是几十头鲸）的活动区域。

根据遗址里岩层的厚度判断，加上运用估算现代潮滩的沉积物堆积效应的方法，我们计算出了这些岩石的形成时间，大约是1万到1.6万年。虽然这段时间比整个人类文明的跨度都要长，但对于地质学家来说，那只是短短的一个瞬间。如果我们有可以用于辐射性定年的岩石，那我们可以推算出更精确的年代，可惜我们没有。不过我们在鲸之陵遗址发现了鲨鱼化石（从几颗分散的牙齿发现的）和海懒兽化石，这些物种也出现在秘鲁的岩石单元里面，而依据后者推测出的年代会更精确。利用这一相关性，我们将这些推算年代关联到鲸之陵遗址上。我们的最佳估算是，鲸之陵是在900万年到700万年前，从中新世晚期的某个时候开始，经历了1万到1.6万年的时间沉积形成的。

那些巨大的须鲸化石是遗址中最耀眼的明星，是每一层骨架中最大、最完整的。这些骨架是已经灭绝的须鲸科物种的代表，这些须鲸是一种大型的、大口滤食的鲸，座头鲸和蓝鲸都是与它们有亲缘关系的标志性物种。遗址中的动物也展现出了一系列生长阶段，从幼年到成年的都有。除了已经灭绝的须鲸科动物之外，这里还保存着许多其他生物，包括其他海洋哺乳动物——这些生物不仅帮助我们一瞥中新世的秘鲁寒流景象，也为揭露鲸之陵的起源提供了极其重要的线索。


中新世时期从大约2300万年前持续到大约500万年前，这一时期见证了相当数量的鲸类演化历史。那时的许多大陆已经与现在的大陆分布相差无几了，尽管那时的大陆之间还存在一些洋盆和缺口——例如北美洲和南美洲在过去是完全分离的，那时它们之间的赤道水域被称为"中美洲海道"。

在中新世中期的很长一段时间里，包括鲨齿山尸骨层沉积形成的时期，全球的海平面和温度都高于现在。这些因素可能促进了地球上的许多类群在这个时期表现出丰富的多样性，就如我们从化石记录中看到的一样：那时的鲸类正处于最多样化的状态，它们占据了一系列的生态位和体形规模，而这些特征在它们的后代，也就是现生鲸类中是不存在的。

你可以将中新世的世界想象成与当今世界相对的狂热梦魇，借鉴当前生态系统中我们熟悉的动物，想象它们在过去的背景设定中可能形成的奇异或可怕的形态。如果你穿越到中新世晚期，在鲸之陵形成时期来到智利的离岸海域观鲸，你会看到许多熟悉又陌生的面孔：现生须鲸和现生远洋型海豚的古代亲戚在海洋的各个水层中觅食，寻找和现生鲸类食谱中相同的猎物。从船上观察，这些动物可能长得大同小异，也就斑纹或体色上有所不同。不过它们很可能和现在大多数的海洋动物一样，身上都有反荫蔽色（腹部颜色浅，背面颜色深，便于伪装自己，迷惑来自其上层或是下层的捕食者）。然而倘若你凑近一点观察，就会发现早期的须鲸并非都长得那么庞大，那个时候还没有像蓝鲸体形那么大的鲸；有一些海豚的吻部可能长得很长，就像现生的淡水豚一样。

除了我们熟悉的身影，这里还有一些"陌生人"，例如颧突抹香鲸和海牛鲸。就在距离鲸之陵 B33 号标本几米远的地方，我们收集到了十几颗香蕉形的牙齿，上面覆盖着珐琅质。这些牙齿属于一个已经灭绝的抹香鲸支系，这一支系的抹香鲸上颌和下颌都长有牙齿。现生抹香鲸绝大部分只有下颌才有牙齿，这些小型象牙色的牙齿主要由牙本质而非牙釉质组成，可以抓住大大小小的头足类动物。相比之下，现生抹香鲸的这些已经灭绝的中新世近亲有更多的牙齿，可能会掠食其他海洋哺乳动物，包括其他鲸类。

在鲸之陵，我们还发现了属于一种海豚的长牙和部分头骨，这种海豚的面部长得像海象：它们的吻部短而下弯，两侧有长牙，奇怪的是两只牙的长度并不相等。人们只在鲸之陵遗址向北 1600 千米左右的秘鲁某处发现过这一奇特物种的其他化石。现生海象仅分布于北半球的高纬度地区，迄今为止，人们只在北半球发现过海象化石。齿鲸的一个支系演化出了几乎和现生海象一模一样的脸和牙齿，这表明在过去的几百万年里，南美洲海岸存在着和北半球的海象演化相似的生态环境，这种环境持续了足够长的时间，令自然选择了这种动物出现的结果（海象在鲸类演化了超过1亿年之后才与其分开）。海牛鲸的英文名直译为"海象鲸"，它的拉丁文（*Odobenocetops*）也是"长着海象脸的鲸"的意思，它们可能和那些已经灭绝的海懒兽一样，以海岸浅水区海床上的海草为食。是的，根据化石分析，已灭绝的海懒兽演化出了长长的鼻子、粗壮的肋骨和四肢，这些特征都标志着海懒兽存在与海牛趋同的生境适应能力。而且和海牛鲸一样，人们也只在南美洲发现过它们的化石踪迹。

海牛鲸在中新世的海床上蹭来蹭去寻找软体动物。
它的獠牙长而脆弱，右边的牙明显比左边的长

中新世也有企鹅和其他海鸟，尽管有些海鸟和现在的海鸟大不相同。一些已灭绝的企鹅化石表明，它们的喙比现生企鹅的喙要长得多。伪齿鸟（*Pelagornis*）是一类已经灭绝的海鸟，翼展超过 5 米，喙上有锯齿状的伪齿，

这是现在已经灭绝的骨齿海鸟类动物的特征。和现在一样，中新世的海洋哺乳动物和海鸟以摄食秘鲁寒流中丰富的浮游动物为生，不过没有大量化石记录，我们难以确定它们的食物种类。然而磷虾虽然也没有化石记录，但对现生磷虾 DNA 里的时钟序列分析表明，这些磷虾自白垩纪（大约在 1 亿到 7000 万年前）就出现了。磷虾很有可能是古代秘鲁寒流的一部分，不过这仅仅是根据我们今天看到的食物链构成得出的结论。

伪齿鸟，中新世的骨齿海鸟

还有一类鲨鱼在中新世海洋中显然也扮演了巨大的角色：体形可与公交车比拟，牙齿硕大。人们对于这些已经灭绝的鲨鱼物种的认知几乎全部来自它们拳头大小的牙齿，在全世界的中新世地层里，这些牙齿的数量十分丰富。一些物种，例如"巨齿鲨"（专家还在争论着给它们找一个更为恰当的名字），体长约 12 米，以鲸类和其他海洋哺乳动物为食。在鲸之陵，我们没有在任何鲸骨上找到鲨鱼啃食的痕迹；我们在这里找到的一些鲨鱼牙齿属于体形比巨齿鲨小的已灭绝物种，它们可能是被冲到潮滩上，或是随着涨潮、间歇性地来到潮滩食腐而搁浅、遗留下来的。一些科学家认为，在其他地区，由于大型鲨鱼占据了大体形的生态位，导致当时的鲸类无法演化出现生鲸类这么大的体形；大约在300万年前，这些大型鲨鱼灭绝了，它们的灭绝时间与大型鲸类出现的时间相吻合，尽管它们灭绝的原因仍然是个谜。

我们在鲸之陵共发现了10种不同的大型海洋动物，它们都位于食物链顶端，既有食肉动物，也有食草动物。这是一份奇特的名单：有各种鲸、鳍脚类、海懒兽和长喙鱼（类似剑鱼、旗鱼等喙很长的鱼类）。最让我吃惊的是，我们统计的这份名单里囊括了所有只被发现于南美洲的海洋哺乳动物物种（海牛鲸和海懒兽）的独特化石，而这些动物化石距离待建公路只有几百米。这份名单告诉我们一条重要的线索：过去可能存在某种因素，将至少四段独立的历史篇章里的主角都聚集在了这里。

弄清楚背景里的地质阶段和生态因素，可以缩小我们对鲸之陵起源的猜想范围。为什么大型海洋食肉动物和食草动物最后会在彼此相隔几米远的地方从头至尾保存完好，就像B33号化石那样？那些用肺呼吸的动物，是如何与有鳃的脊椎动物（长喙鱼）命绝于同一地点的？最后，也是最重要的一点：这些尸体为何会在同一个地方被堆叠四次呢？

不同种类的鲸或是其他海洋动物被集体冲上岸的现象很少见，因此类似的案例往往都有记录，尤其是在美国。有趣的是，每当有多个物种共同搁浅的事件出现时，有害藻华是最常见（也是唯一）的罪魁祸首。有害藻华可缩写为"HAB"，藻华即藻类水华。这些单细胞藻类，包括不同种类的硅藻、甲藻或是蓝绿藻，能够造成海洋生态系统中的消费者大面积死亡。这主要是因为有毒的单细胞藻类在水体里大量繁殖，当聚集得足够密时，即出现了"华"的状态。这些藻类体内的毒素通过食物链在更高营养级的动物体内蓄积，高营养级的动物因此摄食了更高浓度的毒素。最终，一些微小的生物也能杀死海洋食物网中的顶级消费者，包括鲸类、其他海洋哺乳动物、长喙鱼，还有人类。

如果有害藻华是鲸之陵遗址的形成原因，那么这就能解释我们在现场观察到的一个重要的地质学特征：每一层含有化石骨架的岩层都有橙色的环形图案，我们团队里的沉积学家认为这些圆环是被藻席里的铁元素染上的。虽然我们很难确定这些圆环是不是由死亡的藻类造成，但是很明显，环境中的铁元素被固定了下来。铁在有害藻华现象中极为重要：如今发生的藻华事件里，铁元素会增强有害藻华的影响力，扩大其影响范围和延长持续时间。

　　通过排除错误的解释，直至剩下最简单的论证（或是最少的论证步骤），科学的真理就会带着最广泛而有力的解释出现。没有其他原因能解释鲸之陵遗址里出现的奇妙事物，那些原因都经不起推敲。这不是由鲸落形成的遗址，因为这里在中新世时期还太浅。你也许会设想这是由一场地震或海啸将一排动物尸体送入了潮滩而形成的，然而，不仅没有现代案例能够支持这一观点，遗址里的地质状态也没有表现出这里曾经发生过如此高能量、灾难性事件的沉积构造。最重要的是，无论发生这些死亡事件的机制是什么，该机制都要以几乎完全相同的方式在同一地点发生四次。其他解释都站不住脚，有的解释则仅仅能够支持其中一例案件，但有害藻华能够解答我们对鲸之陵遗址所怀揣的所有疑惑。


　　据我所知，过去发生在鲸之陵的故事是这样的。在中新世晚期的某段时间，即 900 万年到 700 万年前，一片宽阔的浅水潮滩与南太平洋相连通，它的周边可能包围着一小串岩石岛屿，以及内陆极度干旱的沙漠。在浅滩的离岸海域，生活着现在已经灭绝的须鲸、长着海象脸的奇特海豚、古代鳍脚类以及其他的海洋捕食者，它们在秘鲁寒流中繁衍生息，生活方式或许与今天秘鲁寒流中的动物没什么两样。

　　随后，附近河流向海洋输送的铁元素导致海洋里出现了广泛的有害藻华，导致各种各样、各个年龄段的海洋哺乳动物集体死亡。有害藻华现象在很短的时间内就杀死了这些顶级消费者：也许就在几个小时内，通过令其窒息的方式——在现代世界，这也是藻类毒素杀死鲸类的一种可怕方式。鳍脚类、海懒兽甚至长喙鱼，都无法免疫藻类神经毒素。随后波浪和洋流，有时甚至是风暴潮，将这些死亡的动物尸体推至岸边，这一过程持续了数天到数周的时间。大型鲸类的尸体往往是背部朝下、腹部朝上地被推到岸边，除非海浪偶尔冲上来将它们翻个身。浪潮一直将这些尸体推至这片广阔的潮滩北部角落，在这里，尸体被集中起来，就像河流里的木头一样，直到潮水退去，所有尸体就都搁浅在潮滩上了。组成"一家人"的三头鲸可能只是被搁浅在岸上的数百头鲸中的成员，这三头鲸可能来自一个种群，就像它们过去共同生活一样，最终也共同埋藏。它们被冲到岸上时大多完好无损，随后肉体被骨齿海鸟和蟹类啃食，直至被土壤慢慢埋藏。这一系列事件至少在四个不同时期重复发生，相隔数千年，每次搁浅事件都在完全相同的地点结束，形成了堆积的骨骼化石，最终形成了鲸之陵。

在数百万年的时间里，古老的潮滩上堆积的岩层被地质构造运动抬升，高出海平面近60米。这段时间里，压实力和化学置换力（特别是来自冰河时期沉积的上覆岩层的重量，这些上覆岩层是贝壳灰岩，由聚集的贝壳形成）将骨架压平，并把它们变成了化石。这一整堆的岩层就位于卡尔德拉盆地的北部边界，俯瞰着南部的卡尔德拉和埃尔莫罗山。直到20世纪末，第一条公路的开辟才在这些岩层中切开了一条路，毁坏了一些化石骨架。然后直到21世纪，才发生了我们测量、扫描和编目所有要被移走的骨架以及它们的数字化资料的故事。

我来智利的初衷是了解过去与现在的海洋生态系统在物质构成上有什么不同，是否与海牛鲸、海懒兽和骨齿海鸟的存在有关系。我也想知道古代物种和现代物种之间的差异是如何随着地质年代的发展而产生的，地质年代记录了鲸类和其他大型消费者作为重要的生态系统参与者的崛起过程。

通过在鲸之陵遗址开展漫长而有价值的科考工作，我们发现这些密集的动物骨骼化石也可以为我们提供一部分关于这些系统的最有说服力的故事。在这里，在公路两侧各有一片足球场那么大的地方，我们对南美洲几乎所有已知的海洋哺乳动物的化石物种进行了采样，从海牛鲸到海懒兽。如果还有人想在这儿深入挖掘路堑边墙，那么哪怕他们又发现了曾在智利其他地方和秘鲁发现过的其他物种，我们也不会觉得奇怪。据我们估计，鲸之陵遗址还有 100 万平方米左右的岩层可能保存着化石，这里面可能包含数百头海牛鲸、古代鳍脚类和其他化石物种。

鲸之陵的故事可能在整个智利，甚至是在整个南美洲，都不是独一无二的。每当我们从地质记录中看到反复发生的事件时，我们就从中获取了一些地球系统中更广泛发生的事件的重要信息。如果我们对鲸之陵发生大规模搁浅事件的原因推测正确，那么世界上的其他地方应该也有鲸类化石公路：至少在那些任何上升流痕迹、海湾、潮滩和藻类杀手都被板块构造保留下来的地方。我们可以着重看看世界各地的大陆西海岸线，这些地方都具有可以形成和保存化石的合适环境。地缘政治是发现鲸之陵的动力，其他化石的发现可能也需要借助这种事件的偶然性。鉴于近 10 亿年来形成有害藻华现象的单细胞十分古老，因此发生在鲸之陵的大型鲸类搁浅机制同样也适用于沧龙、鱼龙或是其他任何一种古代海洋生态系统里的消费者。

大多数海洋哺乳动物的骨床都是因在海底经历了长时间作用而形成的，鲸之陵却明显不同：这些海洋哺乳动物的尸体是在海浪和暴风的作用下被物理地集中在一起，并紧挨着对方堆积在潮滩上的。在鲸之陵发现的海洋哺乳动物的骨架化石密度之高，世界上任何其他化石遗址都无法比拟，无论是鲨齿山还是瓦地阿希坦。我一直认为，鲸之陵打开了一扇窗，披露了深时理论中的秘鲁寒流，因此它的地位与其他联合国教科文组织世界遗产名单的遗址不相上下，也包括瓦地阿希坦。我们很幸运，因为鲸之陵遗址的资料里还有许多内容可以学习和研究，而现在任何人都可以通过互联网查阅到我们建立的关于鲸之陵的共享数字化资料库。

埃尔莫罗山东部的山麓延伸上升，形成了安第斯山脉，形成了整座南美大陆的脊梁。它们是纳斯卡板块长期在南美大陆板块之下俯冲产生的壮观景象，俯冲作用推动地层上升，就像一本厚厚的书的书页在软质封面下卷起来一样。安第斯山脉这一侧的岩层比鲸之陵的岩层要古老得多，有的甚至比第一代恐龙还要古老。

在这片区域，在距离鲸之陵遗址不到一天车程的地方存在另一处遗址，那处遗址也是受地缘政治与科学碰撞的影响形成。它是建立世界上最先进的天文观测台的理想场所，位于极度干旱的沙漠、美洲海拔最高处、远离城市中心的光污染。20 世纪初，史密森尼学会的第一座太阳观测站也建立于此，现在那座太阳观测站早就被这些安装着望远镜的堡垒超越，这些望远镜可以窥视宇宙过去数十亿年的故事。说真的，天文学和古生物学是兄弟领域：它们把人类的想象力带到了从未有人去过的地方，而且只要你有毅力加入这场冒险，并且做出奉献，你就一定会有所回报。任何时候，业余爱好者们都有可能发现一颗永远改变课本的彗星或是化石。这种情况过去发生过，未来也还会发生。天文学家甚至把"化石"一词套用来比喻远距离恒星、新星和星系的光，这是一个令人眼花缭乱的场面，与被埋藏于地层中而被人类偶然发现的多样灭绝生物并无不同。我们都需要数据，无论是通过望远镜，还是通过跪在地上的膝盖和挖化石的手。

我们的皮卡车开到了雷佛伦西亚港，随后我们用热烈的欢呼声迎接落后我们的车队到达。图阿雷格闲逛着，给每人一个欢迎的拥抱，并亲吻他们的脸颊。我躲在皮卡车后面，避开温暖的灯光，匆匆瞥了一眼晴朗的夜空。我希望能看见南十字座，这可是我在家乡永远做不到的事情。

我向着海滩走去，路过两条在阴影中扭打的狗，直到走到小巷尽头，眼前出现了蓝紫色穹顶的全景夜空。就在几百光年以外，四边风筝形的南十字座正闪着星光，这之中的大多数星星已经至少发光 1000 万年了，在那之后，几十头中新世的鲸才被冲到鲸之陵的岸上。我思考着头上的星光以及脚下的化石，思考着它们在第一批人类部落仰望星空时就已经存在的形式，思考着它们在人类灭绝之后会如何继续留存。与此相反的是，此时此地，我们正在寻找关于过去的真实事物，无论是星光的像素还是磨损的骨骼，这些东西给予了我们与远离我们的时间尺度交互的方式，这种方式既真实又触手可及。

我感到饥肠辘辘，又有点儿孤单，于是回到餐厅，与缩在紧身衣和尼龙夹克里瑟瑟发抖的学生们肩并肩地挤在一起。然而夜晚的寒气并无大碍，因为新鲜的海味溢满了整张木桌，啤酒和笑声在空气中弥漫。我的许多智利同事都出生在独裁统治时期，他们与前辈们在思想上没有真正的延续性，但他们成功地找到了自己的道路。他们的领队——图阿雷格，在酒吧的餐巾纸上画出了所有在场的人以及与他们相搭的灭绝动物的半兽人组合：卡罗是一头长吻河豚，我是一头海牛鲸。卡罗的一个学生向我靠过来："这就是图阿雷格。从安托法加斯塔到蓬塔阿雷纳斯的每家咖啡馆，你都能看到这样的卡通画。"我的确相信。我不禁想象着图阿雷格在智利耸立的山脊上沿途留下的卡通餐巾纸和手机。


归根结底，科学并不是一个人的战斗。一切都需要合作，无论是庞大的团队在山顶上用望远镜探索夜空，还是军舰上的船员载着博物学家跨越海洋、古生物学家们聚集在埋着鲸类化石的公路边的某处生气勃勃而友好地工作。图阿雷格应该获得充分的赞扬，他最早意识到了鲸之陵遗址的规模，并且打消了我的疑虑；我很高兴自己指导了遗址的数字化工作，收集了我们需要的证据，确定了鲸之陵遗址的形成方式。我坐在桌子边，十分幸运自己成了这个团队的一员，在那一刻，在雷佛伦西亚港，我觉得自己不像一名外国人。相反，我觉得自己就像一头化石猎犬，和"其他猎犬"聚集在夜晚的篝火旁，分享当天的发现和一些趣事。

第二章

# 现在

# 8

## 巨兽的时代

深吸一口气，然后放松。刚才，你和自地球有生命以来世界上最大的动物共享了氧气。这种动物只要呼一口气，就能喷出两层楼高的水柱；通过其肺部的空气足以装满半辆水泥搅拌车。它的血管直径有餐盘那么大，血细胞穿过的身体里的动脉、毛细血管和静脉总长度超过了 300 亿千米。这种动物全身的细胞总数有 1000 万亿个之多，携带着氧气的血液必须输送到每一个细胞，包括从脑干到尾叶的纤维长度超过 30 米的神经细胞。随着尾叶的摆动，这种动物可以下潜到光都无法企及的海洋深处，在那里，它发出最有力的声音，低沉的音调传播至超过 1400 千米远的地方，在海底峡谷之间回响。关于这种动物的一切，在我们能测量的所有方面，都是最高级的。当然了，这种动物就是蓝鲸。

我们着迷于极限的意义，终极庞大的生物体形具有无限的魅力。试着问一问正在上小学的孩子们，世界上有史以来最大的动物是什么，候选名单并不会太长，而且很快就会变成两种巨兽之间的角逐：蓝鲸和蜥脚类恐龙。有些课本比较了这两种巨兽，通常用非写实的构图，将蓝鲸放在画面中央，下面是一头蜥脚类恐龙，倾斜的脑袋和尾巴各自伸向一端。有时你还能看到书中画了一排非洲象，或是一排校车。

当然，胜者是谁很大程度上取决于你如何衡量候选者。根据相对完整的骨架化石推测，最长的蜥脚类恐龙的总长度可能超过 33 米，而直线体长最长的蓝鲸，是一头在 1926 年于南大洋被挪威捕鲸人猎杀的雌性蓝鲸，长约 33 米。然而，蓝鲸是真正的重量级生物。有观点认为蜥脚类动物体重的最大值可能有 120 吨重，但最为恰当的估计结果认为最大的蜥脚类动物仅接近 70 吨重。相比之下，最重的蓝鲸（同样是一头来自南大洋的雌性蓝鲸）的可靠重量有 136.4 吨，超过 136 吨——超过了一架波音 757 飞机的起飞重量。这头特殊的蓝鲸身体只有约 27 米长。通常一头体长接近 30 米的蓝鲸，尤其是当它怀孕的时候，会重很多。从生物量的角度来看，这并不算什么竞争：蓝鲸是生命历史上最庞大的动物，而我们只是恰好和它们生活在同一个时代。

在我们看来，鲸的体形是它们最动人的特征，但它们的美丽不局限于纯粹的体积。如此巨大的生物是如何存活的呢？体形决定了一头鲸需要多少空气，能潜入多深的海里，需要吃多少食物，以及能游多远。但让我们从这些生理问题中退一步想：鲸类最初是如何变得那么大的呢？我们已经知道了鲸类演化的起点和终点：在 5000 万年内，鲸类从陆地生物演化成了海洋中的霸主，从巴基鲸到蓝鲸，鲸类的体重增加了约 1 万倍。这种变化到底是如何展开的？我们又如何才能知道答案？

许多年来，那些问题在我脑海里挥之不去。读研究生时，我开始研究它们，从灭绝鲸类在过去的生态系统里扮演的角色与现生鲸类占据的生态位是否相似，或者这些古老的角色现在是否已经过时开始研究。作为一名学生，我已经阅读了足够的资料，从而知晓一些过去的鲸类在当今的世界里没有留下任何后代，例如海牛鲸。

我也在测量鲸类的头骨上花了不少时间，我为我遇到的每一件标本测量一组相同的指标，并将记录保存下来。我知道，只要我拥有的数据越多，这些信息对我和其他人的帮助就越大，它们能在我们手头上某类鲸的化石只有一个头骨的情况下，帮我们预测总体长（正如前面提到的，除了在鲸之陵，古生物学家基本上从未在其他地方发现过完整的鲸类化石的整具骨架，从鼻子到嘴巴）。我意识到，这些须鲸和齿鲸的化石记录有个奇怪的地方：这些化石鲸类没有一种的体形能比得上它们现今的后代，甚至连现今的中等体形后代都比不上。

我没有用分析工具深入探讨过这个问题。当时，我更关注另一项挑战，那就是在数据缺乏的情况下如何重建一头鲸的个体体形。但我知道我的观察有点道理。在埃及的"鲸之谷"瓦地阿希坦，龙王鲸或许是始新世晚期最佳的鲸类典范了，它是当时鲸类里的巨人泰坦；但它的体长只和现生鲸类中的座头鲸一般大。座头鲸是一种中等体形的现生鲸类，体长大约15米。龙王鲸的体重也比座头鲸轻，它的头部也相对小很多，胸腔短，尾巴长。在加利福尼亚鲨齿山发现的最大鲸类，体长更短，最长只有9米左右。尽管那些中新世的鲸类身形更符合现代鲸类的比例，然而它们之中还是没有一种能比得上座头鲸的体形大小。即使是在鲨齿山尸骨层中的数百万骨骼碎块里，也没有一块属于体形接近现代蓝鲸的化石鲸类物种。

当时我不知道应该如何看待这一普遍的观察结果，不断地将这一问题推回到那些观察结果和解释更直接明了的问题下。然而这个疑问总是会再次浮上表面。几年后，在史密森尼学会，我遇到了一位博士后研究人员，是他帮我解开了疑团。现在，这位学者已经是一名教授了，他叫格雷厄姆·斯莱特，专攻化石记录中的演化趋势分析。利用我测量的头骨数据，我们在演化树上绘制了所有现生物种和化石物种的体形图表；我们尤其关注须鲸。最终我们有了一张演化图谱，图谱上显示了鲸类在过去约300万年间的演化历程。

我们的分析结果揭示了体形巨大的须鲸曾经在不同支系上演化了数次。鲸类中巨大化的现象——体长超过18米或是体重超过90吨——出现在演化树的不同部分，而这些巨大化的物种之间并没有很近的关系。举个例子，现生鲸类中体形最大和第二大的，分别是蓝鲸和长须鲸，它们二者之间的亲缘关系并没有很近。这两种鲸与露脊鲸和弓头鲸的亲缘关系也不密切，尽管最大体形的露脊鲸和弓头鲸可重达 100 吨。当演化树上亲缘关系较远的分支上出现了数次相同的显著特征时，那么这当中肯定发生了什么有趣的事件。

我们的演化树图谱也证实了另一个我偶然才知道的事实：和其他地质时期相比，现在没有体形非常小的须鲸。雷明顿·凯洛格详细描述的许多须鲸化石，包括来自鲨齿山的那些，都很小。有些头骨甚至小到你可以把它抱在怀里。这些滤食性鲸类总体长也就一辆车那么长，与现在最小的须鲸——神秘的小露脊鲸差不多大，甚至更小。化石记录显示，在大约 1500 万年前，如此体形的鲸类还相对常见。我们的分析表明它们灭绝的时间迄今不算太远，一些物种在几百万年前才消失。

单单从体形差异来判断，过去的鲸类世界与现在非常不同。在演化的当下，我们生活在巨鲸时代，与有史以来最大的鲸类共享一个世界，它们当中有些还是生命历史长河中史无前例的最大动物。在化石记录中，没有任何动物的体形比得过现在的蓝鲸、长须鲸或任何滤食性鲸类。于是现在的问题就变成了：这些化石记录中的须鲸在历史上经历了什么才导致了这样的变化？这种变化产生的原因与鲸类自身，还是与它们生活的环境关系更大？那么又是什么在阻止它们的体形继续增长？

你或许觉得有些答案藏在鲸须里。毕竟须鲸是鲸类当中体形最大的，而鲸须是它们身上独有的身体结构，能将须鲸和其他无论是现存的还是灭绝的哺乳动物区分开。只要看一看鲸的嘴巴，你马上就能知道这头鲸属于哪个现生鲸类类群：如果它的口腔上方悬挂着一排排塑料状的板子，那它就是须鲸。如果它的口中没有板子，那它就是齿鲸。所有的齿鲸都能够回声定位。尽管它们名为"齿鲸"，但事实上有些齿鲸并没有牙齿，因为在它们捉住或是将食物吸入嘴巴之后，它们几乎不需要咀嚼和咬碎食物。

鲸须是一种柔软有韧性的角蛋白结构，就像指甲、蹄子和毛发。一头须鲸出生之后不久，它的口腔上方就会长出鲸须，形成一系列的鲸须板，数以百计，像机器的齿条一样排列。这些三角形的鲸须板镶嵌在上颚床上，由血管和神经供给所需，和我们的指甲和毛发一样，一层一层地生长。由于摄食过程中鲸须板常与食物摩擦，因此鲸须板的须被磨损得厉害，鲸须板的边缘十分粗糙，这些须向外弹开，就像生意大利面。鲸须和其他邻近鲸须板的鲸须

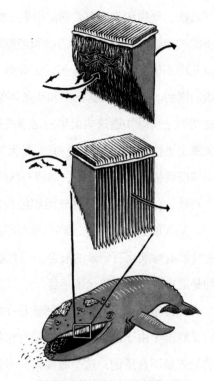

鲸须就是滤食性鲸类用来过滤食物的工具

交叉，形成朝向口腔内部的网。当须鲸大口含住含有一群磷虾、小鱼或是其他浮游生物的海水，再将海水滤出嘴巴时，这一整排的鲸须就相当于筛子，把猎物困在嘴巴里。

那么，鲸须已经存在多久了？它的外观与鲸类的巨大化有关系吗？事实上，最早的须鲸并未拥有鲸须，这意味着它们曾拥有牙齿。证据主要有三点。首先，现生须鲸的胎儿有牙芽、牙釉质和牙本质的原始碎片，这些牙本质在胎儿出生之前就被身体吸收了。鲸须原本是在胎儿出生的第一年从口腔上方的脊生长出来的，但是在须鲸的子宫里，制造牙齿的基因机制仍然存在，这是留在现生须鲸身上的历史痕迹，就像龙王鲸在现生鲸类身上留下的小小后肢痕迹。

巨兽的时代

其次，须鲸和齿鲸有共同的祖先；鲸类演化树在大约 3500 万年前，即龙王鲸的末期分化，形成了须鲸和齿鲸两个分支类群。最早的须鲸看起来一点儿也不像蓝鲸；它们看起来更像是龙王鲸的超短版本，嘴里排列着缩小版的锯齿。它们的身体比例和线条不似鳗鱼那般细长，而更像宽吻海豚。但是我们之所以知道这些最早的锯齿成员最终演化成了滤食性的鲸类，亲缘关系上更接近蓝鲸，而不是海豚，是因为它们和须鲸都有一些关键的特征，这些特征就位于它们独特的、鹅卵石状的耳骨中。

再次，虽然鲸须是一种软组织结构，但是它们偶尔也会出现在化石记录中。鲸须能够保留下来，或许与海底特殊的化学环境有关。加利福尼亚和秘鲁都有鲸须化石记录的报告，不过这些鲸须的年龄都不超过 1500 万年，大约是最古老的须鲸的一半年龄。

有一件事我们应当重视，那就是在我们讨论须鲸的时候，我们应当怎么定义鲸群：由于最早的须鲸并没有鲸须，因此用"须鲸"描述这些已灭绝的祖先是不合适的。这个时候科学术语就能帮上忙了——用"须鲸类动物（mysticetes）"替代"须鲸"，用"齿鲸类动物（odontocetes）"替代"齿鲸"。在通往现生须鲸和齿鲸演化的不同分支的某一点上，滤食和回声定位分别出现了。但我们并不知道它们出现的确切时间和方式，也不知道这些特征出现的过程中发生了多少次演化。想象一下鸟类和恐龙，当科学家们发现恐龙身上有羽毛时，他们才意识到羽毛不是鸟类的专属。因此，当演化出现分支时，不同支系生物之间用什么特征来区分身份？我们需要根据这些特征来定义生物体。

一些科学家提出了看法，他们认为早期须鲸同时拥有牙齿和原始的鲸须：牙齿长在外侧，鲸须长在内侧，但是古生物学家并没有在任何一种化石物种体内找到这样的原始鲸须化石。另一些科学家提出，最早的须鲸演化出了对半的解决方案，但是鲸须的生长方向并不像前面说的那样从外往内，而是从前往后：前牙还保留在原来的位置，但在嘴巴的后半部就没有牙齿了，而是一排原始鲸须的脊。此外还有另一种可能性，那就是最早的须鲸处于既没有牙齿也没有鲸须的中间状态，它们只是一种无齿的、依靠吞咽进食的早期须鲸。验证这些假设大多数都或多或少要解释那些无法保留的关键软组织结构的化石碎块。而目前也没有人能描述出一头口腔外侧长有牙齿、内侧长有鲸须的鲸要如何进食。在缺少足够且清晰的化石证据说明最早的鲸须板是什么样子的情况下，我们所能做的一切就是用生物力学或是计算机模型来模拟它们。在科学家找到能记录现生滤食性鲸类口腔中摄食场景的方法之前——这或许是无法克服的操作障碍了——我们需要先加强我们对现生须鲸滤食方法的研究，才能推测出过去那些古老须鲸的摄食方式。

在史密森尼学会，我可以把一个地质年代里所有最早的须鲸头骨和下颌骨都摆在一张长长的桌子上。这些最早的须鲸头骨中有许多来自大约3000万年到2000万年前的渐新世，它们有突出的大眼窝，扁扁的喙状口鼻部，也有齿窝。这些化石中有些还保留了牙齿，这让我萌生了想要模拟试验它们如何进食的念头。巧克力和咖啡色调的骨骼与包裹它们的灰色泥质和粉砂基岩质的材料形成了鲜明的对比。这种古老的骨骼的岩石基质非常坚硬，需要用气凿、酸浴和锋利的牙钻仔细修容多年，才能令骨骼现出原形。

这些渐新世的鲸有许多是从东北太平洋的海滩和邻近的海崖中被风暴冲刷过来的。化石爱好者担任起业余科学家的工作，为史密森尼学会采集了大量的化石，机构里几乎所有来自这个地方的化石都是他们采集的。对于这些化石发现者来说，恶劣的天气可以为他们的发现助一臂之力：冬季的风暴用巨浪冲刷海滩，将沙子冲走，露出一块又一块的巨石，如果你懂得如何辨识岩石的话，那么你会发现这里的许多岩石内部都藏有骨头。当然了，一如往常，你还得有点儿运气。

这些渐新世化石中的耳骨揭示了它们是与现生须鲸亲缘关系接近的祖

先。否则，它们针状略尖的牙齿会让人联想起某种奇怪又可怕的海豹，或者是让你误认为它们和恐龙时代的海洋爬行动物一样属于白垩纪。不过它们真的是鲸类，虽然它们是现代鲸类的缩小版，生活在数千万年前的地质年代。

它们的后代仍然存活在现今的海洋里，后代的骨架之大，令这些早期鲸类的体形黯然失色。鲸须的演化远远早于巨大化的出现。即使是在鲸之陵，这个汇集了从 900 万年到 700 万年前的多样鲸类的化石采集地，也没有一具须鲸的骨架长度超过 9 米。鲸须的起源并不能合理地解释为什么蓝鲸和其他滤食性鲸类会成为现代的巨兽。我们不得不继续挖掘。

# 9

## 海洋中最大的骨头

马里兰州乔治斯王子县有一间朴实无华的储藏室，里面藏有价值不菲的秘密。波纹状的金属棚屋矗立在一条不起眼的柏油路尽头，史密森尼学会把它的非展出藏品存放在那里，包括阿波罗时代的航天器和历经两次世界大战的飞机。那里还存放着我和其他许多人一生工作的重点：成千上万的鲸类骨头，这些骨头涵盖了几乎所有的现生鲸类和许多早已灭绝的物种。储藏室里保存着过去鲸类世界的档案，从地质时期到历史时期，其他任何地方的藏品都不及它们完整。

进入室内，你会首先注意到屋子里的气味：百年前的骨头仍然散发着一种隐约的油味，悬浮在空气中。一排排的钢筋架子支撑着大鲸鱼的脊椎骨——蓝鲸、长须鲸、露脊鲸和抹香鲸的颈椎骨、胸椎骨、腰椎骨和尾椎骨——所有骨头像巨型多米诺骨牌一样摆放在一起，镶嵌在档案的泡沫里。残存在这些骨架里的天然油脂闻起来像是 1000 支燃烧的蜡烛，混合着烟和海藻的味道。这股浓烈而令人陶醉的气味唤起了我的记忆和联想，想起了我多年的鲸骨研究历程。留存在衣物或是手上的气味提醒着我，这些收藏品里的标本能够回答任何一个关于鲸类的疑问。

地板上排列着 3 到 6 米高的金属框架，每个框架上的头骨和下颌都按照结构捆绑，直立安装。脚轮装置可以让人相对轻松地移动巨大的标本。这些标本以及那些放在橱柜里、架子上的数千块骨头，代表了几乎所有现生鲸类物种的物理记录，包括一些尚未命名的鲸（是的，21 世纪仍然有还没有被正式命名的新的哺乳动物物种）。史密森尼学会的绝大部分鲸类化石都储存在这里，这里或许是世界上唯一可以将蓝鲸、长须鲸和一些其他巨型鲸类物种的头骨与它们早已灭绝的亲戚头骨并排比较的地方。椎骨有桌子那么大，下颌骨有电线杆子那么长，头骨都放不进城市的一间公寓房内，看来人们只要把这些东西中的任意一件从发现地运到博物馆就已经累得够呛了。在过去 150 年的时间里，人们这样重复搬运了数万件标本，难以想象这些搬运量有多么惊人。

在这之中，有一件鲸类藏品与众不同。编号 USNM 268731 是世界上所有博物馆收藏品内最大的蓝鲸标本的左右下颌骨，这是我在寻找并且测量过了其他潜在竞争者后确定的。这两块下颌骨将近 7 米长，每块干重有 1 吨，骨头被水平放置在收藏品中最大的定制金属框架上。由于体积过大，这两副带着轮子的金属框架都不容易从普通的前门滑走；在它们的边上从一端走到另一端，需要 6 步，呼吸数次。两块下颌骨相遇之处形成了这头鲸的下巴，此处有一个类似刀刃的终止标记（而人类出生时，我们的左右下颌骨就在下巴处融合成了一个骨质的联合体）。鲸的每块下颌骨顶端有一个精致的突起，叫作"冠状突"。在活体鲸类体内，一系列带状肌肉就附着在冠状突上，将下颌拉向头骨。下颌骨的另一端附近有两个大突起，将下颌骨固定在头骨上。

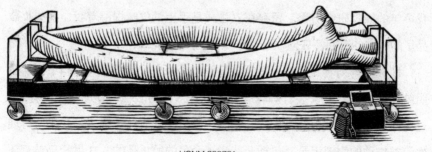

USNM 268731

拥有这么大的骨头看似不可能，因为你很难把你的思想集中在某个和足球场门柱一样高的大脑里，而且这个大脑还连着一个会移动会呼吸的物体。这些骨头的所有基础数据，包括长度、宽度、高度和重量，都比最大的猛犸象象牙或最大的恐龙骨头还要大。借用梅尔维尔的话，蓝鲸的下颌骨不仅是海洋中最大的骨头，还是地球生命历史上最大的骨头。博物馆就好像是用了一些不可思议的特效将它们制作出来似的，不过当然了，它们不只出现在博物馆里。它们和博物馆收藏的其他标本一样也是有起源故事的。这具下颌骨的故事发生于大约 100 年前，一座位于南大洋中央的岛屿上。

德雷克海峡是一片波涛汹涌、寒冷刺骨、危机四伏的海域，位于南美洲南端和南极半岛西部峻峭的群岛之间。它形成于大约 3000 万年前的南美板块和南极板块分裂时期，如今板块分开之处是环南极洲的持续的洋流系统。南极环流不受任何地形的阻碍，风和海浪在此产生不可思议的力量，几个世纪以来，它们支撑信天翁在空中翱翔，但也威胁航海家的远航。南极环流也令南极洲维持着低温环境，为南极生态系统里的磷虾、鲸类、海豹、海狗和企鹅提供了丰富的营养物质。

那些成功穿越德雷克海峡的人足够幸运（也足够疯狂），他们在穿越德雷克海峡时脚下感觉到的巨大起伏和拉力，或是眼前看到的高耸的海浪，令即使是最坚固的船只也会发出嘎嘎的声音。这些景象无不提醒着我们，我们所生活的世界，这颗我们意图控制的星球，时常在反抗我们的束缚。1914 年，探险家欧内斯特·沙克尔顿爵士率领他的船员启程，计划徒步跨越南极大陆，然而远征过程中发生意外，众人被困在南极半岛尖端的一座岛屿上。乘坐敞篷小船穿越德雷克海峡去南美洲寻找救援未免太过愚蠢，因此沙克尔顿和他的船员决定驶向南乔治亚岛，当时南乔治亚岛距他们近东面约 1200 千米远，由此他们可以乘着洋流航行，而不是逆流前进。在现代看来，那是一场空前的生存壮举，沙克尔顿带领他的船员在南乔治亚岛南面登陆，随后穿越了冰川覆盖的南乔治亚岛，这也是人类有史以来第一次穿越冰封岛屿。疲惫但不屈的沙克尔顿在岛屿东边寻找捕鲸站，他知道在那里他可以获得帮助。

你可能很难想象一座捕鲸站的模样，更不用说想象 20 世纪初期数座坐落于南乔治亚岛的捕鲸站场面了。当时，每座捕鲸站更像是一座港口小镇，有营房、行政办公室、教堂，当然还有专门设计用来把鲸尸从水中拖出来的工厂。这些捕鲸站的名字传达了来自世界各地的国家对捕鲸站的所有权声明——斯特罗姆内斯站、奥拉夫王子站、古利特维肯站——由挂着不同国旗的公司经营，包括挪威、英国和阿根廷。现在这些废弃的捕鲸站位于英国主张的领土，并被相应的遗产保护机构保护起来。但是在 20 世纪初期，这些港口进行着历史上最大规模的持续捕鲸活动，捕鲸站上充斥着血腥的气味和场面，把许多南半球的鲸类物种推向了灭绝的边缘。

南乔治亚岛捕鲸的全盛时期十分短暂，最终在两次技术革新之间消逝：1864 年，装载在船只甲板上的火药鱼叉枪，让猎捕更致命，也更高效；20世纪 20 年代末，具备鲸尸处理平台的巨型船只使得捕鲸人无须再到陆地上处理、加工他们的猎物。南乔治亚岛是一座海山，它的水下地形促进了上升流的形成，自然而然地吸引了附近海域数量丰富的鲸类——成千上万，数量多到捕鲸人能听到它们的呼吸声在港口回荡。由于当时的捕鲸活动完全没有受到限制，因而捕鲸人无度的捕鲸活动几乎摧毁了当地丰富的鲸类资源，并向着南大洋更遥远的地方追去。结局就是，20 世纪，人类共猎杀了超过 300 万头的鲸，其中有 200 多万头来自南大洋，这都归咎于那一时期南大洋的捕鲸活动。

我们难以理解将鲸类捕杀到接近灭绝的这项工程有多浩大，毕竟它起始于一座遥远的岛屿，但它带来的后果可以与陆地上更广为人知的灭绝历程相匹敌，例如美洲野牛和旅鸽。沙克尔顿的摄影师弗兰克·赫尔利，拍摄了他们向南远征的第一步，留下了珍贵的照片。古利特维肯站上有波纹的锡棚，旁边是长而宽的平台，像机场的柏油帆布，向港口倾斜。冰原和参差不齐的山坡在照片背景中急剧上升。前景中庞大的鲸尸令人吃惊，在其中一张照片里，一头近30米长的蓝鲸令在其旁边喧闹的人们显得渺小。如今，见过那么大鲸尸的人已经相继去世，剩下的寥寥无几。尽管人们只猎杀了150头这么大尺寸的蓝鲸，然而在20世纪的南大洋，总共有325000头尺寸各异的蓝鲸被猎捕；现在在这些海域，蓝鲸已经变得罕见。在这些巨大的、承载生物极限的蓝鲸中，有一些个体的基因已经因为被猎杀而从种群里移除了。至少，从那个时代里幸存下来的幼崽，现在已经完全成熟，但要达到它们先辈的大小，还需要再过数十年。

虽然商业捕鲸给许多物种造成了前所未有的惨痛损失，但它也提供了独特的信息，在利益之间产生了不稳定的交叉。捕鲸从地理和时间的范畴上给我们提供了许多关于鲸类的基础生物学知识，否则我们对其一无所知。大规模的商业捕鲸是一种可在全世界海洋里研究鲸类多样性的采样方式，可这种采样方式也是致命的。捕鲸记录留下的表格和地图对哪些鲸类在特定时期生活在哪片海洋提供了一些估算数据。这些实物图表很少能被送到博物馆，毕竟20世纪的捕鲸活动是为了获取鲸油和鲸肉，而不是为了科学交流。但是，当时捕杀每一条鲸的记录，包括被捕杀的物种、被捕杀的地点和时间，就像航点记录一样被保存了下来，为20世纪初期鲸类的生物多样性制作了一本独一无二的记录册。我们知道，这些数据并非完全没有偏颇。苏联的捕鲸人，尤其是北太平洋的苏联捕鲸人，在数十年里，他们的实际捕鲸量应当比上报的统计数据更高。

捕鲸也为我们提供了大量的解剖学数据。例如我们知晓的各种大型鲸类物种的总体重、器官重、体长和身体成熟的相对年龄与时机，就是从捕鲸业中获得的。此外还有关于鲸类繁殖的细节（例如基于卵巢数据分析获得的出生率和妊娠时间）以及饮食（基于消化道内含物——它们的最后一餐分析），后者能够帮助我们精确、定量地鉴别它们的猎物种类。在 20 世纪 20 年代，南乔治亚岛捕鲸的鼎盛期，许多数据的测量开始标准化，例如总体长，或是胸鳍的周长。数据测量的标准化使得这类数据报告具有可比性和可重复性。有时，甚至是鲸类体内和体外的寄生虫都会被收集起来。

为了支持捕鲸业，英国政府在 1918 年到 1951 年间召开了发现调查会，将鲸类上岸的数据收集变得正式化。这项关于组织和分析南极捕鲸行为的鲸类数据及其海洋学背景的科学调查成果《发现报告》共有 37 卷，成稿后向公众公开发布。《发现报告》属于科学记录，但是它们也揭示了捕鲸行为人在海上或是偏远岛屿上繁重的后勤工作以及生活的艰辛。当我翻阅《发现报告》，盯着满是表格、棕褐色照片和白描画的书页时，我想知道当时收集这些数据的科学家是否意识到那是他们收集这些数据的唯一机会，今后不会再有了。

我在史密森尼学会的直系前辈雷明顿·凯洛格，是一位会在报告发表之际仔细研究这些报告的人。我居住在一个他所创造的世界里：作为现任史密森尼海洋哺乳动物化石的研究人员，我是馆内收藏品的管理员，而这其中大部分的藏品都是由他完成的。公正地说，以纯粹的吨位和鲸类演化树的灭绝分支物种数量来衡量，史密森尼学会的收藏是世界上同类收藏中规模最大的。这些藏品中的大部分是凯洛格在国家博物馆的 40 年间里收集、处理和研究的。我有时间就会停下来欣赏他在标本抽屉里易碎的纸上用印度墨水书写的扭曲字迹。不过，他还留下了其他的"遗产"，这些"遗产"包括他为 1946 年国际捕鲸委员会（IWC）的创立做出的不可磨灭的奉献，并在那之后一直在国际捕鲸委员会里担任代表美国的类似科学外交官的角色，直至 1969 年他去世前不久。

凯洛格很了解一些鲸类物种，例如在不到一个世纪之前就被扬基的捕鲸活动屠戮了的北大西洋露脊鲸，而其他物种，例如灰鲸，在 20 世纪初期也濒临灭绝。1937年，他成功召集他的同事们通过国际捕鲸委员会的前身组织颁布了第一条跨国禁令，禁止任何人进一步捕杀露脊鲸和灰鲸，但在"二战"后，捕鲸规模远远超过了19世纪时的捕鲸规模。

理论上，国际捕鲸委员会的创立是为了规范捕鲸活动；而实际上，国际捕鲸委员会更像是一个国际捕鲸俱乐部，各国将鲸类作为资源进行管理，就像现在对许多渔业资源一样，对大多数成员国而言，捕鲸业的影响远比鲸类科研更吸引人。在某些程度上，无知令他们达到了目的：如果没有人确切地知道海洋里总共有多少头鲸，那么就没有理由降低捕鲸的强度。凯洛格的反对意见基本没有引起委员会的注意。在他去世之前，已经有超过200万头大型鲸类被猎杀；地球上可能只剩下数千头蓝鲸，只占捕鲸业爆发前蓝鲸总数量的不到1%。海洋里这一规模的生物量损失史无前例。如今我们生活在一个鲸类数量极低的世界，远远低于我们的祖父、祖母生活的世界，当然了，在我们的曾祖父、曾祖母生活的世界里，鲸类的数量更多。然而对于这种鲸类稀缺的生态环境会产生什么后果，我们依然知之甚少。

凯洛格在失败的国际捕鲸委员会中所扮演的角色，特别是从一名古生物学家转变为一名外交官的角色，让我感到困惑和沮丧。他的半身照形象地描绘了他的官僚风格：他坐在一张大桌子前，手里拿着一件标本，两只眼睛在阴沉的脸上发出闪闪光芒。在无穷无尽而安静的时光里将自己投身于委员会工作和差旅，是服务于科学外交的一大荣耀吗？还是他被外交工作的不利一面侵蚀了？关于他对捕鲸的个人观点，我们几乎一无所知。他的笔记枯燥乏味，没有掺杂任何个人情感，可悲的是，他在工作场所使用的丰富多彩的语言已荡然无存，而这些语言占据了我所认识的与他交谈过的少数人的记忆。虽然凯洛格的一些表面细节吸引了我，但它们仍然对我理解他没有任何帮助，也不能回答那些我比其他人更想知道答案的问题：如果我身在他的处境，我会怎么做？如果在他的那个时代我是他，那么地球上的鲸类命运会有什么变化吗？

每次我在库房里经过编号 USNM 268731 的骨头时，我都会问自己：这头巨大的、无与伦比的生物的下颌骨之所以会躺在这里，是不是因为人类贪婪的欲望谋杀了它超过 99% 的同类，也谋杀了它？ USNM 268731 属于一头约 28 米长的雌性蓝鲸，1939 年，捕鲸船"尤利西斯号"在南极东部海域用鱼叉枪捕获了它。"尤利西斯号"是一艘具备处理平台的捕鲸船，长度超过 150 米，挪威捕鲸人在美国海岸警卫队观察员的监督下运营了这艘船数年，航行里程达 48000 多千米。一位颇具眼光的观察员曾与凯洛格就船上收集的标本进行了大量的通信。他，或是某些和他一样的人，一定记下了 USNM 268731 的尺寸，尽管我们没有在任何人的笔记中看到这两块特别的下颌骨的记录。USNM 268731 具体是如何通过船只、起重机、卡车等方式进入馆藏库的？这一过程似乎已经被历史遗忘了。

科学发现的最佳故事的核心，是关于人的。毫无疑问，科学事实精确而客观。但是，叙述我们理解真实世界的过程并不一定干净又顺利。因为科学家也是真实的人，他们的内心生活有时会影响他们的工作。科学发现发生于社会环境中，它们有时就像我们的交友过程般偶然形成。

我和杰瑞米·戈德博根的友谊就是这样偶然建立起来的，他对我的日常生活和科学研究产生了深远的影响。杰瑞米是一个安静喜欢沉思的人，而我聒噪且鲁莽，我喜欢用一些低俗的笑话逗乐他。虽然我们的专业不同——现在的他是生物力学，或者说研究生物体如何运作的物理学领域的带头研究员——但是我们的职业生涯却被紧密地牵绊在一起。我们在世界各地开展实验室和野外工作，给鲸类打标记，解剖尸体，挖掘它们的骸骨。友谊也有起源故事，这一切始于那次散步，当时我们俩共同探讨了鲸类是如何成为海洋巨兽的话题。

那是我在鲨齿山的第一个野外工作季，休息期间，我通过一位圣迭戈的朋友认识了杰瑞米。和我一样，当时的杰瑞米也在为自己应当研究什么而挣扎和迷茫，不过他的疑问跟骨头的关系较远。那时候他刚收到一组数据不久，数据来自第一代吸盘标记，这些标记曾经被安放在近岸海域的须鲸科动物身上，杰瑞米的同事原本希望标记能收集到鲸在唱歌的场景，结果却发现它们在觅食。当时，没有人意识到这些标记记录了一组生物力学的数据，这些数据可以从鲸摄食时的行动速度变化当中推断出来，而杰瑞米是最先发现这件事的人之一。

有一天中午，在去吃墨西哥卷饼的路上，杰瑞米问我要测量须鲸科动物的下颌有多难。我回答说，除了找到一卷足够长的卷尺，剩下的就只是跑跑腿和背点儿东西了。但是杰瑞米是从测量能量的角度上考虑的；当这些巨大的动物张大嘴巴冲向猎物时，装满猎物的海水就会涌进来，海水带来的阻力需要消耗极大的能量去抵抗。由于下颌骨界定了鲸的口腔大小，因此杰瑞米认为，理论上我们可以用骨头的测量数据来计算鲸在每次冲刺捕食的过程中含了多少海水。这些数据加上标记记录的它们在水下摄食的数据，可以为我们提供须鲸冲刺捕食过程中关于能量平衡的关键信息。几个月内，我们筹备了研究生差旅补助金，前往史密森尼学会——一个可以为我们提供准确信息的地方。


测量鲸骨是一项艰巨的工作，工作之余我会对杰瑞米说点儿俏皮话来缓解疲劳。我羡慕那些研究陆生哺乳动物，甚至研究大型爬行动物的同事，他们对研究材料进行简单的线性测量时，不需要用到林业卡尺、样带、梯子和叉车。甚至是象的骨头都比不上那些巨大的鲸类。只是测量须鲸骨骼和头骨的长度、宽度和高度，或者是周长，即使是较小的须鲸，也需要厚厚的泡沫填充物、可移动的带子，以及所有移动家具时要用上的工具（还要戴上手套，脱掉漂亮的鞋子）。测量这些骨头大多数时候需要至少两个人合作，这是我和杰瑞米第一次从史密森尼学会学到的东西。

在史密森尼学会库房的两周时间里，我们成功测量了能找到的每一块须鲸科动物的下颌骨，囊括了各种小型、中型、大型须鲸科物种。数据收集过程中我们确定了一件事实，较小的下颌骨比较大的下颌骨更具机械优势。换言之，基于简单的下颌肌肉拉扯下颌骨的杠杆机制，较大的须鲸科动物需要花费更多力气闭合它们的下颌骨，这有点儿像用扫帚举起一桶水，但是是把水桶放在扫帚的末端，而不是在扫帚的中间某处。从行为上讲，这是合理的：较小的须鲸科动物，例如小须鲸，它们的猎物游得更快，因此小须鲸猎食时需要比蓝鲸更快地闭合嘴巴，而蓝鲸可以更慢地闭合嘴巴，因为它们猎食的食物团更大，这么大的食物团由移动较慢的磷虾组成。USNM 268731 的主人，这头 28 米长的蓝鲸，从张开自己的嘴巴到闭合，或许需要 10 秒钟的时间，而这一口含下的海水体积相当于奥运会标准泳池的整条泳道的水体积。机械优势在这一上限的降低让我们想弄明白，一头须鲸科动物的极限在哪里。

杰瑞米转而求助《发现报告》，查阅一张接一张的捕鲸站原始测量表，开始了在图书馆查阅文献和看着键盘打字统计的苦活儿。他翻阅了整个系列的每一张纸和表格，找到了与我们在博物馆收藏品中收集到的数据有直接可比性的数字，例如下颌长度，以及其他只能通过测量肉体而非骨头才能获得的数据，例如体长和背鳍与尾叶之间的距离。《发现报告》里只有长须鲸的一系列测量数据是最全面的。杰瑞米发现较大的长须鲸可以含住比我们根据它们的体形所预测的更多的海水。假设这一模式同样适用于其他须鲸科物种，那么它指出了：一头以冲刺捕食方式进食的鲸类，其优势就在于体形越大越好。当然了，依照常识逻辑我们还需要补充一点：在一定程度上，拥有巨大的体形是需要权衡的，巨大的体形既带来了收益，也带来了约束。

这里还有什么我们无法从枯燥的骨头和数字中辨别而出的东西在起作用吗？这有点儿像在没有背景的前提下，要根据一只蝙蝠的骨骼或者飞行路线去了解它，这两种方法都不能代替我们直接看到它翅膀的皮肤或是观察它在空气中运动的效果。我们真正想知道的是须鲸科动物如何在水下将它们的嘴巴张开将近 90 度，在几秒之内吞下和它们的身躯一样大的猎物团，并且每天都能成功吞下很多次。这些像带子一样的肌肉如何控制下颌的运动呢？比如，当下颌运动时，下颌的肌肉会发生什么变化？所有的这些疑问都需要我们去接近活体的鲸才能得到解答。我们需要通过看到鲸的整个生物体，来认识它的肌肉和神经，以及了解它们冲刺捕食的结构，而不仅仅通过测量骨头和查阅数据。

# 10

## "鲸之峡湾" 的发现

　　我停下手中正在记录的野外考察笔记稍做休息，望向窗外的峡湾。午后漫长的夏日阳光洒在起伏的深绿色和灰褐色农田上。我们出野外穿的衣服晾在一条绳子上，从山坡上呼啸而下的风将它们吹得啪啪响。我瞥了杰瑞米一眼，他正把自己埋在他的笔记本电脑里，将自己的嘴巴埋在宽松的毛衣领子内。"嘿，"我打断了他，"想去爬山吗？"杰瑞米停了一会儿。"好呀。"他心不在焉地说。随后他望向厨房，低声加了一句："只要我们带上啤酒。"

　　沿着小路往下走 1.6 千米，那里有一座捕鲸站，那会儿没有要解剖的鲸。捕鲸船离海岸很远，我知道我俩都可以从整理数据和撰写稿子的间隙溜出来放松一下。我们穿上靴子，打开门锁。尽管阳光明媚，空气清新，但是当我们走过晾衣绳旁边时，洗过几次的衣服仍然散发着鲸油的浓烈"香气"。我们开始逆着风向山上爬，爬过熔岩流留下的紫褐色的玄武岩碎石堆，这些熔岩流在至少 1500 万年前形成了冰岛的基岩。

　　不到一个小时后，当北大西洋的风吹过我们时，我们已汗流浃背，坐在悬崖边上俯瞰整个峡湾。我们与暴风鹱分享了这番景象，暴风鹱是跨洋鸟类，此刻它们正尽职尽责地俯冲驱赶我们，要求我们远离它们的巢穴。暴风鹱会周期性地捕捉到稳定的风而腾飞，与我们在数十米高的悬崖上对视，它们完美的翅膀能帮它们毫不费力地保持在一定的高度。"操纵面，对吗？"我问杰瑞米。无论是气流还是水流，动物都可以通过与飞机利用机翼相同的物理原理控制它们的飞行轨迹。"是的，"他一边呷了一口摇摇晃晃的啤酒泡沫，一边回答道，"就像座头鲸用来在水下抛硬币的鳍肢一样。"暴风鹱的翅膀和座头鲸的鳍肢的相似功能归功于自然选择的力量，它们从不同的起始点发展，最终产生了相同的解决方案。这种情况下，海鸟和鲸类的祖先的前肢分别形成了翅膀和鳍肢，以便在截然不同的世界中移动。

在平顶山山顶，我们可以看到坐落在瓦夫约尔峡湾尽头的捕鲸站，瓦夫约尔峡湾是一条通向北大西洋的狭长峡湾。"瓦夫约尔"是冰岛语，从字面上翻译过来即"鲸之峡湾"。当地人向我保证，这条峡湾的名字已有几百年的历史了，而这个名字的由来很可能来于一头偶然经过或是被冲上岸的鲸。那座捕鲸站是在"二战"之后建造的；战争期间，峡湾狭窄的入口和深深的海湾是盟军商船和护航军舰抵御德国 U 型潜艇劫掠的理想避风港。我不太确定从这个高度看到的捕鲸船能有多大，波涛汹涌的巨浪也不适合用来做参考大小的指标。杰瑞米最后发现了那艘捕鲸船，在强光下划出一道很小的裂缝，它的尾迹显眼，又那么快返回，标志着它完成了一次成功的猎捕。我们赶紧把啤酒喝完，沿着山坡飞奔而下。回到小屋，我们把脏衬衫和脏裤子从晾衣绳上扯下来，然后爬上车，沿着公路开往捕鲸站。

鲸把我们带到了冰岛，我们也收获了一次愉快的意外，那就是我们发现，我和杰瑞米都认识同一位导师——鲍勃·沙德威克。鲍勃是杰瑞米博士期间的主要导师，以及我的博士后导师。他是一名比较生理学家，用工程师的视角看待生物世界。他的专长在于了解动物的内部运作方法，有点儿类似机械过程，例如生物生存、呼吸和运动时的心跳、肺部扩张和腿部肌肉的弹性等。我从伯克利毕业之前，我们三个人就已经共同发表了一篇文章，文章里，我们将鲸骨研究方面的工作与标记数据结合了起来。我们模拟了长须鲸的鲸吞体积，用下颌的大小来量化长须鲸每次冲刺捕食时需要消耗的能量。然后我们计算了标记数据持续时间内的影响，结果显示：长须鲸在冲刺、上浮至海水表面呼吸、再次冲刺期间，需要消耗难以置信的极高能量。我渴望将这一用下颌和标记数据联系起来的研究方法扩展到其他须鲸科物种的研究上，同时也希望了解下颌骨化石的数据，这使我获得了鲍勃在温哥华实验室的博士后奖学金。

与鲍勃和杰瑞米待在一起，意味着我要离开自己堆满化石与沉积岩的舒适区，而把我的时间花费在讨论血液流动和肌肉运动上。鲍勃有十分深厚的鲸类研究背景：20世纪80年代，一位同事为鲍勃和一群科学家提供了一次机会，让他们研究一头留在鲸之峡湾的长须鲸尸体的巨大心脏。鲸的心脏和所有哺乳动物的心脏一样，有四个腔室，分别位于左右两侧，心室较大，心房较小，但它们的大小令其他动物的心脏腔室相形失色。想象一下，最大的鲸类心脏有一个拖拉机轮胎那么大。你可以将整个身体钻进这颗心脏里。

鲸全身的总血量在哺乳动物中也处于顶峰，这一数字令人震惊，合计有数千升。在任何哺乳动物中，心脏的肌肉壁都需要推动身体整个循环系统中的血液，并将其一路输送回心脏。因此在整个循环系统中，主动脉（心脏的第一根主血管）的血压是最大的。然而，这种压力波会随着心脏结束跳动而突然下降，然后随着心脏的下一次跳动又重新上升。

主动脉必须足够灵活，以适应突然和反复的压力变化而不会爆裂。随着哺乳动物的体形增大，主动脉壁的厚度和主动脉的直径都会增加。从老鼠到大象，所有哺乳动物的血管壁厚度与血管直径之比都保持稳定，鲸也遵循这种模式。在大多数哺乳动物中，主动脉弓具有弹性是因为存在一种叫作"弹性蛋白"的蛋白质。不过，鲍勃和他的同事们发现，巨型鲸类的主动脉中不仅有弹性蛋白，还有一种独特的胶原纤维网，它为主动脉提供了额外的微观结构灵活性，使其能够成功地承受直接来自心脏的血压。

我们所知道的关于鲸类结构解剖学的每一个故事里都还有许多尚待解开的谜团。目前为止还没有人记录过一头野生须鲸的心跳。我们不知道一头须鲸，比如蓝鲸，在下潜、摄食甚至是睡觉的时候，心跳有多快或者多慢。

无论是鲸的心脏，还是鲸身体中的其他器官，它们的奥秘本质上是一样的。鲸庞大的体形对它们行为的影响使得它们极具科研价值。关于它们，还有许多等待被讲述的故事。

　　若干年后，鲍勃努力获得了一份邀请，邀请他的整个实验室在夏季到鲸之峡湾的捕鲸站工作。这是我们研究鲸的下颌的机会，这与鲍勃研究鲸的心脏的方法相同，我们要寻找类似问题的答案：这些结构在生物力学上是如何工作的？我和杰瑞米花了几个月的时间仔细计划、研究并深入探讨我们对这些巨型鲸类的解剖结构所提出的问题。最初，我们想要了解须鲸科动物精确的摄食动作，从鲸开口到闭合，包括头部肌肉是如何连接和包裹下颌骨的。它们那灵活但紧锁的下颌关节，似乎最多只能张到 90 度。在须鲸身体下方那充满脂肪的褶沟之下，肌肉精确分层，令须鲸的喉囊能够像降落伞一样展开来。要解决这些问题中的任何一个，都需要研究、操作并且以一种可控的方式切割一头公交车大小的动物。即使有现成的冲上岸的新鲜的鲸类尸体，也解决不了这些问题。

　　在鲸之峡湾工作意味着我得和一些先驱者一样，需要处在科学研究和商业捕鲸之间的十字路口，这令我感到不适。我的这趟行程并非没有任何顾虑。冰岛的捕鲸活动是商业性质的，鲸之峡湾的捕鲸公司瞄准了被列为濒危物种的长须鲸，长须鲸是 20 世纪捕鲸，尤其是当时南大洋捕鲸遗留下来的宝贵财富。然而，在北大西洋，长须鲸的种群数量大约是 5 万头，这意味着冰岛每年捕杀一定配额的长须鲸（最多 125 头）并不会对该种群造成严重的影响。每年都有很多长须鲸被网具缠绕或是被船只撞击致死，这些意外对这一种群数量产生的影响更大。捕鲸人一旦剥去了长须鲸的肉，尸体的其他部分对他们来说就没有价值了，但是对我们来说，这些尸体剩下的部分可能是我们的金矿。我们想在长须鲸尸体的器官和骨骼被磨成肥料之前干预。此外，我们知道，冰岛对捕鲸活动的兴趣可能是短暂的：如果捕鲸的商业基础是鲸肉的市场价格，那么当鲸肉的价格下降时，冰岛还会持续捕鲸多久？最后，很明显，无论我们是否要去研究这些鲸的尸体，这些鲸都会被杀死。我想在某种程度上，这是我们亏欠自己的，我们至少应该在场，充分利用形势和这些资源。尽管我有所顾虑，但是如果我想去的话，我就应该尽快赶到那里。

我们计划着这次旅行，就好像这是我们唯一的机会，也好像我们去了就只能解剖一头鲸。我们和鲍勃实验室团队的其他人一起，在板条箱里装满了钢头钉靴、样品袋、手套和长刀。我们为测量做好了准备，至少我们用上了测量博物馆内收藏的下颌骨时使用的卷尺和林业卡尺。更关键的是，我们打算记录我们在捕鲸站的每一步操作，这意味着我们要带上相机、三脚架和大量的备用电池。大多时候，鲍勃建议我们带上大量的旧衣服，这样最后就能直接扔掉。"相信我，你不会想带任何东西回来的。"

我们在捕鲸站的更衣室里换上鲜艳的橙色工作服，换上钢头钉靴。我们花了几分钟"制服"第一具鲸尸，并把它移动到平台上。没有什么场景比第一次走在捕鲸站的平台上更让人觉得像是漫步在地狱里了。地热管道排列在捕鲸站开放式顶层平台的墙壁上，蒸汽从管道中涌出，为冲洗平台不断地提供水，也为切割平台上方及下方的大部分机械，包括巨大的锅炉提供动力。管道里的热量来自和构造玄武岩峭壁相同的地质过程，这些地质过程也为冰岛的活火山提供了能量，地热裂缝最终侵蚀了几千米深的构造板块，而这些构造板块继续形成了冰岛的岛屿。

我的工作靴上的钢钉在潮湿的柏油路上刮擦，发出咔嚓声。柏油路上有磷虾的气味，鲸的鲜血在柏油路上流淌，偶尔还有一大块身份不明的软骨，它们都沿着滑道向下游移，最后流向峡湾。一把 3.6 米长的蒸汽驱动锯刀等待着将尸体切割成片状的肌肉和骨骼，就像世界上最大的熟食店切片机。随着 25 毫米粗的缆绳逐渐绷紧，绞车缓慢地发出叮当声，每一具长须鲸尸体，有的重达 40 到 60 吨，从小船沿着滑道被拉到平台上。

平台上站着十几名待命的工作人员。许多在站上的冰岛人是由两代人组成的，有的是一对父子，或者是一对叔侄。当一头庞大的、21 米长的鲸尸被拉向平台时，这场表演的导演们——捕鲸站的领导者，那些年长一些的人——发出了尖锐、快速的口哨声。平台上，数吨深红色和紫色的肉还在冒着热气，它们将在两个小时内被搬走，然后被速冻起来。

我们在场边耐心地等待采样和解剖，并被警告要注意安全：我们很有可能会丢掉手指头，或是因为操作失误留下难看的伤口，甚至会从缺口掉到平台下面的锅炉里，和锅炉巨大的钢肚里的骨骼和鲸脂一同被磨成热糊状物体。鲍勃很健谈，他喜欢向剥取鲸脂的团队提出解剖要求："你们介意我们在你们剥完鲸脂之后抓取动脉吗？"或是"我们真的需要在你们切开肌肉之前拍张照片"。在没有微风的日子里，锅炉坑里浓浓的气味淹没了整个平台——想象一下，烈日下成吨的猫饲料的气味残留在我们的衣服上，或是钻进我们的鼻孔里。

我在鲸之峡湾的捕鲸站走来走去，禁不住觉得自己像是在进行时空穿梭。听着车子大小的蒸汽驱动装置发出咝咝声，看着穿着工作服和钉靴的人沿着一头被拖上岸的长须鲸的背部行走。这仿佛是来自南乔治亚岛或是其他地方的捕鲸站的历史场景。即使是那些精确又有条理的解剖整头鲸的步骤，也是人们从捕鲸时代复制过来的：每头待宰的动物左侧着地，先割开喉囊，然后分离下颌，接着朝着尾巴的方向切割。在解剖鲸的头部之前，将器官从胸腔和腹腔中拉出，同时小心地在背部和尾部选择深紫色的肉，随后将它们送下滑道，立即冷冻起来。从 20 世纪中叶至今，捕鲸技术基本保持不变，但在冰岛，由于捕鲸数量不大，因此捕鲸站的作业规模也要小得多。

在鲸之峡湾待了几周之后，我们已经处理、测量和解剖了20多头长须鲸的身体部位。我们原本只计划干干净净地解剖一次，没想到结果远远超出我们的预料；数十次的解剖让我们有机会了解到长须鲸解剖结构系统的变化。当我和杰瑞米专注于长须鲸头部的研究时，鲍勃实验室的其他人员正在进行尾叶和鳍肢，或是部分血管系统的测量的研究项目。我们已经学会了把握在捕鲸站工作和休息的节奏，被捕获的鲸到达平台的时候，我们便开始工作；捕鲸船出海时，我们就休息；有时，被捕获的鲸在冰岛短暂的夏夜中期到来，我们便在奇怪的暮光里工作；有时，我们要在一天时间里站着连续解剖和包裹两头、三头，或是很偶尔的，四头鲸的组织块。咖啡帮了我们大忙。在冰岛的第一个野外考察季结束之后，我们见到的须鲸已经比我们许多同事一生中所见到的须鲸数量要多得多了。

杰瑞米和我把每一次解剖机会都当作最后一次来对待，我们跳进危险的战场，用剥皮刀和钢丝绳剥离鲸的组织，给特定的肌肉和所在的位置拍照，并采集样本。对于每一件样本，我们都专注于特定问题，例如，我们在一件样本中只观察带有褶皱的喉囊，在另一件样本里只观察口腔顶部。在冰岛，每一具被拉上滑道的鲸尸都为新发现提供了可能性，研究一头20多米长的大鲸鱼一点儿也不无聊。解剖大型鲸类和解剖海豚的体验完全不同，我们可以在实验室里，在可控的条件下，用精巧的工具解剖海豚，而不需要用到解剖大型鲸类这样的重型机械。当我们在鲸之峡湾解剖长须鲸的时候，几乎每一次，我们都有机会得到一些基础问题的答案，它们为我们解答了这些体形庞大的鲸的身体机能是如何工作的，毕竟像我们这样的比较生物学家从未有时间和机会进行这样的实践。

我们在捕鲸站上处理和观察到的许多内容，在已出版的文献中都未曾被提及。一个多世纪以来，哪怕是最好的专题文章也只是粗略介绍了被解剖的鲸的结构，和每一头在我们面前被解剖的鲸一样的结构。每一次观察嵌入骨骼的肌肉，或是观察扩散到皮下脂肪组织的神经，都会让我们按下快门，在本子上做笔记，用带有鲸脂的手指绘图。每一页草图、每一条测量结果和评价都为这些动物的解剖结构增添了一份神秘。

我们先把长须鲸的下颌和头部挪到一边，这样一来我们基本能看到长须鲸胸腔内的任一部位。事实上，我们只要用手指随便一指，就能指到一处基本的生物学问题，而回答每处问题都需要一整篇论文的篇幅。拿肺举例——在鲸的胸腔里，肺排列在顶部，就像一个被困在瓶子顶部的气泡。要让一头长须鲸的肺部充满空气，需要多少空气？需要多长时间？这些问题的答案对长须鲸呼吸一次可潜入水中多久有影响，继而也对它们摄食的时间长短有影响。

或者拿心脏举例——为什么鲸的血液不是像其他哺乳动物一样通过颈动脉流入大脑，而是通过一张嵌在颈椎骨中的面条状网络进入大脑的呢？为什么鲸的横膈膜——一块将胸腔和胃分隔开的肌肉——在鲸体内呈对角线方向分布？

再往别处看，让我们切开鲸的鳍肢或者尾叶，看向横截面，我们会发现动脉被玫瑰形状的静脉所包围，这是逆流交换系统的典型标志。这种生物结构广泛存在于动物体内，尤其是海洋动物，包括企鹅、长喙鱼、金枪鱼和鲸类。逆流交换系统基本上由一个大的中心动脉和一些包围在其周边的较小的静脉组成，这使得回流的冷血（通常在鲸深潜的过程中，其血液会被周边极低的水温冷却）能够被从心脏流出的动脉血加热。这些逆流交换系统在长须鲸身体的每一部分是如何排布的？有多密集？不同个体、不同体形，或是不同物种的须鲸科动物，它们的逆流交换系统有什么不同？更大的鲸体内有更多的玫瑰形静脉吗？没有人知道。

面对所有的这些问题，我们的主要敌人都是时间：在鲸尸的所有部分进入锅炉坑之前，我们只有几个小时的时间来调查鲸的某个特定部分。我们需要及时做出决定，决定我们要深入研究哪一部分，采集哪个部位做样本。当我们爬上一堆堆翻转的肉块，试图弄清楚脚底下踩着的东西的解剖结构时，这是一场引人入胜的挑战。

我们在鲸之峡湾的第一个考察季末的某天傍晚，我和杰瑞米正注视着排成一排的两具鲸尸的下颌。下颌通常在切割的第一步便与头骨分离，然后被一根巨大的缆绳拖到平台的一侧。由于下颌肉少骨头多，因此对捕鲸公司来说，下颌几乎没什么价值。但它们对我们来说很重要，因为我们终于有机会看到我们在史密森尼学会里看到的下颌骨被肉质包围的样子了，这些肉包括将下颌骨固定在头骨上的肌肉，以及构成它们下颌关节的胶状组织。

在理解鲸的巨大化过程中，鲸类的下颌非常重要：它们的下颌控制着它们能进食的食物量，这不仅是它们体形变大，也是它们能够维持这种巨大体形的关键要素。同样值得指出的是，须鲸的下颌与大部分哺乳动物有一点不同，它们的左右边呈 L 形，由坚硬的纤维或骨骼连接成连续的、互锁的弧形。齿鲸的下颌骨则形成简单的 V 形（有时是 Y 形），在尖端相连。下颌骨在与头部相连的地方很薄，并且有一部分是空的，这里用来容纳连接下颌和耳朵的大块脂肪垫，帮助齿鲸在回声定位时听到高频的声音。

须鲸的下颌也很简单，它们像原木一样没有牙齿。下巴由左右两边的下颌骨会合而成，只有干净的表面和一条小小的骨缝，末端这块可自由活动的区域使须鲸的下颌具有灵活性，几乎像蛇一样，能够尽可能地张大嘴巴。摄食，而非回声定位，是须鲸下颌的主要作用。在下颌骨固定于头骨的地方，巨大的球形末端被大量纤维所包围，因而能够承受强大的张力和扭矩。在须鲸科动物的体内，这些纤维令它们在每次冲刺捕食时能够快速地张开和闭合下颌。我和杰瑞米认为这些下颌骨关节在解剖学文献中几乎没有详细的描述，因此可能值得研究。我们希望能想出一些采样和实验的方法，测试它们的弹性,或者在鲍勃的实验室中制作组织切片,辨别它们的微观结构。

一次,在捕鲸站的某个漫长的上午快结束时,在夹杂着疲惫与无聊的休憩时刻,我们发现了某件有趣且新鲜的事物。我们看到了一块完整的下颌——那是一块巨大的、银色的 V 形结构,周围包裹着皮肤,只有与头骨分离的后端(那里凹凸不平)被膨胀的白色纤维组织所包围。由于我们一直致力于找出一种能持续测量胶状、有弹性的组织的系统,却没有突出的进展,因此当时的我们正感到沮丧,还有点儿消沉。最终我们选择了成熟的解决方案,放弃了原本的努力,决定从 5 米长的下颌骨上砍去其他部位。

杰瑞米提醒我,在下颌的末端、左右下颌骨会合的地方,本应是一处干净的滑膜关节,就像我们的髋部和肩膀。滑膜关节是一块有干净凹痕的软骨,可以让两块骨头平稳地相互移动。我们喊来几位冰岛人帮忙,当我们从两块下颌骨的中间切下去的时候,他们负责用千斤顶把两块下颌骨向相反方向拉扯。突然,当刀陷入组织块的时候,我们看到了令我们摸不着头脑的场景:有一团手指状的物质从某处空腔溢出,闪耀着珍珠般的光泽。现场没有太多血液出现,反而是大量被未知的纤维状物质包裹的凝胶状物质,咕嘟咕嘟地往外冒。

"哇!这是啥?"杰瑞米惊叫道。

"我不知道,但我确定这看起来不像滑膜关节。"我回答。出于一种莫名其妙的厌恶感,我一时间打算忽略它,但是最后好奇心占据了上风:"我们去找鲍勃吧,这看起来一点儿也不正常。"我忽然意识到,我过去从未思考过一头鲸的下巴里边长什么样,因为没有人在书中详细地提到过。新发现也是如此:除非你意识到自己的无知,否则你无法注意到什么时候真正新颖的东西就在你的眼前。

我们想知道的第一件事是,这东西是不是个别鲸独有的(可能是病理表现),因此我们走到第二头鲸的下颌处,这块下颌刚刚从位于平台的尸体上取下来。当我们用一把锋利的刀划过下颌尖端时，另一团手指状的物质又冒了出来。我看向杰瑞米，他抬起眉毛看着我："你或许在想，经历几百年的捕鲸活动后，可能有人已经描述过从这些动物的下颌流出的外星黏液了。"

我们仔细研究了手头的解剖学复印本，寻找一切与我们的所见相符的描述。似乎没有人认为鲸的下颌末端是有趣的研究内容，而剩下的那一两个例外则没有提供很好的照片或是延伸的讨论。之后，每当新的鲸尸被拖上切割平台时，我们就对这个谜团进行更深入的梳理。我们用镊子和样品瓶采样，切开每一处下颌的尖端，并用比例尺作为参照，拍摄了大量的照片。最后我们意识到，每切一刀，我们都会失去一些重要的信息。因为这是一个位于腔室内的胶状结构，腔室的外壁硬邦邦的，整体看来就像一颗包裹着果冻的糖果。我们需要一个比现有的喧闹的柏油切割平台更可控的解剖环境。对此鲍勃有一个非常简单的解决方案：为什么不把整块下颌尖端与下颌分离，然后运回温哥华，去实验室里研究呢？

于是我们选择了我们见过的最大一头鲸。我又找来了一些冰岛人，请他们帮忙用3.6米长的锯刀将鲸的下巴切下来，与下颌骨和喉囊分开。他们对我提出的要求感到十分惊讶。于是，一块金字塔形的鲸下巴掉到了平台上，重达约45公斤。我们不明白这块鲸下巴的内部解剖结构是什么样的，但这对科学研究来说很可能是全新的内容。

# 11

## 物理学与剥皮刀

想象一下，有那么一刻，你试着像一头须鲸科动物一样去进食。你从深海中升起，摆动尾叶，全速冲向一大群浮游动物。你张大自己的巨颌，像是准备大咬一口苹果。现在试着想象一股水流冲进你的嘴里，将你的舌头推向位于你喉咙与脖子周围皮肤之间的袋子里。当你的舌头滑下来时，这个袋子会膨胀成一个巨大的球体，一直伸到你的肚脐。袋子接着向外膨胀，直至体积与你的身体一样大，此时的你就像一条吞下了鹿的蟒蛇。最后，在几分钟的时间里，你的身体和颈部的肌肉会收缩，推出海水，但把猎物困在嘴里，随后吞下。这正是须鲸科动物冲刺捕食的摄食过程，它们每天都要重复这样的步骤十多次。

摄食是大多数动物最关心的事。令人惊讶的是，直到最近，我们才知道须鲸科动物的摄食方法。生物标记的数据可以帮助推断出我们看不到的它们在水下的行为：它们摄食的时候可以下潜多深（深达 300 米），每一场摄食大约持续多久（5—15 分钟），它们攻击猎物的时候速度有多快（以大约每小时 16 千米的速度冲出水面），以及它们每次摄食滤去一口海水要多久（只要几分钟）。标记还可以让我们了解到须鲸科动物在水下捕捉猎物的杂技，包括蓝鲸 360 度的筒式翻滚行为。但是，标记无法真正告诉你支撑这些行为的基础解剖结构是什么样的。

许多鲸类的喉部有一对褶皱，而须鲸科动物的喉部较为独特，上面有数十条喉褶沟，专业的说法是"腹褶沟"，从下颌延伸到肚脐，形成了喉囊的外表面。当须鲸科动物冲刺捕食时，腹褶沟能令喉囊向外扩张，就像手风琴里的褶皱一样。这些褶沟有由软组织分隔的粗壮的主脊，因此，向外伸展的喉囊具有阶梯状、波纹状的纹理。在须鲸科动物冲刺捕食的时候，喉囊瞬间扩张，撑得极大；它突如其来地鼓起，就像降落伞打开一样。我的同事杰瑞米在经过对比之后，提出了一个复杂的问题：须鲸科动物的喉囊是在水流的突然冲击下被动张开的，还是它们能像吃蛋的蛇一样，主动地控制进食、推动喉部的肌肉张开？

杰瑞米联系了让·波特温以寻求帮助。让原本是一名粒子物理学家，后来成了降落伞实验学家。除了日常工作，让还效力于军队和跳伞业，测试非常大的降落伞。让也很认真地以实用的形式对待自己的学术兴趣：他测试了许多自己设计的降落伞，无论这意味着是要坐在货机的开口，还是要完成2600次中的任一次他自己设计的降落伞的跳伞试验。

让、杰瑞米和鲍勃一起，将降落伞物理学的数学知识应用到了须鲸科动物的喉囊研究中。他们在比较的过程中遇到几种更为复杂的情况，其中一种是，须鲸科动物在冲刺捕食的过程中，每次进入喉囊的水量是不一样的，因为当鲸的下颌张开和闭合时，暴露在水流中的嘴的大小也会发生变化。我们在博物馆里测量的下颌骨数据，连同《发现报告》里的数据，在这里也被证明是非常有用的参数，包括下颌骨长度、口宽度和喉囊长度。让需要利用这些数据计算喉囊扩张的物理过程。这些测量数据的另一个有用之处在于，它们囊括了一系列须鲸科物种的尺寸，从小须鲸到蓝鲸。由此，让可以计算出降落伞式的喉囊在不同尺寸下的工作效果，以及它们的大小是否有极限。

被动喉囊扩张论还是主动喉囊扩张论？很明显，喉囊不是被动膨胀的。阻力是降落伞和喉囊张开时的主要物理力。它是一种摩擦力，与物体通过任何流体（无论是空气还是水）的运动方向相反。飞机和海豚受到的流体阻力相对较小，因为它们的外形是流线型的，但事实上由逆向结构（如杯子或降落伞）产生的阻力比在水中移动的平板产生的阻力要大。我们已经知道，由于存在阻力，因此冲刺捕食会消耗鲸类大量的能量，然而让的计算结果表明，如果只涉及被动力，那么喉囊扩张的规模和速度将导致灾难性的喉囊爆裂现象出现。换句话说，鲸必须积极抵抗即将到来的充满食物的水流。

排列在喉部的波纹褶皱下的肌肉，为它们提供了主动的阻力。活体的须鲸科动物在没有摄食的时候，喉囊随身体呈流线型；死亡的须鲸，喉囊会松弛、软塌，如果没有钩子和剥皮刀辅助，很难操作和切割。我们花了很多时间在冰岛研究喉囊。喉囊是捕鲸人不太看重的部位之一，因此我们研究起来十分方便。但是我们需要向负责剥皮的工作小组申请一些研究时间，因为喉囊是一块巨大的障碍物，会影响他们接着处理尸体的其他部位；他们通常会将喉囊很快移走，就像他们移走鲸的下颌一样。

在腹褶沟的波纹的外表下有三层肌肉，在大多数哺乳动物中被称为"颈阔肌"。颈阔肌是一块薄薄的肌肉，可以令动物（比如说一匹马）的整个身体在寒风中颤抖。在人体内，颈阔肌仅从我们的下颌线延伸到我们的领口，并且很容易绷紧：因为颈阔肌和我们刮胡子的区域重叠，所以我们可以叫它"刮胡肌"。在须鲸科动物体内，颈阔肌的三层结构可以从一侧向另一侧收缩，或者从前往后收缩，这是维持和控制喉囊整体形状的关键。喉囊膨胀时，其内部可以容纳与整头鲸体积相同的水。

分类整理腹褶沟内的肌肉时，我们注意到之前文献中描述过但没有解释的另一种结构：一种嵌入在鲸脂层中的粗硬的倒 Y 形结构的左右分支。

它们的存在微妙又真实，我们不知道该对它们做些什么。左右分支在下颌线的正下方，各自与下颌线平行，而连接分支的主茎向上延伸至鲸的下巴下方。这个解剖学上的巧合激发了我们的兴趣，特别是在看到下巴内部的奇怪的结构之后。它们之间有什么联系吗？

在冰岛，每次我们苦于研究一个解剖学问题期间，就会冒出更多问题。一大堆关于支撑须鲸科动物摄食的解剖学谜团留在那儿等着我们解答，而我不太确定该继续往哪个方向研究。此外，目前我们只研究了一个物种。理想情况下，我们需要从其他须鲸科物种的身上找出类似的重复结果。我不太清楚我们应该怎样才能做到。为了更全面地了解神经在冲刺捕食过程中的作用，最理想的方法是尽可能地采集最新鲜的组织，比如直接从捕鲸船里还插着鱼叉枪的鲸身上取组织。

在北大西洋中部，离陆地很远的地方，我和杰瑞米挤在专捕小须鲸的捕鲸船"阿夫尼乌尔号"的顶层甲板上。我稳住了小臂，把剥皮刀插进从小须鲸喉囊里取出的锯齿状组织里。这头小须鲸在不到一个半小时前刚被鱼叉枪杀死，因此它的部分细胞还活着，当神经被激发时，较小的肌肉束仍会抽搐。我专注于眼前的事实：肌肉抽搐是个好迹象，这意味着我们能够收集高质量的微观信息。我把这片肌肉放在一块用干冰冷却的金属板上，放在一个泡沫塑料盒里，杰瑞米立刻将它盖上。随后，杰瑞米拿出一个装有福尔马林溶液的小瓶子，将另一份放进去。就在那时，我们的船突然改变航向。柴油机发出呜呜声，我们试图在汹涌的海浪中保持平稳。船长探出窗外，对着位于我们头顶十几米高的瞭望台里的观测员大喊。船头，船长76岁的父亲僵硬地站着，两腿叉开，穿着他那身脏兮兮的救生衣，凝视着惊心动魄的海浪拍打海面。他们又发现了一头小须鲸。

登上这艘商业捕鲸船是一次千载难逢的机会，由此我们可以从尽可能新鲜的尸体中采集样本。事实上，我有两个目的：一个是从喉囊中收集新鲜的神经组织，另一个是看看我和杰瑞米在长须鲸身上发现的感觉结构是否也出现在其他须鲸科动物身上。就我们所知，神经腐烂得很快，除非我们在个体死后立刻把神经组织放进药水里保存，否则我们不能拿它们制作显微镜染色切片。我们知道，如果我们在小须鲸身上也能找到那个奇怪的下巴结构，那么我们就有一个更强有力的理由来推断，或许所有须鲸科动物都有这个结构，因为须鲸科动物有共同的演化起源。换言之，该结构是某个物种的新特征，还是所有须鲸科动物共有的呢？如果答案是后者，那么或许正是这个结构帮助了整个须鲸科动物群体在数百万年的时间里成功演化？不过当时，没有人知道答案，因为没有人像我们的研究团队一样死抓着这一"愚蠢又混乱"的结构不放。

刀片、小瓶、盒子铺开在捕鲸船的甲板上，组成了大拼盘，这种场面代表我们多年的规划迎来了高潮。但我望向银灰色的天空时，想到的是几十年前，许多捕鲸船上的科学家也是像我们今天这样，在如此简易的露天实验工作台上进行研究的。我很高兴有杰瑞米这样一位亲密的同事和朋友陪伴在我身边，与我共同分享这段经历。

杰瑞米伸手拿了一支粗记号笔，给我们的瓶子做记号："我们真的需要把这些瓶子密封起来——"砰！一声震耳欲聋的声响吓住了我们。我把头埋进肩膀里；杰瑞米正要把瓶子放好，也猛地低下头。几声类似的声响之后，我们环顾四周，意识到刚才船上又发射了鱼叉枪。一团黑烟从船头飘到我们这儿，大家都被刺鼻的气味包围着。枪手回头看了看我们，满脸烟尘，他一边吹着口哨，一边将命中猎物的鱼叉枪指给其他船员看。

鱼叉枪在小须鲸的胸腔里爆炸，小须鲸即刻毙命。"阿夫尼乌尔号"的后甲板装不下这头9米长的小须鲸尸体，因此船员们很快开工，将小须鲸身上长长的深色背部肌肉作为重要的肉切开移走。这有点儿像是在观看鲸之峡湾里长须鲸屠宰场面的缩影版。船员们除了有选择地切割小须鲸身上有用的部位之外，对小须鲸身上剩下的部位一点儿都不感兴趣。

我抓住时机，询问他们有没有人能为我们收集小须鲸的下巴。在这之后，我把一块鞋盒大小的肉包起来，带回了主甲板。"好了，我们开始吧。"我一边用刀切过小须鲸下颌 V 形尖端的交叉口，一边对杰瑞米说。切口内是一个截然不同的空腔，里面充满了珍珠状的乳突。我们冲着对方放肆地笑——这里也有那个结构。它并不是长须鲸独有的，它可能是所有现生须鲸科物种都具备的特征。我们很兴奋，哪怕我们后来发现喉囊中的神经组织已经腐烂得太厉害了，没法用来做显微镜切片。然而，我们获得了关于地球上最大的动物之一的体内结构的新信息，现在我们可以试着弄清楚这一结构对它们的生活起到了什么作用。

从冰岛回来后，我们开始在鲍勃的实验室里整理上百公斤的冷冻组织，所有的这些组织都通过符合标准的运输许可后运送而来。我们进行了一些实验，首先解冻和研究那些不太关键的材料，接着是时候检查一下我们在鲸之峡湾拿到的那个约 45 公斤重的长须鲸下巴了。在那个看起来黏糊糊的结构里发生了什么？尤其是那些怪异的手指状的乳突，里面是不是有神经，还有一些看起来像是血管的东西？那为什么血液需要在下巴致密而坚硬的部位内流动呢？我们需要仔细研究一下。

我们用塑料膜、气泡膜和大塑料袋，裹了下巴几层，再用纸巾卷了几层，以吸收流出的液体。然后我们把它拖到隔壁一台巨大的计算机断层扫描仪（CT）前，这台扫描仪是温哥华的一家林业公司为扫描太平洋海岸的所有原木而定制的。我们知道，在扫描期间，下巴会开始融化，但由于下巴柔软的部分嵌在坚硬的外壳中，所以我们认为这个结构不会变形，也不会腐烂过多。在随后的核磁共振成像（MRI）中，我们看到了看起来像是大血管的确切路径，从下颌骨尖端的腔道通向中央的软腔。MRI 和 CT 影像为我们提供了两幅良好的路线图，以便我们进行第一次解剖切割。毕竟这是一次前人没有做过的解剖，所以我们需要自己制定这个部位的解剖学指南，从哪里开始，移除什么，以及找出可以提供最具说服力的信息在哪里。

仔细分析了数字成像图一整天之后，我们找到了能揭开困在鲸下巴里的外星黏液秘密所需要的所有线索。首先，我们对位于须鲸科动物下颌骨交会处的结构有了更进一步的了解。这是一种软核结构，内部装满了手指状的物质，周围由厚而硬的结缔组织包裹而成。这一结构并非关节，不知何故，此前捕鲸人切开的须鲸科动物下颌少说也有数十万条，却没有人注意到它。我们向同事要了一些其他须鲸科动物这一结构的照片，不仅仅是长须鲸和小须鲸的；有些人很可能在对搁浅死亡的鲸类进行尸检时看到过这种结构，但或许因为结构已腐烂就没有考虑太多。（事实上大部分情况下，鲸的内部结构都因为腐烂得太厉害而没什么用途，又或者是这些内部结构被压在一堆其他身体部位的下方，而难以触及。）尽管须鲸科动物都有这种结构，但它们的远亲——那些没有腹褶沟的须鲸，例如弓头鲸和露脊鲸就没有这种结构——它们在这个位置有一些乳突，但是没有明显的胶状腔。这一结果有力证明了：我们在须鲸科动物体内发现的这一结构，是它们拥有共同演化起源的表现。

其次，我们从 CT 和 MRI 扫描生成的数字成像图和解剖结果中了解到，这个软腔与神经和血管相连。观察显微镜切片时，我们发现那些乳突上布有压力传感器，也叫作"本体感受器"。所有的哺乳动物都有这些感受器，例如猫的胡子末端就有。在细胞水平上，本体感受器看起来像是微小的盘绕结构。本体感受器本质上是通过检测身体运动的位置，将这些信息传递给神经系统来告诉你的身体：你在哪里。在须鲸科动物体内，这一特征结构则位于其下颌的一个黏性腔室中，这或许与感觉器官要告诉这些鲸，它们的下颌发生了什么有关系。

此外，奇怪的是：软腔的解剖结构是不对称的。在捕鲸站时我们已经意识到，尽管我们切开的下巴切口是干净且正交的，就像从面包上切下等量的面包片一样，但是不知道为什么，切开的两侧切口总是有一侧会溢出好几束神经和血管，从来不是左右对称的。我们已经分析研究了足够多的平行样本，足以确定这种不对称性的存在，在长须鲸体内，这种不对称性主要倾向左侧。甚至是我们在海上解剖的那两头小须鲸，它们的这一结构也不对称。鲸类体内，不对称性似乎总是以有趣的形式出现——独角鲸的长牙并非长在头部的正中间，有时须鲸在摄食时只喜欢偏向特定的一侧。然而，这些例子都不能解释我们所观察到的不对称性，这是一个仍在等待被解开的小谜团。

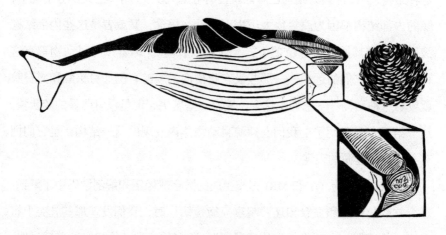

一头须鲸科动物的感觉器官

最终我们获得了足够的信息，开始把这个软腔结构称为感觉器官。当然了，它由各种不同的组织组成，这是它之所以被定义为器官的第一步：我们识别到了神经组织、血管和成簇的乳突，它们漂浮在一个软腔中，而软腔被夹在巨大的下颌骨的尖端之间。现在我们对这个感觉器官的功能有些疑问。

这个感觉器官里布满了神经，其中一些神经与下巴上的细毛相关联。当一头须鲸科动物发现一大群猎物（磷虾或小鱼）时，大鲸下巴上的毛被猎物外围的个体刷过，大鲸因此张开嘴，以期吞食密度更大的猎物群。海豹和猫一样，它们的胡须中有一部分可以在无须借助视力的情况下感知到猎物。而须鲸科动物张开下颌时，感觉器官的柔软部分会被挤压，内部的神经开始活动，将信息发送给大脑。当海水快速地涌入鲸的口中时，喉囊的扩张会推动紧贴在下巴正下方的腹褶沟内厚实而坚硬的纤维软骨垫。纤维软骨垫有一条共同的根部，这条根部就位于感觉器官的正下方，下端左右分叉，形成倒 Y 形。根部很可能提供了关于喉囊当前有多满，以及须鲸科动物应在何时闭上嘴的信息。

某些情况下，当你的下巴需要在几秒钟内张开和闭合进食时，额外的神经控制起到的作用可能只是一点儿，而当一头下颌有一间客厅那么大的动物想要张嘴进食时，那这些神经控制起到的作用就相当大了。但是，拥有感觉器官对这些鲸类的体形巨大化来说到底意味着什么？感觉器官协调了整个冲刺捕食过程涉及的复杂的结构特殊性，使须鲸科动物每天都能完成地球上最大的生物力学壮举之一。这种结构在不进行冲刺捕食的须鲸（例如弓头鲸、露脊鲸）身上明显不存在。齿鲸就更不用说了。考虑到鲸类的演化树里有些体形庞大的鲸类也没有感觉器官（例如露脊鲸和抹香鲸），因此这一结构似乎并不是演化出巨大体形的先决条件。但这一结论并不令我感到沮丧，因为我似乎也早就想到了：很明显，所有现存须鲸科动物的共同祖先都有这样一个感觉器官，我们也知道，它们已经灭绝的祖先的体形也并非特别大——大概也就一头小须鲸大小。那么，须鲸科动物是什么时候变得这么大的呢？要回答这个问题以及巨鲸的大致演化历程，还需要继续从外部观察黏糊糊的组织、标签和骨头。

# 12

## 生物的极限

我们倾向于认为巨大化是古生物的特征，似乎每个现存物种的祖先都更大，体表覆甲或是长着剑齿。我们也会关注一些专门报道超级巨型化石的新闻故事，这些巨型化石常年引发我们的兴趣。我们之所以有这样的惯性思维，主要是因为猛犸象、洞熊、大地懒、剑齿虎，甚至是最大的恐龙，这些标志性的巨型动物都已经在我们身边消失了。除非在动物园里，或是被护着的笼子里，我们才能看到一些体形较大的猛兽，或是在博物馆里看到它们的骨头。然而事实上，现在，我们生活在另外一个巨兽时代。蓝鲸、长须鲸、露脊鲸和弓头鲸——所有在某个时期成为捕鲸人目标的鲸类物种都是有史以来演化得（按重量计算）最大的动物。它们只是恰好没有生活在大多数人都能看到的地方。即使是有史以来最大的动物，在这颗拥有几十亿人口的星球上，它们也很少被目击到，行动难以捉摸。

巨型生物的每一条支系都是从体形较小的亲缘动物演化来的。没有规则表明巨型动物不会演化出体形更小的后代，毕竟岛屿矮态有时也发生在哺乳动物身上。但从历史演化的时间顺序上看，无论是恐龙、象、马，甚至是啮齿类动物，体形都有巨大化的趋势（从无脊椎动物的化石记录来看，这种情况似乎不常发生在无脊椎动物身上）。这一生活史特征被称为"柯普法则"，由19世纪的古生物学家爱德华·德林克·柯普提出。（我不确定在柯普首次观察到一些支系随着地质时期发展而体形变大的趋势后，后人是否值得用他的名字命名这一法则，但是他命名了一些鲸类的化石物种，所以我对他是有好感的。）柯普法则的主旨，正如他聪明的后人所阐述的，是一个可测的模型，用来演示演化在地球上运行的主要模式。但是，仅仅说动物随着时间而变大，并不能解释很多东西，真正吸引我们的是，这些动物变大的时间是什么时候，它们又是以什么方式变大的。

恐龙花了数千万年的时间才实现了体形从宠物狗大小到麋鹿大小的飞跃，随后，又经历了 5000 万年后，恐龙的体形达到了数吨的巨无霸级别。相比之下，陆生哺乳动物相对快速地在 1000 万年内就演化出了最大的体形。每当它们来到一个新大陆时，就会在大约相同的时间内达到相同的体形级别（大约是一头象的体形）。水生哺乳动物，例如鲸类和海牛类，则表现出了一种不同的模式——它们花了几乎整个演化历史的时间（每个类群大约 5000 万年）。

我们的远古演化先驱者比我们的体形小，包括南方古猿，事实上大约在 650 万年前，我们与黑猩猩分化以前，我们在演化树上的所有已灭绝的亲缘物种，基本上都在相同的体重范围内，它们都属于同一重量分级。现在的我们在整个人类祖先化石的尺寸范围内，可以说最多增加了一倍。从生活在埃及的第一批大象祖先（在发现龙王鲸残骸的同一地层单元里，人们发现了这些动物的化石），至最后一个冰河时期才灭绝的西伯利亚猛犸象，象的体重增加了大约千倍。其他陆生动物的体形基本上经历了相同规模的转变，无论是啮齿类动物还是蜥脚类恐龙。但鲸类显然是一个独立的类别，因为自巴基鲸时代以来，它们的体形增加了一万倍。


当我们想要了解巨型生物的生活时，例如一头巨大的鲸、陆生哺乳动物、恐龙或是其他动物，先将它们按照我们看到的体形大小对其内部或外部的影响来划分，这是非常有用的，这些影响可以是优点也可以是缺点。陆地生物的巨型化明显限制了其体内功能，这与重力有关，因为重力会限制骨骼生长、血液循环、呼吸和生殖系统的任何方面。而巨型化对个体外部的影响则有关摄食。1亿年后，蜥脚类恐龙在体长达到约33米之后似乎遇到了真正的极限。很难想象当时的树木如何满足了体形庞大的蜥脚类动物群的食物需求，更不用说这些树木还同时满足着共存物种的生存需求。

体形庞大的明显优势之一就是震慑捕食者：倘若鲸的体形足够大，那么对于像虎鲸或者是生活在遥远的过去的巨齿鲨来说，捕食巨型鲸类将是一个巨大的风险，这些捕食者甚至有可能直接放弃捕食它们。另一优势即生理效率。大体形的动物在运动和迁移时的效率更高，也就是说，体形越大的动物可以消耗更少的能量移动更远的距离。体形大小的许多生态影响也与整个有机体的因素有关：最大的鲸类如此之大，鲸脂如此之厚，它们的生理挑战相应地，是如何通过皮肤散热，而不是如何保持体内的热量。对那些在极地海域摄食和游泳、潜入海底一千多米以深的鲸类来说，蓄能和保温的鲸脂是救命的稻草，但是对于生活在较暖的低纬度地区或是浅海环境中的鲸类，厚厚的鲸脂可能会限制它们的大部分生活。大多数大型鲸类并不会在任何一个地方生活很长一段时间，它们为了摄食会迁徙到很远的地方去，这意味着它们要谨慎地执行策略：它们要最大限度地利用鲸脂的优势，在没有进食的时候保存能量，同时还要减少因体温过高产生的代价。热传递的基本物理性质影响了水生生物：热量在水中的流失速度比在空气中快25倍。掌握了这一知识，我们能够计算出在保持足够热量的前提下，一头最小的鲸，其体形的硬性下限是多少——约7公斤，即使是最小的现生鲸类物种，其出生时的重量似乎也遵循这一基础数据。

事实证明，我们仅仅从某一动物的体形大小，就能够预测出许多关于它的生物学问题，例如它的心跳有多快，它能生育多少个幼体，它的寿命有多长。无论它是现存的还是已灭绝的。较小的哺乳动物往往具有较强的新陈代谢能力，它们能生育更多幼崽，寿命也较短；而大型哺乳动物（包括鲸类）往往消耗热量的速度较慢，繁殖频率更低，寿命也更长。描述生命机理如何在不同体形尺度上变化的数学研究被称为"异速生长"。异速生长方程式的许多预测性特征往往与一般物理原理有关，例如热量消散的规律或物体的表面积与体积之比。

表面积与体积比的基本约束是：无论物体的形状如何，其表面积总是比其体积增加得慢。这种关系对任何比变形虫更大的有机体的第一个生物学意义是：单靠气体扩散不能足够快地把氧气带到体内的所有部位，这就需要某种机制，类似一台机器——例如肺来维持生命。鲸类当然有肺，这意味着它们对后一个问题的解决方案大多与其他哺乳动物一致，但是它们的肺部足够大，也足够特别，导致了其他问题出现。根据科学家对较小的鲸类物种研究的结果，鲸类的肺部存在结构性的特化，使其不仅能够在下潜超过 1.6 千米深的环境下迅速塌陷，以避免面临浮力问题和组织破裂的情况，还能在它们上浮至水面期间快速回胀。

深潜鲸类所面临的另一项主要挑战是要在水下的两个小时保持足够的氧气。鲸类通过各种尺度的解剖学和生理学解决方案来克服这一挑战，例如具备高血液与身体体积比，大量的血细胞，且血细胞的血红蛋白浓度很高（储氧能力强）。在哺乳动物演化树上，有一个亲缘关系非常遥远的分支物种趋同演化的案例，即在深潜的哺乳动物（如鲸类和海豹）体内各自独立演化出了上述显著的血液特征。

而在陆地上，重力是另一项基本约束。随着生物体的体形增大，物理决定了任何可能的活动和功能形式，无论是血流、消化还是运动的形式。例如，为了支撑巨大的自身重量，蜥脚类恐龙的四肢呈柱状，但它们也很可能通过运用类似鸟类的呼吸系统来减轻重量。这种系统在蜥脚类恐龙的骨骼内渗透着气囊，就像今天的鸟类一样。鲸类显然不必应对重力，因为它们是完全生活在水环境中的动物，所以在水下基本上不用承受身体的重量。相反，阻力之类的力帮它们塑造了身形，尤其是在进食的时候需要遭遇的阻力。

将异速生长分析应用于鲸类的研究，尤其是须鲸，包括有史以来最大的须鲸，不仅是了解鲸类成长为巨型鲸类的关键条件，也是了解生物极限的关键。

当让·波特温使用异速生长法来计算不同尺寸的须鲸科动物在数学模型上需要遭遇的阻力时，他发现超过 33 米长的蓝鲸无法在猎物逃离其嘴巴之前快速将嘴巴合上，也无法弥补因为做出这一动作而承受的强大阻力和能量损耗。换句话说，有史以来测量到的最大鲸类的长度，约 33 米，看起来已经是现生生物体长的理论最大值。

让的研究结果稍微解释了为什么我们在海洋中看不到 60 米或是 90 米长的蓝鲸，但是除了摄食生物力学的因素之外，这种现象可能还会受到其他因素的影响。例如，大体形的动物本应该具备更强的潜水能力，但是须鲸科动物不会下潜到接近它们的身体尺寸能接受的最大预期深度，部分原因在于它们的猎物位于远离深海的透光层。另外，似乎这些大体形动物冲刺捕食产生的能量消耗——例如处理口中不断增加的海水负担的消耗，以及在海面上吸入足够氧气用于冲刺捕食的消耗，尽管在很大程度上提高了滤食的效率，然而似乎也施加了严格的限制条件。

退一步来考虑我们所知晓的、关于鲸类在历史过程中促进其产生极端体形的因素。首先，鲸须结构。鲸须大概出现在 3000 万年到 2500 万年前，它的出现或许给它的第一代获得者带来了重要的生理学效应。然而那时并不是须鲸体形产生重大突破的时刻，最早长着鲸须的鲸类，其体形并没有比它们的齿鲸前辈大多少。那其他方面的变化呢，特别是形态结构上的变化，例如喉腹褶沟，或者是下颌的感觉器官呢？所有的这些解剖学结构对须鲸科动物来说是如此重要。这一整套的特化结构，从新器官到喉囊里犹如弹力绳的神经，其演化很可能起源于中新世晚期（大约在鲸之陵时期）。虽然从某种意义上来说，这些特征是蓝鲸之所以成为蓝鲸的先决条件（就像成为须鲸一样），但是鲸类也并非在获得这些特征之后，马上巨大化。回到先前的讨论：如果鲸类和其他生物巨大化的因素并不仅仅来自生物体内，那么生物体外的因素又是什么呢?

　　一般来说，座头鲸每年会从夏威夷的热带纬度区迁移到阿拉斯加的狭长地带。冬季，它们在热带休息、交配和生育，然后通过我们还不知道的方式——可能是星星、地球磁场、声音或者视觉认知，或者是这些方法的组合——来导航，到达阿拉斯加附近亚历山大群岛的内外海岸。它们在春季到达，然后在此狼吞虎咽地进食鲱鱼。这是一场长途旅行，但一切似乎是值得的。如今，座头鲸已经不再是美国濒危物种名单里的一员，因为它们现在的种群数量确实庞大。

　　某年春天，阿里和杰瑞米邀请我加入他们的研究小组，乘坐"北方之歌号"去执行座头鲸的标记安放考察任务。众所周知，阿拉斯加的座头鲸会集群使用"气泡网"捕食。"气泡网"实际上是由一头或者多头座头鲸在水下较深的地方，绕着圆圈游动时产生的一圈由气泡组成的幕墙。随着气泡上升，气泡形成圆筒形幕墙，把鱼群围在里面；座头鲸则通过向上猛冲的方式进到气泡幕墙里，张开大嘴，尽可能多地获得大量食物。这些协调合作的捕食群体并不是特别稳定，它们会随机组合或解散，但这种行为肯定是通过跨越洋盆的座头鲸相互学习和传播的。一些科学家甚至将这种现象描述为座头鲸的一种文化。获取这种奇妙、神秘行为的基础信息的方法有许多种，给座头鲸打标记便是其中一种。

　　除了获得打标记的宝贵机会之外，这次考察也是一次我把手机放一边、无视电子邮件、花上一整天的时间来讨论科学的机会。这次出行有机会推动我们对处于学科边缘的问题研究，在阿里对行为学和当地生态学的理解基础上，在杰瑞米对生理学和生物力学的掌握基础上，以及我所具备的古生物学和地球历史方面的知识基础上，从三者的交叉点讨论，能够给科学研究的推动带来帮助。鲸类是如何活动的，这个基本问题需要从所有的这些领域找答案，我一直都认为获得这些答案的最佳方法需要利用学科和个性的维恩图。

　　这次考察还给了我额外的福利：打标记。杰瑞米组装好一根碳纤维杆子后递给我，杆子末端装有最新的标记，一块前后装有摄像头的霓虹粉色塑料。这个标记能够同时记录多个方向上发生的所有事情，包括记录周围其他鲸类的行动。这根杆子既重又难操作，我感觉自己像是在用一把 6 米长的扫帚扫空气，扫帚末端还悬挂着约 2 公斤重的重物。下一步是以某种方式站在船头，等到一头体重约 36 吨的野生动物在水里活动，并且距我有一根杆子那么长的距离时，将这一小块塑料贴在它身上。我很紧张，就像即将要参加职业生涯首场比赛的新秀一样。阿里笑了笑，尝试用缓慢且从容不迫的指示来安抚我。

　　我们真的不需要花太多精力追上座头鲸。这些座头鲸在结束了一次摄食行动之后，会在海面上停滞不前，或是做一些仅仅在海面上下的短距离游动。阿里挑了距离我们最近的一头，慢慢地操纵着船只靠近。为了保持杆子的平衡，我的肌肉变得僵硬疼痛。接着我们与那头鲸的距离开始迅速缩小。我听到阿里说：“你可以的。”我做了好几次心理准备，最后才决定开始动手。我探出身子来，瞄准座头鲸背鳍正后方的一处，尽最大努力把杆子向上抬，把标记贴上去。最后，与其说我是在放标记，不如说是在戳标记。结果，标记并没有正确地从杆子末端解开，座头鲸被戳了一下，做出了反应，它抬起自己的尾叶潜入水中，几乎消失在了我们船的视野内。杆子吱吱作响，我皱起了眉头，发现我把它给弄弯了。“没关系，”杰瑞米笑着说，“我会找史密森尼学会要钱的。”他揶揄我。

　　我们看着座头鲸游走，直到距离我们最近的一头游到水面上来。“嘿！标记打上了！”我喊道。在这头鲸沉入黑暗之前，我瞥见了贴在它身体侧面的霓虹色罩子。阿里欢呼起来，而我倒在了船上，精疲力竭，但心情愉快。当这头座头鲸的尾叶抬起来下潜时，杰瑞米迅速地拍下了一连串的照片。

一天即将结束之际，我们坐在"北方之歌号"的驾驶室上方，拿出双筒望远镜和笔记本。在阿拉斯加东南部，鲱鱼的生长高峰期到了，这意味着此时的捕食者们有了丰富的食物。"北方之歌号"悠闲地巡游，进入西摩运河，这是一个位于亚历山大群岛内海岸的海湾。我们看着几十只白头海雕从云杉上落下来，去抓在水面上打滚的鲱鱼。它们绕圈飞翔，形成一个很宽的螺旋形圆柱结构，暗示了水面下正在发生的事情。从驾驶室的高度，我们看到了一头、两头，接着三头座头鲸从海面下探出，猛冲直上，张嘴而起。这次不是协作一致进行的气泡网捕食行动，而是偶然的机会主义行动。当它们闭上嘴巴的时候，它们波纹状的喉囊在海面上垂下，直到它们一头接一头地收紧它们松弛的喉囊，回到深海里去。环顾四周，我们发现周围有几十头座头鲸，它们都在远处，各自享受着此时的鲱鱼宴。

那是一个令人惊异的景象：一个接一个的座头鲸吻部穿破海水表面，下颌像勺子一样随后出水，伴随着响亮的喷气声和鳍肢拍打出的水花。我数不清我们周围出现了多少次喷潮，所有的鲸都在海湾的水面上活动。"真是太神奇了！"我大声说，好像我需要这么做一样；每个人都静静地看着这一幕，有些人还放下了相机。这一场景几近原始，好像是从一部关于其他世界的小说中撕下来的一页。但事实上，这些座头鲸能如此享受鲱鱼大餐的因素，都在这颗星球上的生命时间线里十分接近我们的位置。这些因素揭示了我们为什么生活在一个巨兽时代，这与遥远山脉中的冰川有关。

在厘清了所有的可能性后，我们发现，须鲸体形明显向着巨大化转变的阶段发生在过去的450万年里。格雷厄姆·斯莱特运行了不同的数学模型，想测试我们的数据是否能够由其他的体形演化模型解释出来，例如体形巨大化的早期爆发模型，维持大体形鲸类的偏差模型，或者巨大化在数百年中的简单扩散模型。随后他发现，须鲸可能真的是在相对较近的时期里突然实现了体形巨大化的跨越。换种说法，鲸类体形的急剧变大，仅发生在它们演化史的最后时刻，而体形变大也是使得鲸类在许多方面都具有标志性的原因。

地球历史上的这一时间框架很重要，因为它标志着大约在 250 万年前的冰河时期，海洋开始发生了深远的变化。我们仍然生活在冰期和间冰期交替的时代，这一周期性的变化规律，由地球自转和围绕太阳公转的活动决定。在陆地上，大陆冰川向西雅图、芝加哥和纽约等地区所在的纬度延伸和后撤，这意味着冰川季节性的融化和冻结增加了向海岸排放淡水河流系统的沉积物的含量。伴随着强大的风力模式推动了上升流，这些影响海洋的变化仅仅发生在几百万年前，就为浮游动物的时间敏感和紧密聚集创造了一个场景，使得沿海海域在每年的某些时刻具有很高的生产力（无论哪个半球，磷虾群的生产力顶峰均在夏季）。换言之，我们今天在阿拉斯加、加利福尼亚的蒙特雷湾或是马萨诸塞州的斯泰尔瓦根海岸看到的标志性的鲸类活动，仅仅是在最近的冰河时期才出现的。冰河时期使得远洋捕食者在较短时间内高度集中分布在局部地区。

思考一头须鲸科动物生活所需的所有成本，其中体形最大的动物，例如蓝鲸，想要在它们的摄食投资上获得最大的回报，意味着它们要寻找密度最高的猎物。一旦到了那里，用鲸须滤食的效率，以及协调冲刺捕食行为的结构特化，对于最大限度地捕食不同难易度的猎物来说变得至关重要。在现代世界，成为须鲸科动物也是高效利用高密度食物资源的一种方式。而其他大体形的滤食性鲸类，例如露脊鲸和弓头鲸，也具有同样的优势。

体形巨大化也意味着迁移到最远的地方寻找猎物群的效率提高了，这样可以避开捕食者，同时用越来越大的喉囊（和嘴巴）进行大量的冲刺捕食活动，以最大限度地提高获得的食物产量。

鲸类生活的世界令鲸类变得巨大。但是反观陆生哺乳动物，对于当今世界上的陆生哺乳动物来说，庞大的身躯反而给它们带来了更高的灭绝风险。极端体形本身可能会造成过度特化，需要大量的资源来维持。作为地球上最大的生物，鲸类生活在完美与艰险适应之间的刀刃边缘。如果环境迅速变化，那么它们巨大的体形可能成为负担。理解这一点十分重要，因为它们生活的世界正在发生多种多样的快速变化，而这些变化的出现归因于我们人类的行为。鲸类和人类如何成功地在巨兽时代共享这一演化时刻，是一则还在书写的故事，这则故事风险极高。

第三章

未来

# 13

## 北极的时光机

1846 年，两艘船帆裹着鼓鼓的冷空气的高桅横帆船，驶过一条被染黑的冰块堵塞的水道。这两艘帆船分别是皇家海军舰艇"幽冥号"和"恐怖号"，它们属于约翰·富兰克林爵士率领的探险队，当时已经航行了一年，此次探险的目的是搜寻西北航道。富兰克林的两艘船是当时最先进的科技杰作，由铁板装甲，船体再用横铺式底部外板加固，舱内卧铺由煤炉管道加热。两艘船只的装备无不流露出强大的信心，诉说着英国意图驯服世界上最偏远的地方的雄心。

而富兰克林不知道的是，当他的船只蜿蜒穿过威尔士亲王岛和萨默塞特岛之间的狭窄地带时，北冰洋变幻莫测的天气会使后勤准备失误带来的问题更加复杂化，他们执行的整场任务也会遭遇灾难。富兰克林的船员们在威廉王岛附近被冻结的冰困住将近两年的时间，他们都在等待时机，拒绝采用当地方法来对抗坏血病。他们吃的罐头是用铅密封的，铅会渗入他们的食物中，这有可能令他们中毒。根据因纽特目击者的叙述和威廉王岛上成堆的人类骨头来推测，富兰克林的船员在恶劣的环境中死于饥饿和互相残杀，这些人类骨头甚至还有被屠宰和烹饪的迹象。富兰克林探险队消失了，而在那之后执行的超过 35 个试图找到他们的救援任务也都以惨痛失败告终，这给英国留下了一片长长的阴影，损害了它在北极的帝国利益。

但是在这一切发生之前的一个夏末，富兰克林很可能看到了弓头鲸。捕鲸人在格陵兰岛外海肆无忌惮地捕杀弓头鲸已有两个多世纪，不过它们仍然存在于北极的遥远地区，因为那里没有捕鲸人往来。我想象着富兰克林把自己的下巴埋在海军大衣的高领子里，他走到后甲板，望着海里的两头弓头鲸，这两头弓头鲸或许是一对母子，正从浅蓝宝石色的、镜面一般的海中浮出水面。弓头鲸妈妈的喷潮高度可与船的甲板持平，呼气带出的水滴团在寒冷的空气中瞬间飘散。也许当弓头鲸母子在"幽冥号"船边嬉闹的时候，富兰克林和他的船员们都看到了它们沉闷的黑色身体和象牙色的下巴。几分钟后，这场短暂的邂逅结束了，鲸和船上的人，将会向着不同的方向继续各自的命运。

将时间快进到 21 世纪初，阿拉斯加北部海岸以外向西 1000 多千米。在一个阴沉的春天，几十名阿拉斯加原住民——因纽皮特人，无论男女老少，一起拉着一条沉重的编织线，走过固定冰形成的海岸线。这项工作需要镇上每一名身体健全的人一起参与。绳子绷紧的一段缠绕着一头巨大的弓头鲸的尾叶，这是一头雌鲸，数小时前刚刚在楚科奇海被小型捕鲸船上的船长用鱼叉捕获。就像他们的祖先一样，这个团队成功完成了一项令人难以置信的任务，他们将一具 16.7 米长的哺乳动物尸体从水中拖到了冰上。另一端，血液从弓头鲸硕大的拱形嘴上滴落下来。鲸口中长长的鲸须板歪斜着，像是折叠不当的百叶窗。片刻寂静之后，人群里响起了几句话，接着一位捕鲸船船长爬到了尸体顶部。他没有大张旗鼓地叫喊，而是直接指挥他的船员开始进行细致而艰苦的解剖工作。他们用大钩子和剥皮刀取下弓头鲸的鲸脂，从肌肉上剥下厚厚的皮肤和脂肪。

鲸脂、尾叶、胸鳍以及一些长长的背部肌肉都被切开，成堆地放在一边，即将分发到捕鲸队、各家各户和社区里的每个人手中。部分尸体可供一整个家庭食用数个月。红脸颊的孩子们穿着没拉上拉链的外套四处奔跑，他们在玩耍的过程中看到鲸尸，惊讶地停下来，将手指头按进弓头鲸头部附近的黑色橡胶质感的皮肤中，留下了短暂的小坑。

然而，没有人知晓这头独特的弓头鲸一生的故事，在它还是头幼鲸的时候，曾经遇到过富兰克林和他的船队。200岁的它经历了人类历史的数个时代。它出生在煤炭时代之前，那时海上已经出现了捕鲸船，100多年后，它从苏联巨大的柴油动力船以及带火药的鱼叉枪的猎杀中逃脱；它摄取了原子弹实验中释放的放射性核素，这些物质自"二战"之后在海洋食物网中广泛存在；随后，仅仅在过去50年里，它经历了无数次水下栖息地的声波变化，这些声波的来源包括石油勘探、货物运输和军用声呐。在它的一生里，它生育了几十头幼崽。最后，它被21世纪的因纽皮特人的鱼叉捕获，就像一个多世纪以前，它那些被捕获的亲戚一样。按照事件发生的年代顺序排列，三代弓头鲸——祖母、母亲和21世纪的幼崽——从出生到死亡可能跨越500多年，从莎士比亚时代，巴斯克捕鲸人驾驶着西班牙大帆船在格陵兰岛以西航行，到23世纪，北冰洋不再覆满冰层。弓头鲸与地球上的其他哺乳动物不同，它们是时光机。

虽然上述场景是想象出来的，但故事的基本轮廓是可信的。弓头鲸是唯一一种一生都生活在北极圈内的须鲸。人们将弓头鲸视为真正的极地鲸类是有充分的理由的。弓头鲸本身具备足够的大小和力量来应对冰的变迁，包括当冰层在它们的呼吸洞附近开始冻结、封闭的时候，它们能够打破冰层。而许多其他的北极鲸类，包括独角鲸和白鲸，在这种情况下会因无力打破冰层而溺死。

夏季，大部分弓头鲸从阿拉斯加的楚科奇海和波弗特海向东迁移到加拿大的北极区，有一些还迁移到了如今"幽冥号"和"恐怖号"长眠的海区。到了晚秋，大部分弓头鲸会沿着阿拉斯加的海岸线向西回迁。有些弓头鲸会穿过白令海峡进入白令海，而另一些弓头鲸则会在白令海峡以北的海域常驻，直到下一次迁徙季来临，它们才会再次向东迁移。一年一度的周期性迁徙活动使得弓头鲸的迁徙路线形成了"8"字形。冬季，由于从北极延伸下来的冰层威胁了弓头鲸的活动范围，因此大量弓头鲸的迁徙活动不得不局限在阿拉斯加北部海岸线的附近区域，且在冰层之间的线状开口水域（冰间水道）进行。因此，海冰决定了因纽皮特人猎杀弓头鲸的时机，这是几千年来因纽皮特人生存文化的一部分。

总的来说，鲸类和大多数哺乳动物一样，在出生后的前几年会迅速生长，直到成年，随后生长速度下降，每年生长增加的体长很少。20世纪初，捕鲸站的研究人员研究了大量的鲸类尸体，统计了鲸卵巢上的妊娠疤痕，并将这些数据和鲸的总体长进行对比，以此来判断鲸性成熟的时间。由于雄性鲸类没有卵巢，所以那时无法判断雄性的性成熟年龄。研究人员发现其他的大型须鲸，例如蓝鲸和长须鲸，表现出了显著的生长特征，它们可在不到5年的时间内达到性成熟，这一速率意味着它们每天能增加超过约45公斤的重量。相比之下，有关弓头鲸生长特征的早期类似研究表明，弓头鲸的发育更为缓慢，平均每头雌性需要度过将近20年的时间，才能开始怀孕，这与我们人类没有什么不同。

分析一头鲸的年龄不是一件小事情，也不是一件简单的事。对齿鲸来说，一颗纵向切割的牙齿可以显示出齿鲸的年龄层，就像树木的年轮一样。对须鲸来说，研究人员必须利用其他所谓的"增生组织"，例如鲸须和耳垢，才能推测鲸的年龄。鲸须和指甲或是头发一样，只提供了与这一组织寿命相关的生长记录，这些组织会磨损，在鲸的生命过程中被新组织替代。因此弓头鲸的鲸须也只能记录多达10年的时间，而不是记录了弓头鲸的一辈子。须鲸的耳垢在脑袋内积累，与其外部的耳孔并不相连。这些耳垢显示出了分层的现象，这一现象似乎与须鲸的体长紧密相关。而用耳垢研究弓头鲸的唯一问题是，出于未知的原因，弓头鲸的耳垢没有可读取的分层结构。

1992年，一头15.5米长的雌性弓头鲸在阿拉斯加的乌特恰维克（旧称"巴罗"）被捕杀，这头鲸为弓头鲸的长寿特点提供了更为明确的证据。科学家剥去了它的鲸脂后，在它的肩胛骨上看到了类似旧伤的疤痕。"我们沿着疤痕组织的线条切下去，刀子切进了一个明显的大空腔，直到我们听到'嘎吱'一声。"克雷格·乔治,一名在乌特恰维克住了30多年的生物学家告诉我。他们发现一支石制鱼叉深深地卡在这头弓头鲸的身体里。到了19世纪80年代,燧石鱼叉和板岩鱼叉不再受到阿拉斯加本地捕鲸人的青睐,这要归因于19世纪50年代起,金属鱼叉被引进了当地,那时的阿拉斯加仍属于俄罗斯的领土。克雷格和他的同事认为,既然这头鲸能在这样一次遭受重伤的猎捕中存活下来,那么它那时应当已是相对成熟的个体了,因此他们推测这头被标记为92B2的弓头鲸至少有130岁。后来,当他们统计它卵巢上的妊娠疤痕后,由此计算出的年龄与根据它19世纪愈合的伤口推测出的结果完全一致:133岁。

克雷格和他的同事更常用另一种技术来分析弓头鲸的年龄,他们的研究材料是因纽皮特人狩猎获得的新鲜组织:眼球。几乎每一种脊椎动物眼球内的晶状体都由蛋白质组成,这些蛋白质在生物体的一生中以一致且已知的速率改变其化学结构,就像根据时钟行动般守时,这个过程被称为外消旋化。在身体的其他部位,细胞可以替代这些蛋白质,重新设置生物钟;但是那些晶状体中的蛋白质自生物体出生就在那里,脱离身体的循环。晶状体由此成了伟大的生物计时器,前提是你必须在它们开始衰变前找到它们。

克雷格和他的同事研究了从最近几年猎捕的弓头鲸体内收集来的眼球样本后,他们推算出的弓头鲸年龄证实了弓头鲸真的很长寿,他们研究的许多弓头鲸个体的寿命已经超过了一个世纪。他们的计算结果不仅打破了鲸类的年龄纪录,也打破了任何已知的哺乳动物的年龄纪录。事实上,在他们的数据库中年纪最大的,是一头14.6米长的雄性弓头鲸,这头鲸于1995年被猎杀,被猎杀时它竟然已经211岁了。也就是说,在路易斯和克拉克探险期间出生的弓头鲸现在完全有可能还在阿拉斯加的北坡游泳。

鱼叉技术、妊娠疤痕计数和蛋白质外消旋化的多项证据,为推断弓头鲸的寿命提供了强大的支持,正如克雷格对我说的:"如果你只靠一条线索就去确定一头鲸的寿命,那可就太荒谬了。"克雷格的母亲是儿童读物作家简·克雷格德·乔治，当他告诉他的母亲，弓头鲸可以存活200年以上时，她写了《冰鲸》一书，讲述了一头鲸邂逅了一个阿拉斯加原住民家族里的多代人的故事。200岁的弓头鲸有很多故事，这些故事可以告诉我们过去的北极世界是怎么样的。你只需知道要从哪儿开始寻找。

　　鲸的嘴巴是寻找故事的好地方之一。鲸须不像眼球的晶状体那么完美，但它是层层生长的增生组织，因此也可以揭示一些其主人的生活。鲸须板在须鲸的一生中会因为被频繁使用而逐渐磨损，但想象一下，你可以将鲸须板按照时间顺序一片接一片地排成一排。十年复十年，许多年后，你就会收集到足够的鲸须板，创造出一项时间跨度超过几个世纪的纪录。许多研究弓头鲸的科学家也有同样的想法，他们只需要能有足够的鲸须板。

　　在史密森尼学会非展示藏品的大库房里，弓头鲸的鲸须板被放在一系列宽2.4米的金属柜中；这些鲸须板中最长的有4.2米，但藏品中大多数的鲸须板都不足1.5米。鲸须在使用过程中会磨损，而且鲸须板上的须会和旁边鲸须板上的须缠绕在一起，它们在鲸口中的一侧向前向后移动，最后就像尼龙搭扣一样，形成一张致密的垫子。活体须鲸的鲸须相互缠结会在鲸的口腔左右两侧形成筛子，困住进入口中的猎物。

　　你可以把鲸须想象成一种安装在须鲸口中的记录保存装置，它可以在鲸的口中累积许多年的环境样本，直到它逐渐磨损消失。这样的话，它就很像毛发或是很长的指甲，只要这个结构还在，就能保存生物体的生长记录。鲸须板越长，能记录到的鲸生命中的时间就越多。

　　在分子水平上，鲸须的组成相当于一种组织档案，记录了生物体所消耗的碳、氮、氧和其他原子间不同重量比的细微差别。这些原子（以及它们形成的比例）沉积在鲸须的每一层生长层中，随着季节的变化而生长——类似树木的年轮，鲸须生长的周期性条带显示出了它的季节性变化，从夏季食物丰富的摄食期，到迁徙期间的禁食期。弓头鲸的鲸须板绝对是须鲸当中最长的，比蓝鲸的鲸须板还要长得多。由于这一物种缺乏任何其他类型的时间戳记录结构，因此鲸须板保留的生长层是我们能用来分析以获得最佳结果的工具，由此我们可以从一头北极时光机过去的生活里获得它的年度总结。

从储藏鲸须的柜子中拉出一层抽屉，一段历史就会在抽屉里的这些标本上被逐字地描述出来。在某些情况下，标本的信息会被扬基人用细长的、有棱角的印刷体印在盘子上，或者被写在一个边缘破损的标本标签上。史密森尼学会最古老的标本上有这么一个标签，上面用加大的草书书写体简单地写着："北冰洋，1840 年"。

采集 19 世纪初期到中期的鲸须样本，可以捕捉到工业化石燃料将二氧化碳广泛释放到大气之前的世界环境信号。自那之后，燃烧的化石燃料在地球和海洋化学循环中加入了同位素较轻的碳，增加了一层扭曲层。那么，在过去大约 170 年的时间里，鲸须中的碳同位素比值下降的原因是什么？要解译这一信息很困难，这取决于我们对气候周期和食物网的理解。碳同位素比值下降，可能与长期的背景环境变化有关（这些变化的部分周期性活动由地球轨道动力学驱动，它设定了持续数百年或数千年的海洋周期），也有可能指示了一些与北极食物网基础生产力损失有关的生物学信号。工业革命之前的弓头鲸能让我们对海洋（人类广泛燃烧化石燃料从而改变世界之前的海洋）有更深入的了解。

弓头鲸的预期寿命总是比我们人类长，但是现在，人类在有限的一生时间里正在改变北极区域，这意味着任何生活在今天的弓头鲸都会在熟悉的过去和潜在的、陌生的未来之间的边缘地带徘徊。北极的变暖速度是地球上其他区域的两倍之多：我出生时所看到的北极与富兰克林所看到的北极更为相似，而我的孩子所认识的北极与富兰克林所见的北极则相差甚远。这种变化最明显的迹象与冰及冰的不同形态有关——从季节性形成的海上浮冰到形成多年的老冰，再到近地质时期的冰川。自我1980年出生以来，每年冬季，海冰延伸的最大范围都在稳步减少，目前超过原本一半的面积已经消失，体积也损失了四分之三。即使是过去可以抵御夏季季节性融化的更老的海冰也已经消失了。这一明显的海冰减少趋势正在走向一个极端，也许到21世纪30年代中期，北极的夏季就基本上不会有海冰出现了。

接下来是冰川。格陵兰岛拥有继南极洲之后地球上总量最多的冰川冰，然而这些冰川冰也正在迅速消失。这些冰川中储存的淡水总量是人们几乎难以想象的：如果将格陵兰岛的冰储存的水体积加到世界海洋里，那么全球的海平面将会升高不止6米。其他正在经历重大变化的北极关键成分，如永冻层或冻土的变暖，都预示了这一独特的地球系统即将基本瓦解，这是自300多万年以前北极冰川第一次形成以来，也是第一批弓头鲸出现之前，从未发生过的。一头如今生活在北极的刚出生的弓头鲸幼崽，即将在下个世纪经历与它的祖先所经历的完全不同的世界。

对于喜欢冰的鲸类来说，北极变暖意味着坎坷的命运。首先，夏季的北极倘若没有海冰，那么就意味着北冰洋受到海冰的阻碍减小，人类的航运量会增加。西北航道将不再被海冰堵塞，成为一条快捷通道，为从亚洲到北美和欧洲的集装箱运输船和油轮提供便利，这是一条比通过巴拿马运河更快的航线。这样一来，北极将承载更多的海洋交通，这也意味着石油泄漏和鲸类被船只冲撞的频率会不可避免地增加。如果"埃克森·瓦尔迪兹号"油轮漏油事故是一种预示，那么北极偏远区域的石油泄漏将会成为更加难以遏制的灾难。船只冲撞对露脊鲸来说是严重的威胁，露脊鲸是弓头鲸的近亲，在遭遇商业捕鲸之后，它们的数量在过去几个世纪内从未反弹过。露脊鲸有三种，它们在全世界的海洋中总共只有几千头。它们之所以那么脆弱，部分原因在于雌鲸的妊娠期长达一年，而且每次怀孕只生育一头幼崽，两次孕期间隔大约三到四年。截至2004年，人们已经有100年没有看到、记录到阿拉斯加海域北太平洋露脊鲸的幼崽了（此前调查的努力量也并非不足）。有些露脊鲸会在夏季摄食的时候直接来到某些大城市的港口，例如波士顿。像弓头鲸一样，露脊鲸的游泳速度太慢，无法避免与迎面而来的船只发生碰撞，这些船只的长度可达数十米，且移动速度可能是露脊鲸游泳速度的 10 倍。

北极变暖也为入侵物种创造了生态机会。例如在冰封的海域，弓头鲸可以高高地拱起它们的吻部，撞破冰层，而虎鲸通常会选择避开这些海域。但如果北极海域的冰封程度降低，虎鲸将会更频繁、更长期地进入这一区域。虎鲸的咬痕在弓头鲸的鳍肢和尾叶上并不罕见，尽管我们尚不清楚虎鲸是否会像对待其他须鲸幼崽一样，杀死并吃掉弓头鲸的幼崽。而其他北极鲸类，例如独角鲸，也会尽可能地避开虎鲸。

在演化过程中，这些入侵新栖息地的冒险故事可能导致某一物种获得全赢，但会损害其他物种的利益。例如，当巴拿马大陆桥面世并连接南北美洲时，北美洲的狗、猫、熊和其他许多有胎盘的哺乳动物顺利地入侵了南美洲，比从南部向北部迁移的动物，例如负鼠等，更成功。而令鲸类从更暖的纬度区域向更冷的纬度区域入侵的结果目前还十分不明朗。当前弓头鲸在北极仍有优势，但是在我们的一生中，它们的家园已经发生了变化，更不用说它们经历完漫长的一生后，它们的家园又会变成什么样了。

最后，弓头鲸以浮游动物为食，从北极食物网的底端到弓头鲸，只有一到两级。海冰的流失为弓头鲸的猎物开辟了全新的栖息地，初级生产者（浮游植物）不再受海冰阻碍，从而延长了生长季节，这反过来又提高了高热量的磷虾和移动缓慢、质量较低的桡足类的丰度，而这两者都是弓头鲸青睐的甲壳类动物。海冰减少意味着水体中的营养物质会混合得更为充分，从海水表层到海底，北极海洋食物网基础的整体生产力有所提高。这些物理变化对海洋食物网的生物学累积效应将会把北冰洋变成开阔大洋——一座结构更像我们在温带纬度所看到的海洋。就近期而言，至少就食物因素而言，弓头鲸是这座新的海洋的受益者。

但事实并非这么简单。大气中增多的二氧化碳含量正在推动全球气温升高，地球上的所有生物都能感受到由此带来的影响，无论是积极的还是消极的。海洋是二氧化碳的终端，二氧化碳以溶解的形式进入海洋，增强海洋的酸性。这一过程对任何利用碳酸钙形成外壳的生物都会带来明显的负面影响，包括磷虾和其他浮游动物，它们也是许多鲸类物种的主要食物。磷虾和许多造壳物种未来或许能够适应新的酸性海洋，但我们不知道这一适应性需要演化多长时间，特别是相对于可能以非线性方式增加的酸化速率。

科学家经常利用基于线性发展的趋势来预测、谈论气候变化。然而我们所面临的挑战是，一个复杂动态的系统（包括细胞、生物体，甚至是整个洋流系统）能够突发而毫无预警地从一个趋势跳跃或转变到另外一个差异巨大的趋势。这些临界点是系统为避免发生剧烈变化而预先出现的缓冲时刻，突变的出现最终将导致结果走向不同的轨道。在过去的地质年代，海洋和气候系统就曾发生过突变。而对那些生活在人类世的生物来说，问题不在于这些临界点是否存在，而在于引发这些变化的因素是什么，以及它们即将在多久之后出现。


弓头鲸先于人类出现在北极：加拿大北极群岛的每座岛屿上都发现了一万年前的弓头鲸头骨和下颌骨，这令当地固有捕鲸文化中最古老的证据都黯然失色。古老的弓头鲸头骨和下颌骨散落在贫瘠的海岸线上，风化的拱形结构有着弯曲的线条，有时会被人们误认为是沉船的木材。至于富兰克林的两艘船只，现在长眠于威廉王岛附近的浅海海底，但那藏在石棺里的冰冻的骨头和一张纸条为他的探险故事留下了零星的线索。这些都是过去一整个时代的遗迹，而不仅仅是帝国时代或是探险时代的遗迹。除非大规模的地质工程能够扭转海冰的损失，否则，至少在21世纪中叶，北极冰封地区的大规模变化是不可避免的。

鲸与人类互动了数万年，但只有在过去的几百年中，这种互动才影响到它们的命运。这种给弓头鲸带来危险的互动，是以商业捕鲸拉开序幕的。在过去半个世纪，污染——包括水质污染和噪声污染，以及工业化文明的其他副作用，例如船只撞击或是渔具缠绕，都明显威胁到了弓头鲸和其他鲸类的生命。那些活到现在的百岁弓头鲸已经见证了所有这些变化；北极即将在我们的寿命范围内解体，而有些弓头鲸却可能比我们活得更久，那么它们未来将有可能在海冰比现在要少得多、人类比现在要多得多的北冰洋中活到 200 岁。今天，气候变化的全面影响代表了人类对鲸类，或是对地球上任何其他生物的巨大（无论是程度还是速率）影响。在我们创造的新世界里，谁输谁赢，还有待未来揭晓。

# 14
## 改变基线

　　生物体摄食的食物类型是什么就意味着它的营养生态位在哪里。从书架上随意抽出一本 21 世纪以前的生态学课本，你都能看到被奉为经典的营养级金字塔的图片。这座金字塔借鉴了给予美国消费者同样视觉概念的食物金字塔，体现了一个较广的基部，接着一步一步升高，各台阶越来越窄，最终在顶端呈现为顶点，整体为一个三角形结构。这些台阶意在呈现能量在自然世界生态系统中的流动方式，以及在每一层台阶上相应的生物投资，即使用该层能量的所有生物体质量的大小。这幅图片方便又直观，讨论了支撑生态学的两个重要思想：首先，它表明了能量是通过食物网流动的；其次，它将生物体的角色按照等级制度划分，体现了每个等级，即每层台阶参与者的相对数量。

　　在营养级金字塔中，最基础的一层台阶代表了世界上的主要能量固定者——初级生产者。它们包括了可以利用光合作用固定太阳能的生物，例如植物或者是海洋浮游植物，后者的丰度比植物远远高得多。上一层的台阶位于初级生产者之上，由初级消费者组成，例如直接摄食生产者的浮游动物。然后是由消费者组成的连续几层的台阶，直至顶级消费者形成金字塔的顶端。这些顶级消费者主要是大型的、极具威慑力的脊椎动物，不过人类也被算在其中。我们是生物圈的顶级消费者。

　　海洋生态系统的生物量金字塔（营养级金字塔）与陆地上的结构其实有所不同。陆地上的营养级金字塔一般为阶梯结构，呈狭窄的堆积金字塔形，

基部十分宽大；而海洋里的营养级金字塔的底部则稍有倒转，浮游动物的生物量远高于浮游植物的生物量。这一差异在很大程度上与浮游植物的高周转率有关——不论何时，处于最低等级的生物体的寿命，比不上那些处于较高等级的生物体，因此被算入生态系统中的瞬时生物量的浮游植物也就没有那么多。

浮游动物磷虾正位于营养级金字塔的第二台阶，比浮游植物高一个等级，后者固定太阳能，供消费者使用。因为不少须鲸直接摄食磷虾，所以科学家将须鲸描述为距离太阳能仅两层台阶的捕食者，只要它们有办法利用鲸须有效摄食营养级金字塔的这部分结构，它们就可以进食数量更多的猎物，并且减少等级之间的能量损耗。大型须鲸之所以能够登上金字塔顶级捕食者的宝座，是因为基本上没有任何生物能猎杀它们，除了在极少数情况下，一群虎鲸会共同追逐、猎杀一头成年须鲸。因此严格地说以磷虾为食的须鲸并不算是虎鲸那样的顶级捕食者，但是相对来说须鲸仍然是海洋里的主要消费者。

几十年来，部分研究提出了一个深刻的观点：海洋中，初级生产者（浮游植物）的兴衰与鲸类的出现在时间和地理空间上有着直接的对应关系。浮游生物在整个海洋中并不是均匀分布的，相反，它们的存在取决于大规模的海洋学过程，例如上升流。鲸类在海洋中追随它们的食物而行动，它们的食物出现在哪里，它们就到哪里去。因此，生态学家认为，所有关于鲸类的生态都是自下而上控制的，也就是说，较低营养级对最高营养级有决定性的影响。

不过，海洋里自上而下的营养互动还是存在的，这种互动的存在消减了自下而上互动观点的排他性。美国太平洋沿岸附近的巨藻林是体现自上而下控制的营养机制的经典案例。巨藻林里的海胆以巨藻为食，而海獭则非常喜欢吃海胆。在人类为了获取海獭的毛皮而过度猎捕海獭长达一个多世纪之后，科学家将海獭重新引入太平洋沿岸，这一举措带来的结果令他们意识到，海獭对巨藻林的物理结构和广袤分布有着深远的影响。海獭被重新引入的地方，巨藻林脱离了海胆对它们的强制生态束缚，恢复了原本的生物量。

现在我们在营养级金字塔的图片中加入虎鲸。1998 年，海洋生态学家吉姆·埃斯蒂斯和他的同事认为，阿拉斯加东南部虎鲸捕食对象的转变对低营养级的消费者和生产者，如海星和海带，产生了不可预见但明显的生态影响。吉姆和他的同事在野外观察到，这些虎鲸并没有捕食鳍脚类动物和其他的海洋哺乳动物，而是捕食海獭，这令他们开始怀疑这种捕食行为背后的意义：这相当于放弃自助餐而选择爆米花当午餐。他们的观点与最初研究海胆和巨藻林的观点逻辑相同：位于营养级金字塔顶部的生物体的食物转变对金字塔底层的生物体产生了下行效果。他们的观点引发了生态学家对食物网中营养级的相互作用模式的广泛争论，有人认为这种模式应是自上而下的，有人认为则应是自下而上的。然而，许多争论都没有考虑到近代历史的影响——我们得先考虑一个明显的问题：阿拉斯加（以及世界上其他地方）的虎鲸在商业捕鲸时代之前吃的是什么？商业捕鲸时代从根本上重构了海洋中大型消费者的阵容，包括很多过去可能是虎鲸的猎物的大型鲸类。

海洋食物网发生了什么——在商业捕鲸时代之前，甚至在生态学科诞生之前，虎鲸的猎物是什么？这一问题强调了当今生态学研究中最重要的前提：我们不能假设现在看到的动物种群的规模一直以来都不曾改变过。"改变基线"的概念可以强调我们集体的文化失忆，我们忘却了这个世界过去的模样。这种失忆现象发生在我们试图衡量一个正在经历大规模退化的系统时。我们忘记了过去的基线位置，导致一代人到另一代人，都在不断地改变对正常情况的测量方法。渔业科学家首先运用了"改变基线"这一术语，用来解释由于过度捕捞，导致人们对鱼类体形或是产量的预期值降低的现象。多年累积下来，导致人们对渔业捕捞成果的评价产生了巨大的转变，认为鱼类体形越来越小、产量越来越少是正常、合理的现象。自那以后，这一观念在保护生物学家中得到了更广泛的关注，因为它在描述任何受人类影响的生态系统方面都很有用。就像适用于鲸类一样，这一观念同样适用于旅鸽和美洲野牛，因为生活在今天的人们都不知道这些动物曾经的种群基线丰度是怎么样的。

然而，我们可以利用一些方法推断出这些近代鲸类在过去世界的样子。当科学家获得某些鲸类（例如座头鲸）足够多的DNA样本时，就可以开始用复杂的方法来推断这些鲸类现存的遗传多样性对它们历史上的同胞有什么意义。由于在商业捕鲸时代，座头鲸是众多被过度猎捕的须鲸物种之一，因此我们期待能从它们身上看到基因发生遗传瓶颈的迹象。种群规模较小时，遗传多样性低的不利影响会保持下去（以近亲繁殖为例），并且留下可延续若干代的遗传迹象。通过对突变率的假设和对现存种群规模的了解，科学家可以由此估算出一个群体在不同历史时期的种群规模。通过对座头鲸进行相关研究，他们由此获得了令人吃惊的成果。其中一项研究结果推测出，在商业捕鲸时代前，座头鲸的数量比现在的数量丰富了许多倍——过去的数量大约是现在的6倍多。这一数字与其他唯一可用的历史数据来源（捕鲸日志）互相矛盾。捕鲸日志包含了历史上猎捕的座头鲸数量的记录表格，但遗传多样性的研究结果似乎说明了捕鲸日志并没有告诉我们完整的故事，日志低估了商业捕鲸时代前的座头鲸的种群数量，甚至相差了好几个数量级。我们很难辨别这两种数据来源哪个更接近历史，但是，如果这两种数据来源在任何程度上都是真实的，那么这一比较就告诉我们，当前这个鲸类资源枯竭的海洋世界可能已经失去了许多生态系统功能和生产力，而这些生态系统功能和生产力在过去仅几十年或几百年前维系了远比现在更多鲸类的生存。鲸类的基线在我们开始研究鲸类生态学的时候就已经发生了改变，我们曾经以为自己十分了解诸多鲸类物种及其生活，然而现在，改变基线的观念要求我们重新审视这些内容。

许多我们视为基础的生态系统功能知识，都是从生物圈的实地研究获得的，而生物圈其实已经受到了人类活动的严重改变，大量的生物量因此减少。对任何鲸类生态学家来说，他们所面临的挑战就是要了解基线，甚至要考虑这些数据从一开始相对于他们手头的问题来说是否重要，是否存在。例如，当鲸类数量比现在多得多的时候，它们是否以与现在不同的数量或是不同的方式搁浅？或者，那些深海中的鲸落群落，在商业捕鲸时代之前和之后分别是什么样的？在商业捕鲸时代，人们从海中带走了数十万的鲸类尸体，这些尸体如果没有被带走，都有可能落入深海海底，形成鲸落生态系统。

　　食物网中关于能量利用的上行和下行的生态学问题，往往会涉及生物体的摄食对象问题。但是有机废物也是一个影响这个问题的因素。是的，鲸类的粪便对海洋生态系统有重要的影响。鲸类的粪便并不坚硬，它们软塌塌的，往往会漂浮在水面上直至散开。当它们在水体中分解时，粪便里的营养物质会被带到与之前位置相距很远的海水表面，被其他海洋生物消化，直至又一头鲸在海洋深处吃掉这些海洋生物，然后再将未消化的残渣排出在更远的有阳光照射的水层。偶尔，抹香鲸会排出大量未消化的鱿鱼喙，这些鱿鱼喙最终会滚成一颗球，漂浮在海面上。抹香鲸的这些特殊的粪便被称为龙涎香，曾经是香水业的珍品，被加工过的龙涎香散发出浓烈、甜美的气味，缭绕身边，令人怀念，好似小时候最后一次见到的亲戚一样亲切。
　　海洋中的浮游动物，例如某些自主活动能力较差的小型鱼类，保持着营养物质（主要是含氮化合物）在透光层的循环，直到它们的遗骸——鱼骨、浮游生物外骨骼、贝壳，变成微小的生物碎屑颗粒，落到海底，这些微小颗粒被称为"海雪"。最终，数百万年之后，这些遗骸可能会通过板块抬升的方式返回地表。科学家一般将那些维持营养物质在海洋中流动的过程称为"生物泵"，因为它们像泵一样，在水体的不同深度之间转移有机物（主要是碳元素）。但是如果在画面中加入鲸类，尤其是商业捕鲸时代之前的高丰度鲸类，那么这些大型消费者在海洋碳循环之中的地位将变得非常重要。浮游鱼类和其他浮游动物只能在浅浅的透光层随着太阳光的强弱而上下移动，而鲸类可以将大量的营养物质从更深的海域运送到海洋表面。因为鲸类需要到海洋表面呼吸进食，通常在进食之后，鲸类就会在海水表层排便，届时未被鲸类消化的营养物质会转为粪便排出。排便基本上使整个海洋食物网获得了养分，从而提高了浮游动物的生产力，加强了海洋里的营养循环。生物学家计算了商业捕鲸前所有鲸类排出的粪便总量，若将其加到生态系统生物量中，其输入当地海洋食物网的氮总量可超过附近河流和大气共同输入的理论总量。也就是说，鲸类的粪便可以为整个生态系统提供超多营养。

想象一下在商业捕鲸时代，这些物质运输的过程发生了什么变化。人类从海洋中不断地猎捕活体鲸类，取走它们的肉和鲸油，将鲸骨研磨成骨粉当肥料，或是直接扔出船外，这些行为都会阻碍这些物质本该参与的海洋营养物质循环的发展，从而影响海洋的生产力。我们知道，商业捕鲸时代过去之后，我们生活在一个生物不太富足的世界里，那我们是否也生活在一个生态功能衰弱的世界里呢？这仍然是一个悬而未决的问题。我们越发现鲸类在海洋生态系统中扮演的角色之重要性，就越明显地意识到，商业捕鲸产生的影响比我们最初想象的要广泛、深远得多。

# 15

## 所有走向灭绝的方法

我从一张陌生的床上醒来，一时间迷迷糊糊的。远处吼猴的叫声传来，我睁开眼睛看到床头的蚊帐时，我想起来了：我现在在巴拿马。我们于昨天下午晚些时候启程离开了巴拿马城前往加勒比海岸。我起床去和我的同事们一起吃早饭，早餐有鸡蛋、木瓜和咖啡，我们住在一座小而清闲的旅馆，这些早餐是旅馆主人准备好的。早餐过后，我们坐着来接我们的皮卡车出发。

我和豪尔赫·贝莱斯－朱尔贝来到巴拿马，采集当地一名大学生发现的鲸类头骨化石，他很明智地拍了照片，然后将化石留在原地。那名学生的导师是史密森尼学会的一名科学家，所以他问我能否去巴拿马帮助挖掘这块化石时，我毫不犹豫地答应了。我知道豪尔赫也很愿意尝试，豪尔赫当时在读研究生，现在是博物馆的研究人员，他在波多黎各长大，也是加勒比古生物学的专家。根据照片，我们可以看到一块支离破碎的、长着沉重尖牙的吻部从岩石中穿出。在它的周围，有头盖骨的轮廓，看起来仍安全地隐藏在沉积物中。虽然仅从牙齿上看不能确定，但我还是大胆猜测它可能是欧洲和北美洲常见的化石物种。不过这没关系，热带地区的鲸类化石记录很少，任何像头骨这样实质性的东西都很重要。唯一要注意的是，因为头骨位于海岸岩壁里，加勒比海海岸的潮汐会在涨潮时淹没我们前往岩壁的通道，因此我们只有在一年里的特定一天能接触到头骨的位置。也就是说，接下来我们只有几个小时的时间来挖掘和安全地包裹化石。

至少前往巴拿马要相对容易些。史密森尼学会的人与巴拿马有着深厚的联系，这与该国的地缘政治历史密不可分，而这种联系起源于巴拿马运河。这条横跨 80 余千米陆地、连接大西洋和太平洋的人造水道，至今仍然是一个人类历史上伟大的工程壮举。美国已经就修建运河的主权进行了谈判，以此作为协助巴拿马与哥伦比亚分离独立的战略成果。1904 年，巴拿马运河开始修建后不久，史密森尼学会派遣了一些科学家前往巴拿马运河地区，控制当地的虫媒疾病。这些科学家记录了在地峡还未被发现的动植物。史密森尼学会意识到这里的生物丰富度范围十分广阔，需要做更多研究加深了解，因此有必要在该国保留一个据点，接着史密森尼学会便成功做到了。从那时起，据点已经扩展到今天的 6 个野外观测站，从大洋海岸延伸到热带森林，它们共同组成了史密森尼学会热带研究所（STRI）。史密森尼学会热带研究所的野外观测站不仅是在野外工作的科学家的庇护所，它们还是科学研究的中心，是世界各地数千名科学家的工作平台。

　　然而，对于对深时理论感兴趣的科学家来说，巴拿马是其地峡的代名词。构成这个国家的"S"形脊柱的上升体现了近代地球历史上的一个关键时刻。海洋曾自东向西横扫超过 1.5 亿年，南北美洲之间没有任何大陆桥。今天那座巴拿马的狭窄大陆桥是由大约在 300 万年前的一系列火山活动和造山运动引起的构造碰撞的结果，这些碰撞导致足够多的陆地被向上推，最终脱离水面，完全切断了太平洋和大西洋之间任何的赤道交流。

　　当我们的卡车慢悠悠地穿过丘陵地带错综复杂的绿色森林和农场时，沿途的道路切口显出砂质、灰色的海相岩石，我知道这些岩石比大陆桥还要古老，它们被持续挤压的地壳构造抬升了。豪尔赫拍下照片，回忆地峡是如何改变了世界——地峡同时改变了陆地和海洋生态系统。陆地物种，甚至包括来自南方的犰狳和大地懒，以及北方的熊和骆驼这样行动缓慢的物种都能利用大陆桥随意漫步。对于海洋物种来说，大陆桥意味着对全球洋流的彻底重组。它切断了苔藓虫、蛤类、珊瑚礁鱼类，甚至可能是鲸类各自的基因流动，并分离了它们的演化路径（虽然有些鲸类在无冰的间冰期已经迁移到了合恩角，甚至北极）。

中午刚过，我们就到了皮尼亚小镇，跟着 GPS 的航迹点，我们沿着长满藤蔓和灌木的狭长山崖漫步到了化石遗址。潮水很容易改变裸露岩石的表层颜色，因此需要花点儿时间才能找到头骨的精确位置。在赤道阳光的强烈直射下，我和豪尔赫在潮湿的砂质岩石上工作，这里狭窄而拥挤，我们几乎是鼻子对着鼻子，尽量小心不要撞到头骨或是彼此。平时采样时，我们会花更多的时间，沿着网格绘制骨头，但这次我们是在和潮汐赛跑。多年的解剖学培训经验指导着我，告诉我埋在下方的骨头可能的位置，但是直到你开始小心挖掘之前，你都无法确切知道它的位置，所以在这种情况下我们要尽快。当我们挖得更深的时候，我们在头骨下面发现了一组下颌；我的锤子击在骨头上留下了一个清晰的裂口，这让我很懊恼。"这就是胶水存在的原因。"豪尔赫开玩笑道，这是常用的一个哏。我们涂了一些丙烯酸胶，然后继续工作。

眼看潮水即将涌来，我们设法在一整块包含头骨和下颌的岩石下挖地道，把咖啡桌大小的石块用石膏绷带一卷一卷地卷起来包住。我们把石块和设备拖上岸来，休息了几分钟，这是 4 个小时高强度工作后的首次休息。明天的潮水会和一年中其他时间的潮水一样，在错误的时间或高度涨退，令我们无法采样。

精疲力竭、汗流浃背，我们微笑着举起彼此苍白的手，在石膏块上贴上所有合适的标志，使其能以正确的朝向运回到实验室（"此面朝上"），描绘出头骨和下颌骨位置的大致轮廓，并标记出石膏保护层的开口处（"从这里切"）。几个月后我们才知道，当时我们正在包裹的是一个新的科学物种，它最终将告诉我们关于鲸类灭绝和入侵河流的故事，就像它告诉我们关于巴拿马地峡的故事一样。


许多种类的鲸，甚至是大型须鲸，偶尔会向大型淡水河流迁徙，但绝大多数都是过客，只是出于好奇或者仅仅是迷路了。只有少数真正的淡水豚支系存在于此，它们需要专门生活在远离海洋数百千米甚至数千千米的淡水河流中。要想到它们的栖息地，得穿上靴子，在森林、溪流和乡村的内陆进行泥泞的科学探索。这些淡水豚默默无闻，数量越来越稀少，意味着很少有人能有机会亲眼看到恒河或亚马孙河中野生的、活着的淡水豚，这些河流是它们最后生存的地方。

我们对淡水鲸类生活所需要的适应性范围有很好的认识，因为栖息地从海洋到河流的转变在鲸类身上已经发生了好几次，跨越了几个不同的大陆。我们可以将每条演化树支系的形成看作一次演化试验，它们的共同特征能告诉我们鲸类适应淡水栖息地所需的更广泛的演化解决方案。例如，与几乎所有的海洋鲸类不同，淡水豚的背鳍都很低，脖子很灵活。它们的鳍肢宽、呈扇形，而不是镰刀形的。它们的眼睛特别小；有一种南亚河豚，几乎没有眼睛。科学家们怀疑，后一种特征与河流内悬浮的沉积物造成的高浊度环境有关；这意味着它们不太重视视觉，这对能回声定位的哺乳动物来说影响不大。回声定位相当于用声音来观察，想象一下，齿鲸拥有一个声学手电筒，其声波束随着头部的转动而聚焦，这些声波束能扫描外部环境，反射外界任何事物的回声，无论是非生物的，想获取的（例如猎物），还是要避免的（例如捕食者）。

或许令人惊讶的是，生活在淡水中似乎并不需要大幅度的改变。鲸类适应淡水生活不需要演化出任何新特征，它们只需要强调或重新定义现有特征。另一个特点是，淡水豚生活的环境已经回到了大约 5000 万年前的淡水系统，与它们的祖先居住的环境相同，也就是巴基鲸时代的淡水系统。


分析鲸类最终如何适应淡水生活，最终要回归到分析单一标本。要了解任何物种或支系，科学家必须首先从这样的单一个体开始研究。这些单一标本被称为"模式标本"，它们是登峰造极的原始参考资料——任何其他可能是该物种的标本都必须与之比较。更实际的是，模式标本需要由博物馆保管，在那里，任何科学家都可以看到它们、研究它们、测量它们，在某些情况下甚至可以破坏性地采样。

模式标本对于已经灭绝的物种很重要，因为它们是任何生物学问题的试金石——一旦最后一个个体死亡，科学家就没有办法增加样本量，没有办法分析该物种随年龄发生的变化，或者研究一个性状随该物种世代的变化（这是演化的动力）。这个世界上已知的最后一头白暨豚于 2002 年在圈养环境中死亡。从那以后，再没有人见过白暨豚的身影或听过白暨豚的声音；科学家在 2006 年进行的最后一次白暨豚调查中没有发现任何白暨豚。

白暨豚的模式标本存放在美国国家自然历史博物馆海洋哺乳动物展厅西翼的一个箱子中，它采集于一百多年前，由年轻的猎人查尔斯·麦考利·霍伊采集。霍伊当时受雇于史密森尼学会，在中国湖南的山谷间采集鸟类和哺乳动物标本。和许多渴望扩大收藏品范围、从世界偏远地区采集标本的自然历史博物馆一样，史密森尼学会聘请了兼备当地财力和雄心壮志的他：霍伊是传教士的小儿子，他了解中国内地的农村。他意识到，在长江中下游的湖泊中，生活着两个不同物种的鲸类动物：白暨豚；另一种是体形较小的长江江豚，霍伊称之为"黑色物种"（它们目前濒危的原因与白暨豚灭绝的原因相似）。

如果我们想知道白暨豚在消失之前是什么样的，包括它是如何移动的，食物是什么，繁殖地在哪里……在少数幸存的白暨豚被转移到具体的圈养环境之前，我们可以阅读霍伊的描述。他的记述始于 1916 年冬天，那时他和同伴们正在猎鸭，偶然发现了一群白暨豚，这是一个他一直渴望得到的物种。当天的唯一一张对外公布的黑白照片上，霍伊戴着宽大的帽子，手持来复枪跪在约 136 公斤重的未来标本身后，白暨豚尸体的嘴被棍子撑开了。霍伊的表情平静，像是压抑着骄傲，也可能是刻意表现出来的。他的记述告诉我们，白暨豚以 10 到 15 头个体为群游动，通过搅动湖底泥泞的水来捕食鲇鱼，霍伊在这头模式标本的胃里就发现了鲇鱼。霍伊的报告还告诉我们，当夏天湖水水位上升时，白鳘豚就消失了，很可能沿着流入湖中的其他河流向上游游去，去繁殖后代。就像静默的博物馆档案里的成千上万张现场笔记一样，霍伊描述的采集经历告诉了我们如今我们无法亲自了解的事实。自从一名年轻的猎人碰巧在距海洋1100千米外的牛轭湖射杀了一头淡水豚后，世界就发生了变化。

自我和豪尔赫采样大约一年后，那个从巴拿马运来的装有包裹着化石石膏的板条箱到达了博物馆，预期的官僚式拖延经常令我（和许多其他科学家）感到沮丧。在博物馆里，我和豪尔赫把板条箱推进了古脊椎动物学预备实验室，那里的工作人员熟练地掌握了解剖学与其他专业的操作技能，并且很了解材料特性，他们开始挖掘包在石膏和岩石中的化石。在几个月的时间里（事实上，工作能快速推进在一定程度上得益于岩石的柔软性），他们锯开并撕开硬化的石膏绷带，然后慢慢地在头骨周围一层一层地刷、刮、钻去沉淀物。有时他们的操作工具涉及重型机械，如气动锯；有时，他们的工具只需要用到一根简单的牙签，去剔掉沙砾。在这里，艺术工作与解剖工作相互协作。当然，胶水总是要拿在手上的。

慢慢地，化石的其他部位越来越多地显现出来。豪尔赫和我每周都能看到整个头骨被一点一点地揭露出来的过程，这些头骨特征与之前报道的任何物种的头骨特征都不相同。如果这个被寄予希望的化石最终被证明只是普通的化石，我会很失落；这次却恰恰相反。当我们看到眼前显露出越来越多的精致而不完整的化石结构时，我们开始期待，我们越来越确信它属于一种已经灭绝了数百万年的齿鲸。对于博物馆的科学家来说，头骨远不只是战利品——尽管它们偶尔也有这种魅力。头骨里的器官控制着鲸类生命中最重要的功能：进食方式、视觉、听觉和思考能力。这些器官往往反映出鲸类适应某种生态环境的能力（例如生活在浑浊的水中）。因此，头骨往往具有许多特征，从而帮助我们鉴定物种。

在巴拿马发现的头骨残缺不全，太脆弱，太笨拙，不好拿。利用在鲸之陵运用的技术，豪尔赫和我扫描了这块头骨，这为建立数字三维模型提供了基础，随后我们打印出一个与原头骨体积等大的塑料三维模型，这样我们可以随意检查和操作——不过我们还是把原头骨留在身边，放在一个特殊的托架里以便获取具体细节。

由于暴露在潮汐中，巴拿马头骨的大部分头盖骨和左侧都被潮水侵蚀了。不过我们至少还有完整的头骨顶部结构；当我们把它和白鱀豚的头骨并排放一起时（霍伊于1918年将那头白鱀豚尸体的头骨和其他几块骨头给了史密森尼学会），它俩看起来有点儿像。霍伊的白鱀豚头骨有不规则的金色，像是用木头雕刻的；两块头骨都有长长的吻部和相对圆锥形的尖牙。它们鼻道开口后侧的最高点，都有基座状的突起，如此相似的结构也令我们感到震惊。

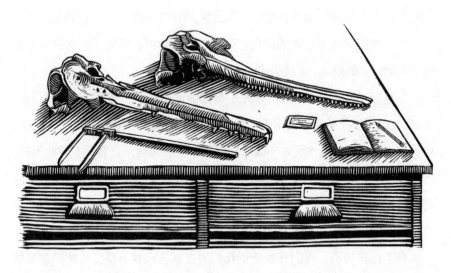

*Isthminia panamensis*（暂无中文正式名）和 *Lipotes vexillifer*（白鱀豚）

然而，仔细观察发现，这两块头骨的结构并不完全匹配，我们决定扩大巴拿马头骨与其他淡水豚头骨的对比范围。事实上，我们所考虑的问题已经困扰了学习淡水豚骨骼学的学生几十年：淡水豚物种之间的相似性是因为它们拥有共同的祖先，还是仅仅是生活方式的趋同？换言之，它们的吻部之所以这么长，是因为它们的共同祖先恰好长了长长的吻部，还是受选择影响，它们随着时间的推移各自演化出了类似的特征？

淡水豚生活在分离的大陆河流中，这似乎是揭露它们演化史的一条重要线索。20 世纪中叶，大多数专家固执地认为如今被分为四个不同物种的淡水豚——中国的白鳍豚、印度及相邻国家的一种淡水豚和南美的两种淡水豚——同属于一个分类群体。这一分类暗示着这些动物存在相同的演化起源，这种说法事实上武断地认为，所有河豚彼此之间的亲缘关系要比它们与任何其他物种的亲缘关系更为密切，无论是现生的还是灭绝的其他物种。一般来说，这种观点将淡水豚默认为是鲸类版本的活化石：所谓的古老物种，由于一直生活在淡水中，因此才刚好能生存下来，它们是一种单一而广泛分布的海洋祖先的后代。这种观点认为细长的吻部是这些淡水豚拥有共同祖先的结果，而不是趋同演化的结果。

从这四个淡水豚物种的 DNA 中得到的证据显示，它们有着不同的祖先，而且除了彼此是表亲的南美物种，它们都属于鲸类演化树上的不同分支。换言之，世界上的淡水豚并不属于任何同一自然类群，它们大多彼此无关。这一分子水平上的发现意味着淡水豚支系从不同的祖先，甚至可能从不同的时代，就开始在不同大陆的每个河流系统生存。细长的吻部是自然选择的结果，能在混浊的河流中捕捉猎物。

有了这些知识，我们开始分析我们的巴拿马标本：我们是从巴拿马加勒比海沿岸的海相岩石中采集来的，这些岩石在 S 形地峡形成之前就已经有 610 万至 580 万年的历史了。这块头骨相对较大的眼睛，以及其他更细微的特征，表明它曾经栖居于海洋，就像现代的远洋海豚。这种相似性令人感到迷惑；我和豪尔赫通过化石和现生物种分析它与其他鲸类的演化关系，发现它的近亲是现在的亚马孙河豚。我们将这个新物种命名为"*Isthminia panamensis*"，它与白鱀豚属几乎没有关系，只是远亲。相反，它也提醒我们，亚马孙河里演化出的生命特征也出现在了数百万年前栖居于中美洲海道上的海洋表亲身上。

在亚马孙河流域最远的地方，玻利维亚和秘鲁安第斯山脉的高处，或是自长江上游数千千米远的地方，淡水豚已经演化出一种特化的生活方式，一旦这些环境发生任何意料之外的变化，它们就极有可能灭绝。那些分布广泛的海洋物种，它们在环境出现变化的时候可能会游到其他地方避难，而淡水豚不同。物理隔离对淡水豚来说，意味着当它们的栖息地环境突然变得危险时，它们的逃避方式非常有限，它们无处可去。

各式各样的人类活动加剧了淡水豚被逼进这种死胡同的危险。首先，大规模的栖息地被改造，改变了白鱀豚适应的生态系统的各个方面，包括地理、水流、季节性和猎物。这种涉及方方面面的广泛变化表明，任何淡水豚都很容易灭绝，特别是当考虑到人类直接控制水道的方式时，这些方式（迄今为止）不可避免地造成了更多的水质污染、噪声污染和兼捕行为。水质污染和噪声污染对淡水豚健康的损害可能受限于阈值和局部浓度，而兼捕行为则会对淡水豚产生直接伤害，尽管人类是无意的，但还是无意间从生态系统中移除了这些动物。

有时我们描述这些危险的词语时会忽略它们带来的巨大影响。"兼捕"听起来很抽象，几乎像是一个经济变量，但正是它导致了每年有超过 30 万头鲸类动物（大的和小的、常见的和濒危的）死亡。在这些因兼捕濒临灭绝的物种中，有一种名为"小头鼠海豚"（也被称为"加湾鼠海豚"）的鼠海豚科动物，它们自 1958 年才为科学界所知。它们仅分布于墨西哥加利福尼亚湾的北角。它们是鲸类动物中体形最小的一个物种，行踪诡秘，极难被研究。它们的体形小到你可以张开双臂抱住一只，但是你很难做到：因为就在我写下这些文字的时候，全球只剩下不到 30 头小头鼠海豚了——如果你和正在寻找它们的科学家交流一下的话，得到的数字或许会更小。

过去几十年里，小头鼠海豚的命运一直与加利福尼亚湾石首鱼联系在一起，加利福尼亚湾石首鱼是一种大型鱼类，和小头鼠海豚一样，也只生活在加利福尼亚湾。在亚洲市场上，一块被拉伸晒干后的加利福尼亚湾石首鱼鱼鳔就可以卖到几千美元。在那里，它们被当作礼物、嫁妆，更奇怪的是，被当作药品使用。一条可能与犯罪企业有关的非法全球供应链，显然是导致市场对这些鱼鳔需求有增无减的罪魁祸首，这种需求只会随着加利福尼亚湾石首鱼的数量变少而增加。在加利福尼亚湾，非法刺网不加选择地猎捕小头鼠海豚和加利福尼亚湾石首鱼，导致它们成了当地和世界市场的牺牲品。

小头鼠海豚

非法捕捞对小头鼠海豚来说是最直接的威胁，限制非法捕捞计划在实施了几年之后收效甚微，以失败告终，拯救小头鼠海豚的行动计划因此进入了一个没有先例的新阶段：捕获所有幸存个体，将它们运到庇护海湾，在控制和缓解它们的生存环境里的威胁之前，将它们保护起来。这项行动的规模巨大，来自世界各地的一百多名科学家参与到了其中，包括兽医、行为生态学家、声学生物学家和渔业科学家。他们在水中使用了一系列的监听设备来探测这种性格腼腆的鼠海豚的踪迹，并在一个准备充分、背水一战的转折时刻，引进了美国海军训练的海豚，就像牧羊犬一样，来围捕小头鼠海豚。

　　人们以前从未尝试过这样的做法，因为这种迁地保护措施所面临的风险是由小头鼠海豚本身引起的：当小头鼠海豚被拖出水面时，即使是很短的一段时间，它也会惊慌失措，这意味着抓捕和囚禁造成的精神压力会直接刺激它们，导致它们死亡。不幸的是，这种情况的确发生了：在成功捕获并释放一头幼崽后，该团队捕获的第二头小头鼠海豚被精神压力击溃而死亡。经过深思熟虑，这项抓捕工作因动物的死亡而中止了，同时也使人们意识到了小头鼠海豚面临的巨大困境：如果人类什么都不做，它们几乎肯定会灭亡，但捕捉任何活着的小头鼠海豚并试图实施圈养繁殖计划，也只会加速它们走向灭绝的命运。

　　灭绝确实有一条固定的时间线，它会在某个物种的最后一只个体死亡时开始计时，但实际上，对于想要测量一个生物类群的存活率的科学家来说，它更像是一种概率描述：我们会在很长一段时间内都没有看到某个物种的时候认为它已经灭绝了。换句话说，知晓灭绝是一个概率的游戏，但不是绝对的。想想人类历史上有过记载的任何灭绝物种。更多时候，这是一个物种衰落的过程，人类目击和捕获该物种的次数会越来越少，直到它沉默了很多年。就鲸类而言，它们难以接近，生活空间广阔，要坚定地声称它们面临即将灭绝的命运更不容易。即使对于地理分布有限的鲸类，例如淡水豚或小头鼠海豚，我们也很难精确地计算出具体的种群数量，因为我们仍然不可能用视觉或听觉设备调查动物栖息地的每个角落和每处海湾。因此，即使是自 2002 年以来野外从未出现过的白鱀豚，有时也被定性为"功能性"或"有效性"灭绝,以此来应对我们判断错误的可能性,或希望。我们可能永远不会认识这个物种最后的幸存者,因为灭绝,特别是水生动物的灭绝,是悄无声息发生的。

历史上演化出的大多数鲸类物种都已经灭绝了,这是地球上 5000 万年历史的真实写照。这些动物失踪的最终原因还不完全清楚。古生物学家认为这与栖息地改变、物种的极度特化、竞争或捕食有关,但事实是,由于缺乏诸如大灭绝等事件的便利标记,我们很难找到清晰的解释。

当前的世界会生成这样的场面,不存在任何不确定性:人类各种形式的活动对鲸类产生了巨大的灭绝压力。白鱀豚和小头鼠海豚的命运可能出于不同原因而被终止,但都主要与它们特殊的历史和遭遇的人类活动有关——白鱀豚遭遇了大规模的栖息地改造,小头鼠海豚遭遇了人类的渔业兼捕。

虽然直接捕鲸对鲸类带来的危害程度比过去小了许多,但海洋噪声、栖息地改造、兼捕和水质污染等间接原因,如果不加以控制的话,会是鲸类物种在不久的将来灭绝的主要原因。全世界的博物馆里总共有大约 6 头白鱀豚的标本(包括存放在史密森尼学会的模式标本),北美洲的自然历史博物馆里有 29 头小头鼠海豚的标本。如果这些记录有增加的话,数量也不会多,它们构成了我们所拥有的这两个物种的全部物质遗骸。有些鲸类物种的标本,我们有成千上万具;还有一些其他的鲸类物种,特别是喙鲸科动物,我们知之甚少,我们对这些物种的全部生物学了解都依赖于存放在博物馆抽屉里的一个头骨上。对于那些真正意义上仍然神秘莫测的物种来说,科学家根本没有足够的信息以某种方式来论证它们在人类世的海洋中的生存能力。如果我们想留住这些物种的话,我们首先得知道它们是什么。

# 16

## 人类世的演化

　　在阿拉斯加海岸亚历山大群岛的内侧水道里，我正通过双筒望远镜看着一对座头鲸；简·斯特拉利，一名生物学教授，则站在舷外引擎旁。几个小时以前，我们已经给这两头座头鲸打了标记，现在我们正沿着它们缓慢游动的路径穿过水道。它们每次出水呼吸，我们都会记录下它们的方位和距离。我们放慢了跟踪的速度，这些鲸的节奏也保持得很好——在水面上呼气 5 次，然后下潜若干分钟，再上浮到水面，如此反复。突然，在一串呼气的过程中，这对座头鲸突然变更了呼吸频率，它们呼气的时间变短了，并且很快就潜入水，然后一直待在水下。

　　过了一会儿，我明白了：我看到了一片高耸的背鳍在海面上穿梭，这样的背鳍只可能属于一头成年的雄性虎鲸。这片细长的三角形背鳍像是把光都吸收了一般，从远处看，就像有人在空中挖了一个洞。这片背鳍很高，大概有1.5米，在露出水面的瞬间摇晃着，然后又潜入镜面般的水面。紧跟在这片大背鳍后头的，是几片短而圆的背鳍，这些背鳍可能属于雌性和年幼的虎鲸。它们游动得很快，陆续浮出水面，朝着座头鲸和我们的船前进。这一群虎鲸大约有 6 头，在那之后它们没有再出水，直至在我们身后留下了声响。

　　由于没有天敌，虎鲸群在海洋里能够无拘无束地活动，它们是海豚科中体形最大的物种，它们狡猾又多疑，它们所表现出的引人注目的行为无愧于它们常用的绰号"杀手鲸"。作为海洋中的顶级捕食者，它们的猎物名单里包括了所有的其他海洋捕食者：大白鲨、须鲸、其他海豚、鼠海豚、海狮、鲑鱼和鱿鱼。虎鲸甚至会猎捕那些在错误的时间和地点涉水的不幸的陆生哺乳动物，甚至包括鹿和驼鹿。虽然人类在过去和现在都猎杀过虎鲸，但是只有水族馆里的虎鲸才有故意伤害或者杀死人类的记录。尽管如此，这些虎鲸群在水中游动的方式还是让我感到既惊讶又不安。我们的小艇和这些穿过水道的黑色生物保持着一定的距离，这使我感到庆幸。

一头成年雄性虎鲸体重可达 10 吨，体长可达 9 米。虽然一头成年座头鲸的体重是一头成年虎鲸体重的 4 倍，但事实上，虎鲸是以群体为单位共同狩猎的，这使得这两种动物的战斗力对比的计算过程变得更加复杂。座头鲸荷叶边状的鳍肢长度是身体长度的三分之一，可以用来作为自我防御的武器——想象一下一头 40 吨重、带着 4 米长"风车叶片"的鲸旋转起来所造成的威慑力。虎鲸群毫无疑问会去骚扰成年座头鲸，尽管它们可能更愿意猎杀座头鲸的幼崽，但它们也可以通过合作猎杀比自己大得多的成年个体。

简謦见我惊讶的表情，漫不经心地说："哦，有趣。"——这是一个见过许多阿拉斯加自然生态的人高兴而又内敛的反应。"这些可能是过客型虎鲸。"她说,过客型虎鲸是以哺乳动物为食的虎鲸生态型。在美国西部沿海,科学家发现了三种不同生态型的虎鲸,每一种生态型在基因和行为上都有差异。除了分布在阿拉斯加到加利福尼亚、猎捕哺乳动物的虎鲸外,还有专门捕食洄游鲑鱼群的居留型虎鲸。居留型虎鲸具有强烈的母系社群特征,并且经常通过叫声交流,而过客型虎鲸多是由不相关的个体组成的流动群体,这些虎鲸只有在秘密地成功猎捕其他哺乳动物之后,才会发出叫声。第三种生态型(离岸型)虎鲸鲜为人知,尽管一些研究表明它们以鲨鱼为食。我将注意力转移回船上,不到几分钟,座头鲸就重新浮出水面,据我们所知,刚才没有任何外在的迹象表明水下发生了什么,随后它们继续沿着蜿蜒的路线在绿树成荫的岛屿间穿行。

锡特卡坐落在阿拉斯加东南部的岩石海岸和雪山之间一块狭窄的土地上。如今这里的居住人口只有不到 1 万,但是它位于阿拉斯加延伸出来的狭长地带,所以长期以来,它一直是一个便利的探险活动起点,包括我在史密森尼学会的前辈,他们组织了最早的一批探险活动。当时对于西方科学家来说,阿拉斯加仍然是相对未知的地区,只知道美国 1867 年把它作为自己的领土买了下来。在这 10 年中,史密森尼学会的科学家们沿着阿留申群岛的内陆或外围穿过锡特卡,前往阿拉斯加。19 世纪在阿拉斯加旅行的科学家很少会把自己归类于我们现在所说的古生物学、哺乳动物学、鸟类学和软体动物学之类的专业中去——他们只是博物学家,兴趣广泛,目光谨慎,勤于收集资料。他们工作期间积累了许多样本,这些样本能继续向我们介绍北极圈附近的美国荒野。对我来说,在锡特卡待上一段时间意味着我在重复他们走过的路。我在那里也在开展着跨学科的工作——给座头鲸做标记,采集出现在那附近的许多散乱但诱人的渐新世岩石。

一个休息日,简和我来到锡特卡海峡科学中心,这是一个坐落在一所翻新的学校里的非营利中心。中心内的其中一个触摸池上方，悬挂着一头曾经搁浅在克鲁佐夫岛附近的年幼虎鲸的骨架。克鲁佐夫岛是一座低矮的锥形火山岛，静静地耸立在小镇北边——它犹如一颗定时炸弹，提示人们地质规模那么强的力量随时可能爆发，而且一旦爆发，附近的生命将受到极大的威胁。人们用海岸警卫队的直升机将搁浅的虎鲸尸体分段运出克鲁佐夫岛的黑沙滩。在后来的尸检中，研究人员在这头虎鲸的胃里发现了一堆骨头、毛发、胡须和爪子，它的最后一顿饭看起来是一头港海豹。这些胃内含物能够确定，这头虎鲸属于以哺乳动物为食的过客型虎鲸，死亡时大约 7 岁（基于后期对其牙齿切片的研究）。

尽管虎鲸也曾乐意捕食须鲸，但捕鲸时代的人类大规模掠夺了虎鲸的这些食物来源，这意味着它们必须通过捕食其他可获得的猎物来补偿，例如海豹、海狮等鳍脚类和海獭。在有大量关于下行营养级论文作为基础的后续研究中，吉姆·埃斯蒂斯和他的同事认为，事实上，商业捕鲸后大型鲸类的生物量减少，是北太平洋以海洋哺乳动物为食的虎鲸在摄食方面发生根本性转变的原因。他们认为，虎鲸消费的营养级在逐渐下降：在大型须鲸被人类大量捕杀之后，海狮和海豹种群也受到了冲击，然后是海獭。生物学中没有任何种群之间的关系是完全干净独立的，特别是在海洋生态中，人类活动带来的无数影响都可能使这个简单的解释复杂化。尽管如此，在计算了虎鲸的卡路里需求和它们捕捉的猎物所能转化的能量，并查阅了有关虎鲸攻击须鲸的历史数据文献之后，他们还是发现了足够多的证据来支持这种观点，即在 20 世纪后半叶的北太平洋，虎鲸的摄食行为发生了转变，导致海洋哺乳动物种群中发生了各种我们所见的生态效应。

这一说法引起了海洋生态学家之间大量而广泛的争论，因为它意味着虎鲸单凭对猎物的选择，就可以直接引发营养级自上而下的强大的压力。此外，这一假设还依赖于一些难以确定的事件：虎鲸在商业捕鲸出现之前多久猎食一次大型须鲸？现在的虎鲸多久吃一次海獭？生态间的相互影响，特别是对鲸类来说，是一个需要仔细侦察和推敲的问题。

　　无论要吃什么，虎鲸都会相互合作捕猎，这类似于狼群的群体狩猎方式。对于任何较小的鲸类或其他海洋哺乳动物来说，仅一头长着像木闩一样的硕大牙齿的虎鲸，就足以令它们感到不安了。若是合作狩猎的虎鲸集结成群，那这样的场景会令猎物的恐惧感直接翻番。多头虎鲸可以共同袭击一头体形更大的生物，甚至是蓝鲸，它们通过咬住猎物并将它拖下水面，使其溺死。当它们的猎物是幼崽或是与它们大小相同或更小的物种时，这是一种非常容易实施的策略。猎捕成功后，虎鲸会用牙齿把猎物的肉剥下来；由于没有手跟拇指，它们需要协同操作，一起朝相反的方向拉扯猎物。随后整个群体会共同分享食物，就像许多其他的哺乳动物一样。虎鲸还会做出看起来像是练习或者玩耍的杀戮行为：用它们强有力的尾巴将猎物猛地抛掷到几米高的空中。虽然人类对这种行为了解得不多，但是这种行为势必会让人类旁观者感到不适。

　　虎鲸群体也有很强的家庭纽带，因此它们是十分社会化的动物。一般来说，虎鲸群体是母系社群，雌性虎鲸保持着群体的领导地位——居留型虎鲸里，雌性首领统治着整个虎鲸社群，而在其他生态型的群体中，虎鲸之间的关系结构则不怎么体系化。在野外，虎鲸可以活到 90 多岁，但在圈养环境里，这一数字最多到 50。有些虎鲸可能完整地经历了商业捕鲸的巅峰期与低谷期，目睹了海洋和海岸食物网发生的难以形容的、翻天覆地的变化。藏在虎鲸牙齿和骨骼内部的化学物质历史或许可以讲述很多有关上行和下行营养模式的故事。

　　生活在食物网的顶端几十年，也意味着你的饮食习惯会令你持续接触并积累一些持久性的毒物。出于同样的原因，汞会富集在如罐装金枪鱼中，虎鲸体内含有地球上的哺乳动物中最易受污染的一些组织，它们携带了大量的化学物质，例如阻燃剂和复杂的有机分子，这些物质很难被分解。与北极地区的弓头鲸一样，虎鲸群也是人类化学遗留物的流动档案。对于生活在大城市沿海附近的虎鲸，例如生活在西雅图附近皮吉特湾的居留型虎鲸，它们的鲸脂富集的毒素可能会在它们的消瘦期侵入体内，损害它们的身体健康和生殖健康。

虎鲸和许多体形比它们小的近亲，例如宽吻海豚、飞旋海豚和真海豚这些远洋海豚一样，身体结构都是建立在同一框架之上的，除了虎鲸的牙齿数量更少、体积更大以及它们的身体体形也大了好几倍之外。当我们把大脑体积与身体体积之比（这一指标被称为脑形成商数，简称为 EQ）制成图表时，我们就能用量化的方法来说明海豚确实非常聪明。须鲸和淡水豚与灵长类动物的关系更密切，而海豚（包括虎鲸）的智商比除人类以外的所有其他哺乳动物都要高，排在人类之后，黑猩猩之前。在过去的 1000 万年里，海豚是地球上最聪明的动物。而人类的脑形成商数值仅用了几十万年的时间就超越了海豚。

如果能有机会在海豚死后保存它们的大脑——这十分难得，因为除非用防腐剂保存，否则海豚的大脑组织会迅速液化——我们可以看到海豚大脑两个半球的外表面有很深的波纹褶皱，就像我们人类的大脑一样。鲸类大脑皮层的形状和结构与鹿、绵羊和奶牛这些动物非常不同，尽管这些动物与鲸类的亲缘关系最为接近。我们很难从人脑的组成推断出功能，毕竟，要弄清 1000 亿神经元结构如何谱写交响曲，是现代神经科学中尚未解决的重大难题之一。但是海豚大脑的沟壑回转与我们的大脑相似，这告诉我们，海豚拥有的复杂和聪明的行为，在解剖学上是有证明基础的。

如果我们与虎鲸拥有结构相似的大脑，那么除了已知的生态学事实——比如虎鲸合作狩猎，或是具有可维持数十年的家庭结构——之外，它们是否还拥有与我们相同的其他行为？对于行为生物学家来说，镜像自我识别是一种大致判断观察者是否具备自我意识的方法，这反过来能表明受试者是否具备理解镜子里的并不是其世界的随机部分的能力。照镜子时能认出自己的脸的哺乳动物很少：人类、类人猿、亚洲象，此外可能还有两种鲸类：宽吻海豚、虎鲸。这项测试在概念上直接明了：在动物身上做一个标记，然后确定它是否在镜子里检查这个标记。但是要在受控的实验环境下测试是非常困难的，特别是对于没有对生拇指的水生哺乳动物来说。圈养的宽吻海豚是这项测试最适合的对象，而测试圈养的虎鲸则更为棘手。不管实验环境如何，现有的最佳数据表明，鲸类真的具备镜像自我识别能力。这些被测试的鲸类非常清楚，它们生活在被混凝土墙包围的地方，而不是像海洋那样复杂而充满活力的世界。我们处理这些信息的方法，取决于我们作为社会性物种的回应方式——当我们为娱乐而做出俘虏大型海洋捕食者的决定时，我们的法律、伦理和经济都参与了进来。如果脑形成商数是某些文化能力的广泛反映，那么可以合理地推测，鲸类社会在这颗星球上的存在时间大约是人类社会存在时间的 10 到 100 倍。它们的一些传统和行为有多古老？它们创造的哪些文化消失了？我们只能从骨头中读到这么多，也许我们还会想办法一并解答其他的疑问。

我们可以检视鲸类声学生活的复杂性，这是我们解决其中一些问题的方法之一。须鲸会发出多种声音，鲸歌里标志性的咆哮声和橡皮般的啁啾声只是其中一部分，还有一些人在海洋里听到的怪奇之声，研究人员目前还没有完全将其与特定的物种联系起来。（直到最近，研究人员才将几十年来听到的一种奇异的水下"咕嘟"声与小须鲸联系在一起。）齿鲸，如海豚、喙鲸和抹香鲸也会发出低频音，但它们主要通过从生物声呐结构中发出高频的咔嗒声和叮当声向周围发送信号，进行导航。这有点像晚上和朋友一起照着手电筒到处跑的声音模拟版本——凭借着光，你就能看到他们要去哪儿，他们在特别关注什么东西，并推断出他们的行动。齿鲸用于回声定位时所发出的一系列咔嗒声十分复杂，它们的频率、功率和结构都是可变的，信息理论数学或许可以作为解释和理解它们的信息内容的方法之一。

鲸类似乎在脱离我们人类交谈，那些急于弥合我们与鲸类之间的鸿沟的科学家并没有忘记这一事实。然而，我们和鲸类的鸿沟，比我们和黑猩猩以及其他类人猿之间的鸿沟要宽得多，至少我们和类人猿有共同的身体形态、生态和交流模式。而对于鲸类，要破译它们内部共享信息中的重要思想，这可是一项艰难的挑战。来自水下 1 千多米深的抹香鲸发出的咔嗒声可能在传达关于午餐地点或宇宙意义的想法——我们无法分辨或知道两者之间的区别，因为我们无从知晓它们的语言背景，因此这样的语言对我们来说失去了意义。所有试图从鲸类的吱吱声、唧啾声和啪啪声中破译其语言的尝试都失败了，因为鲸类生活在一个对我们来说十分陌生的世界里。

最后一个关于鲸类智力的悬而未决的问题，落于鲸类的行为与认知之间：鲸类拥有文化。让我们暂时撇开艺术和物质文化不谈，把重点放在更广泛的文化定义上：任何储存在动物 DNA 之外、可以通过个体或世代传播的信息。这个定义符合许多鲸类物种的行为含义，就像黑猩猩和大象这些，除我们以外的其他动物一样。

不出所料，要证明鲸类拥有文化，最容易采集的证据来自它们的声学行为——内容丰富而神秘的回声定位声。以鱼类为食和以哺乳类为食的虎鲸生态型都有各自不同且奇特的声学曲目，在数百个母系群体中相互衔接，影响范围超过数百千米。抹香鲸有着独特的声学氏族，它们利用鲸类社会的联系，将交流规模扩大到跨越洋盆，影响数千个个体，传播距离达数千千米以上；除我们之外，它们可能代表着地球上最广泛合作的群体。抹香鲸氏族由多个较小的、长期稳定的社会单位组成，类似于虎鲸的社群结构。每个氏族都与多个母系群体相联系，这些母系群体是含有抹香鲸的祖母、母亲和女儿的多代社会，它们向长辈学习如何猎捕鱿鱼、哺育、照看幼崽，以及如何抵御它们唯一的捕食者——虎鲸（成年雄性抹香鲸在十几岁时，会离开其出生的社会单元，之后的生活相对独立，成为抹香鲸社会里的零星成员）。每个抹香鲸氏族里的个体都共用一种独特的方言，不同氏族的方言构成了抹香鲸在海上交流的共同基础。想象一下，过去的捕鲸业会对这些鲸类社会造成什么样的影响。捕鲸这样贪婪的人类行为，会抹杀掉整个抹香鲸氏族，这意味着某种完整的方言及其所有独特的文化传统可能也会同时被抹杀。

考虑到过去人类对鲸类的已知影响，现在哪种鲸类在人类世最有可能成功存活和延续呢？以下几个必要条件为我们提供了线索，告诉我们哪些鲸类能竞争到最后。第一，竞争成功的鲸类，体形要恰到好处。如今，几乎所有体形最大的鲸类物种，包括蓝鲸和露脊鲸，都在一个日益城市化的海洋环境中航行，同时也仍在努力从长达几个世纪的商业捕鲸的后遗症中恢复过来。蓝鲸、长须鲸、弓头鲸和露脊鲸都是在地球上演化而成的体形最大的动物，它们的体重超过 80 吨，甚至有些最大的个体，体重超过了100 吨。虽然这些体形很可能在摄食效率和远距离迁移方面达到一些平衡，但如今，极端尺寸的体形正导致它们面临被渔具缠绕和被船只撞击的风险。另一方面，许多小体形的鲸类物种，例如小头鼠海豚和长江江豚，它们的体形因地理隔离而演化成现在的模样，却要面临灭绝的危险。对于它们来说，一条河流或堤岸的改变可能就会危及整个支系。剩下的大多数鲸类的体形落于这两个极端之间；它们的命运与其他因素相关联，例如摄食对象和地理范围。

第二，不要挑食。从演化的观点来看，高度特化性允许物种利用特定的生活方式、栖息地或食物资源——例如寄生虫依赖于某个单一的宿主物种，或者蜂鸟食用某种特定的花的花蜜。如果这种关系的任何组成部分发生了变化，那么高度特化的动物可能被困在演化的"死胡同"里。专门以某种特定的猎物作为捕食对象的鲸类，例如依赖磷虾的蓝鲸和只吃鲑鱼的虎鲸，哪怕其猎物的数量特别丰富，如果某天环境突然发生变化，那么它们也可能缺乏足够的灵活性来适应新环境，特别是当海洋化学变化和温度变化波及它们的食物安全时。能以多种多样的猎物为食的鲸类，例如座头鲸或灰鲸，会比只在特定地点或特定时间以特定猎物为食的鲸类有更强的适应性。座头鲸和灰鲸的体形也适中，它们的体形符合须鲸里的"金发姑娘"原则，既不会太大，也不会太小。开放海域中多样而丰富的头足类则变成了抹香鲸、喙鲸和远洋海豚等齿鲸的大部分食物；头足类在人类世中没有将要消失的迹象，因此目前对于这些物种来说，至少不必担心食物突然减少。

第三，维持在全球范围的分布。一个广布全球的物种，不会由于地区性的灾难而灭绝，分布全球最大限度地提高了基因流动，也扩大了获取各种猎物的能力。在世界各地，我们都能发现抹香鲸、虎鲸和座头鲸的踪迹。即使某些区域性的种群是特有的——例如，虎鲸的不同生态型之间存在基因差异，并且它们的食物各有不同；阿拉伯海的某些座头鲸种群从不迁徙——而它们之外的其他种群则广泛分布在世界各地，为避免灭绝采取了最大可能的保护措施。

第四，文化可以起到帮助。虎鲸、座头鲸和抹香鲸都拥有文化，这种文化融入了它们的行为和社会结构，为抵御意想不到的变化增强了适应力，这是一种在不断变化的环境中创新的基本能力，毕竟，文化是具有适应性的。人类世的地球正在迅速变化，这对鲸类的危害在地理和时间尺度上是巨大而复杂的。淡水豚和小头鼠海豚这类物种似乎没有表现出与我们在其他鲸类身上发现的相同的文化特征。不过，因为我们对鲸类的思想知之甚少，所以用过于严格的标准来评判这一因素并不明智。

最后，没有什么是完美的。无论鲸类在人类世成功延续还是遭遇危险，上述四项因素并不能以一种清晰准确的方式适用于所有现存的鲸类物种。例如，蓝鲸在全球范围内分布，但它们达到了须鲸科动物的最大体形极限，并具备十分特化的饮食结构；它们也还在遭受持续的打击，而这一打击目前已经破坏了它们99%的种群多样性。它们几乎自相矛盾得厉害：令它们的效率惊人的因素同时也令它们容易遭受灭绝。或者再拿虎鲸来说：它们遍布全球，作为一个物种来说食性广泛，生活在拥有强大社会单位（和文化）的大群体中，所有这些都为它们在遭遇不可预测和持续变化的环境时，提供了维持稳定状态的保证。然而，它们位于食物链顶端，这使它们容易受到持续存在的污染物的影响，这些污染物在它们体内造成生物放大和生物浓缩的现象。而且虎鲸和蓝鲸一样，生活在人类文明的仁慈和诅咒之下。

当我想到挂在锡特卡的虎鲸骨架时，我思考了虎鲸是如何在我们眼前讲述演化的故事。作为一个物种，虎鲸的食物组成相当多样，但是作为不同的生态型，它们高度特化的习性、饮食（和文化），意味着这些不同生态种群之间的遗传差异一旦产生，就代表真正的支系分裂的第一步已经踏出，长久以往最终会分裂出新的虎鲸物种，尽管事实上，它们还生活在重叠的范围内。对于只吃哺乳动物、鲑鱼和鲨鱼的虎鲸来说，似乎没有回头路了。

与我们一样，虎鲸也有硕大的脑袋，在复杂的环境中过着复杂的生活——这些特征使它们的某些支系处于危险之中，同时也使其他支系继续以新的方式演化。也许，虎鲸和人类演化历史并没有太大不同，那时许多大脑袋的原始人也在争夺更新世的资源。当我们试图在鲸类和人类这两种文化之间的开阔海域航行时，还有许多神秘的事情等着我们去揭开。

# 17

# 鲸骨路口

当我们穿过北卡罗来纳州的外滩群岛时，秋天午后的微光拉长了万物的影子。我扫视着车窗外的沙丘和被风吹过的橡树灌木丛。我的妻子和儿子凝视着窗外，陷入了沉思，而我还在学步的小女儿正在熟睡，她的脸庞平静，胸口平缓地起伏。我开离了国道，把车停了下来，打断了大家的白日梦："喂，我们到了。"

"这不是公园，"我儿子瞥了一眼窗外说道，"你说过会有一个公园，还可以荡秋千。"妻子皱起了眉头看着我。"我知道，"我说，"我只需要几分钟，然后我们就去找那个公园，或者爬到博迪岛灯塔的顶端去，我们还没有爬过呢。"我主动提出。我们试图沿着海岸参观每一座灯塔。我儿子不怕高，有时候孩子们会在某些方面和父母大不相同。

他开始抱怨。"我尽快，"我说道，虽然我也没什么把握，"但是这次我们没有为国家博物馆扛标本，所以你不必留下来看守它们。如果你愿意的话，你可以和我一起去。"我被自己开的小玩笑逗笑了，其他人却不觉得它好笑。这就是身为古生物学家的你跟你家人交谈时会发生的情况。

我下了车，走到了一个护林员的小木屋前，那里有一块色彩明亮的牌子，上面写着"Whalebone Junction"。这个位于哈特拉斯角国家海滨北门的地点，以数十年前曾经安装在一个加油站前的鲸骨架命名。它像航路坐标一样屹立在通往基蒂霍克的北路和东路拐弯处的连接点，穿过一座通往大陆的桥。

今天，骨架和加油站都消失了。当然，这个地名激发了我的兴趣，原因则是比地名起源更重要的东西——深时理论：我们并不能确定在世界上某个地区的海滩发现的鲸骨是否属于现生物种，也许它们属于已经完全灭绝的物种，因为这些化石偶尔也会在离海滩只有几米远的水下，从富含化石的岩层里被冲刷出来。这些骨头可能是冰河时期的遗迹，也可能是地质时期数百万年前的遗迹，但你却无法知道真相。我认为和当地人聊天可能会比在互联网上闲逛得到的信息更多。然而我在小木屋里的收获，只有志愿者提供的模糊回忆和用手边的电脑搜到的一两条网络信息。我很困惑，于是谢过他，回到车上。

"看见了吗？没花多少时间。"我回到车上自夸道。大家的反应十分平淡。"露西醒了。"我儿子用缓慢而庄重的语调向我汇报。我妻子看向车后座，然后宣布："我想现在应该是我们去灯塔之前的吃冰激凌时间。""我也是这么想的。"我说。

我想起了我见过的一张黑白老照片，可能是在 20 世纪 50 年代拍的，照片里的鲸就是鲸骨路口的鲸。照片中，几个孩子靠在一具可怜又安装蹩脚的骨架上：破碎的头骨斜靠在一列椎骨上，下颌骨以滑稽又错误的姿势摆在头骨下面。这具骨架可能属于座头鲸、塞鲸或者其他中等体形的须鲸科动物。我之所以更关注这条线索而忽略其他常见的松散线索，是因为我希望这是一头灰鲸。灰鲸与须鲸科动物亲缘关系更近，但缺少柔软灵活的喉囊，体形也不算庞大。外滩群岛并不是追寻现生灰鲸的正确场所，因为现在人们并没有在这里发现现生灰鲸。然而，人们可以在这里追溯灰鲸的过去，展望它的未来。


如今，灰鲸是北太平洋数量最丰富的鲸类物种之一。名如其鲸，它们的皮肤是铁灰色的，表层点缀着斑驳的白色和黄色图案。它们的吻部比其他任何须鲸的吻部都更像喙，除了关节状隆起的尾柄上部，身体其余部分的轮廓都不太明显。与大多数须鲸不同，它们游得很慢，常在靠近海岸线的地方活动，目光敏锐的观鲸者可以从海边的高处俯视从而发现它们，或者也可以根据它们特有的蓬松、心形的喷潮形状认出它们。最近的调查显示，全世界的灰鲸数量加起来约为 2 万头，它们不均匀地沿着北太平洋海盆的东、西两侧海岸分布，分布区从朝鲜半岛一直延伸到下加利福尼亚。几乎所有的现生灰鲸都属于所谓的加利福尼亚种群或东部种群；而西部灰鲸大部分生活在俄罗斯的鄂霍次克海，它们的数量可能不到 100 头，而且仍没有得到很好的研究。

由于生活环境与人类的活动范围接近，数量又很丰富，因此灰鲸也是北太平洋的标志性鲸类——就像是现代世界的洞穴壁画，从美国圣迭戈到加拿大不列颠哥伦比亚省的停车场和市区商业中心，都可以看到与灰鲸实际体形同等大小的壁画，为这些地方增色不少。灰鲸的东部种群是地球上所有哺乳动物当中迁徙时间最长的，这使它们颇负盛名。在下加利福尼亚的太平洋一侧海岸，东部种群会在这里的潟湖度过冬季，随后，它们会带着刚出生的幼崽一起前往白令海和楚科奇海，利用盛夏的时间在那里的浅海海底觅食。入秋时分，它们会从阿拉斯加回到下加利福尼亚，往返的距离加起来大概有 16000 千米。从锡特卡到蒙特雷的小城镇，每年人们都会用观察或是聆听的方式掐算灰鲸经过当地的时间，在此时举办节日活动，大家穿上文化衫，准备摆件，庆祝灰鲸的经过。

灰鲸会在阿拉斯加附近的浅海海底觅食，因为这些栖息地的生产力非常丰富，蕴藏大量的甲壳类动物。夏季，光照的增加为海洋生态系统注入了更多的能量，使它产生足够的生物量来支持数百万海鸟、海象、大比目鱼和鲸的生存。灰鲸在须鲸中比较特别，它的食物组成范围特别广，它们也有对应的灵活的进食方式：像吸尘器吸地毯一样，它们可以吸吮布满无脊椎动物的软质海底，把猎物过滤出来吃掉；或者在水体中追逐并吞咽大群的浮游动物甚至是鱼群。灰鲸在海床上留下的捕食痕迹又宽又长，这些痕迹密密麻麻，可以完全重建海床，这使得一些科学家将灰鲸描述为生态系统的工程师。通过搅动沉积物并留下悬浮生物，灰鲸为白令海和楚科奇海的其他小型动物创造了可消费的食物网。

然而，灰鲸对于沿海栖息地的偏爱也曾导致它们差点儿惨遭毁灭。19世纪中叶，捕鲸船船长查尔斯·M.斯卡蒙以博物学家的敏锐目光，在他的船员于下加利福尼亚发现灰鲸的繁殖地后，发表了第一篇关于活体灰鲸的观察报告。随后几十年，灰鲸的数量急剧下降，因为它们成了北太平洋捕鲸人攻击的目标，到19世纪末，人们甚至不清楚是否还有灰鲸幸存下来。人类捕杀灰鲸的行为一直持续到20世纪。1946年，国际捕鲸委员会最终实施了对灰鲸的商业捕鲸禁令。之后的几十年里，熬过了南大洋捕鲸和苏联在北太平洋非法捕鲸的高峰期后，灰鲸的数量有所恢复。1994年，美国国家海洋与大气管理局（NOAA）参考《美国濒危物种法案》，正式将灰鲸从濒危名单中除名，宣布它们在不到100年的时间里从灭绝的边缘挺了过来。

从濒危物种名单中除名后，灰鲸的种群大多保持稳定。它们的恢复经常被吹捧为一件成功的物种保育案例，与同期损失惨重的其他大型须鲸物种形成鲜明对比。保护灰鲸不受捕鲸的伤害就像是给它们喘口气的机会，繁衍生息，但想要真正了解灰鲸及其潜在的未来，在时间上需要等更久、更远，并放眼观察北太平洋以外的地平线。


我的同事斯科特·诺克斯是一名职业的科学潜水员，他在离岸数千米的水下开展的工作，和我在陆地上做的工作是一样的：他也收集骨头，但他从海底收集，他用塑料软管代替地质锤吹走沉淀物，用脚蹼代替靴子。我们的采样活动都受到时间的限制，不过我担心的是化石可能会被潮汐破坏，他则需要担心气瓶里的氧气何时耗尽。

在美国东南部的航道和水下海岸线发现大型灭绝哺乳动物的骨头，这样的案例并不罕见。但是斯科特并没有在佐治亚海岸发现冰河时期的猛犸象或骆驼残骸，而是发现了鲸的骨头。在过去的数百万年里，每一次海平面的上升和下降都在海岸形成了独特的珊瑚礁，如今这些珊瑚礁都位于那些太深太冷的地方，珊瑚无法继续生存。显然，在那附近曾经有鲸类生活过，也有鲸类在那儿死去。斯科特和他的同事在那里找到了两块灰鲸的下颌骨。根据下颌骨的长度来判断，它们属于两头不同个体的灰鲸，并且都是幼年个体。在冰河时期，如果这里不是大西洋灰鲸的育幼场，那么极有可能曾经是它们洄游时需要经过的地方。

根据先进的年代测定技术测定，这两块下颌骨的年龄分别为 41000 岁和 48000 岁，说明这两块骨头的历史可追溯到最后一个间冰期。斯科特找到的这两块灰鲸骨头是过去几十年来在美国东岸发现的最古老的鲸骨，从卡罗来纳州的默特尔海滩到外滩群岛，从新泽西到长岛。在遥远的英格兰和瑞典，人们也发现了灰鲸的骨头，显示了灰鲸曾经进行过横跨北大西洋的一系列活动，这与今天横跨北太平洋的灰鲸没有什么不同。从这些骨头（包括史密森尼学会的馆藏标本）中提取的放射性碳元素为这些灰鲸的生存时期提供了一个明确的时间段，从冰河时期的最后一次冰期到大约 450 年前。这个时间段恰好结束于 19 世纪美国捕鲸的高峰期之前。那么大西洋灰鲸是什么时候灭绝的？它们又为什么灭绝？除非我们获得更多的化石或者更接近现代的带有 DNA 的骨头，否则我们无法对灰鲸这一已故支系有更多的了解。

如果灰鲸曾经生活在大西洋，而现在只生活在太平洋，那么它们是如何跨越洋盆的？海平面的变化将为跨越大洋提供少数入口。即使在海平面很高的时候，巴拿马的地形仍然高耸无法跨越。若绕过南美洲的合恩角，则需要行进超过 41000 千米，相当于绕地球一圈。灰鲸每年迁徙的距离可能连这个长度的一半都还达不到。我们怀疑，更合理的解释是，灰鲸通过穿越西北航道跨越了洋盆，不是因为加拿大北极区在温暖时期海平面会升高，提供一条开放的通道，相反，是因为现在的灰鲸可能已经在利用西北航道返回大西洋了。

我记得之前在某处互联网留言板上看过关于生活在太平洋以外的灰鲸的第一篇报道。几年前，以色列的研究人员拍到了一头从未见过的鲸，排除了其他可能，他们只能大胆猜测这是一头灰鲸：它有一条瘦弱的心形尾巴，身体呈斑驳的灰色，而且尾柄前端有指关节状的隆起。几个月后，同一头灰鲸（研究人员通过其尾叶上的白色斑点确认的）出现在了西班牙沿海。随后，在赤道以南的纳米比亚海岸又出现了类似的关于另一头灰鲸的报道及照片。

研究人员得出结论，这些灰鲸很可能是在接近冰层消融的夏季走错了路线，穿过了西北航道。从下加利福尼亚经北极向以色列迁移的路线，其直线距离加起来大约 38000 千米，这对于一头独自走丢的鲸来说是一个惊人的数字，但是我们知道这个数字和从下加利福尼亚绕过合恩角到纳米比亚的距离差不多。目前，关于这两头迷路灰鲸的报道可能只是传闻，但也可能是全球气候变化发生在北极的先兆。

北极现在和未来的变化实质上意味着北冰洋将从覆盖着冰的海洋向开阔大洋过渡。换言之，北冰洋今后将变得更像其他纬度上的海洋，但仍具备极地的季节性环境，包括夏季漫长的白昼。不受冰层影响的阳光能提高北冰洋的生产力，增加海底和水体的食物资源，那里是灰鲸和其他鲸类物种理想的栖息地。对若干代鲸类来说，从这条通道迁徙不仅意味着迁移到新的栖息地，这条通道还可能成为其他长距离迁徙的鲸类物种未来的迁徙路线，如座头鲸、塞鲸、小须鲸甚至是露脊鲸。如果说西北航道确实是过去的灰鲸的扩散路线，那么预计在 21 世纪的无冰夏季，北极海域将成为更多进入大西洋的动物的中转站，未来灰鲸可能比我们想象的离我们更近。

停下来吃完冰淇淋后，我们回到车上，离开了鲸骨路口。我花了好一段时间才把车开到灯塔，并把车停在了灯塔停车场。当孩子们爬出车子直奔灯塔时，一堆玩具、书和食物从车里掉了出来。就在灯塔的正前方，有一幢两层的方形房子，这是灯塔管理员的住所。这座 45 米高的灯塔砖房建于 1872 年，上面缀有黑白条纹。

我喜欢灯塔：它们面对着如画的海滨环境，为游人提供广阔的视野，还有它们的历史故事。19 世纪，灯塔是沿海基础设施和国家安全的重要组成部分。1883 年，我在史密森尼学会的前辈之一弗雷德里克·威廉姆·特鲁提议，由灯塔管理员记录鲸类搁浅的情况。国家海洋与大气管理局需要用将近 100 年的时间来建立第一批鲸类搁浅网络，该网络现在可以捕捉到在美国报告的任何搁浅鲸类的情况、时间和地点。

回到陆地上，我们的孩子沿着砖砌的小路从灯塔跑到附近的老灯塔管理员小屋。我儿子在自己发起的赛跑中超过了他妹妹，还拉开了不小距离。妻子紧挨着我走着，她握住我的手，捏了捏我的手指。灯塔不再需要人为管理，取而代之的是自动化管理；通过自驾游前来参观灯塔的活动也可能很快成为过去，这取决于海平面上升的速度。由于海岸线的侵蚀，岸边的灯塔在往后挪。我想知道灯塔还会再被移动多少次，以及我的孩子会见证到什么。作为一名科学家，我被试图理解这颗星球过去发生的变化的想法所吸引，而作为一名家长，我想知道我能为孩子的未来做多少准备。


第二天，我们坐在斩魔山海滩的高处，斩魔山就位于鲸骨路口的北面。孩子们没完没了地在海浪中挖东西，戳着湿漉漉的海漂垃圾，偶尔假装向海浪跑去。盯着橄榄绿的水面和湛蓝的天空之间的地平线，我发现自己分心了。在我负责监管的史密森尼学会收藏品中，那些灰鲸骨骼是沿着同一条海岸线的南北方向收集的，离纳格斯黑德和科罗拉只有几千米远。这些骨头磨损而粗糙，几乎不能称之为美丽，但它们以一种真实的方式描述着也许无人知晓的过去世界。灰鲸可能是古代的大西洋食物网中的重要成员，就像它们在如今太平洋中的地位一样。大西洋灰鲸能迁徙多远？它们要迁徙到什么地方去？它们在经历了多次冰川事件和海平面下降事件后幸存了下来，这些事件都改变了它们的栖息地——它们如何，又是为何从大西洋消失？它们有没有在如今的太平洋灰鲸身上留下任何遗传信息？所有这些疑问从根本上要从历史的角度来分析，鲸类与我们今天所看到的事物密切相关，不仅仅是苍白、虚幻的过去。

　　用福克纳的话来说，过去的鲸类世界并不是真的消逝了，它们甚至都不是"过去的"世界。考虑到这些骨头和疑问，我认为，即便在几十年后的秋天，人类看到灰鲸再次在大西洋海岸线浮窥，也没什么可奇怪的。也许它们会和曾经险些灭绝的北大西洋露脊鲸，以及始终活跃的宽吻海豚，一起游弋在海洋里。我想象着那些刚回到大西洋的灰鲸，它们身上带着生物标记，上方还有无人机伴随的画面——这些技术是人类感官的延伸，帮助我们更有效地捕捉它们隐秘的生活。如果我们不知道如何阻止海平面上升，那么当远在北极和南极的庞大冰川都融化时，也许我们只能从船上而不是沙丘上看到这些鲸了。外滩群岛这样的地方会滑入海浪之下，把过去未被人类发现的灰鲸鲸骨重新放回水中。尽管如此，未来仍然会有科学家渴望潜入水中，去追随在新世界的海洋里畅游的鲸类，对此，我毫不怀疑。

# 后记

　　我走在儿子的身后，切萨皮克湾温暖的海水包围着我的脚，他则在前面用海浪冲刷小石头。我一边盯着他，一边同我的同事戴夫·波西卡并肩散步。我知道我们此刻所处的海湾西边，是找寻鲨鱼齿化石和一些漂亮的贝壳的绝佳地点。马里兰州高耸的卡尔弗特悬崖就矗立在那里，在切萨皮克湾海岸线上，这里已经出产了数十万个中新世的化石，包括许多鲸类化石的头骨和骨架。我在史密森尼学会的所有前辈，例如弗雷德里克·特鲁和雷明顿·凯洛格，他们要么研究过这里的海洋哺乳动物化石，要么在这里收集过化石。

　　本来这只是个悠闲的周日，我们并未期望在此有什么重大发现。我没有带任何工具，主要只是想休息下，和我的儿子一起去外面走走；也许这能够激发他对化石的兴趣，就像当初激发我一样，不过我打算顺其自然。戴夫住在这附近的科学家悬崖社区里，他很乐意带我们在附近逛逛。不说别的，单单这个社区的名字本身对寻找化石来说就十分吉利。

　　突然，我儿子停在了一块滑到沙滩上的物体旁边。"爸爸，这是什么？"我走上前，跪下打算看个仔细。我和戴夫都对这类解剖结构方面的提问十分熟悉，一下子就认出了那是一头鲸的吻部。这块头骨的其他部分要么仍然被困在高处的悬崖里，要么已经从悬崖上翻滚下来，掉在了海湾里。经过一番仔细观察，我发现吻部左右的骨头在靠近回声定位结构的位置都有强烈的倾斜特征。我猜测这可能是奥巴斯托鲸（*Orycterocetus*）的头骨，奥巴斯托鲸是一种凯洛格曾经倾力研究的化石抹香鲸，研究的材料就来自这些石头。"噢，天哪！"戴夫微笑道。"安德斯！"我骄傲地说，"你刚才发现了鲸鱼化石哟。"对此，我四岁大的儿子还不知该怎么办。

我站起来叹了一口气，低声说："该死。"偏偏在不带挖掘工具的时候，你又刚好需要它。没有锤子，没有石膏，没有镐。我和戴夫交换了眼神。"这东西在高潮线以下，可以采样。"戴夫发表了看法，暗示我们能为史密森尼学会合法地采集这块化石。我把手伸进小背包，拿出了一把小刀，戴夫也有一把。夜幕很快就要降临，我们已经没有时间去戴夫家拿更多的工具。涨潮了，谁知道第二天这块化石还在不在呢？我看了看我们的小刀，看着这块沾满泥土的、浸着海水的物体。"好吧，我们开始吧。"我说，随后我们就开始了挖掘。

有时我们偶然发现的只是一些奇怪的物品，有时它们则是需要采集的重要科学发现。我认为这块吻部可能属于后者，因此十分值得花时间采集。抹香鲸是所有现生鲸类群体中演化历史最长的鲸之一，从标志性的抹香鲸莫比·迪克到超过 2300 万年以前的渐新世的化石物种。尽管化石记录中的抹香鲸在牙齿大小和头骨细微缝合处的细节有所不同，但是它们的头骨面部都有一个碗状凹面，用于装鲸脑油，那是它们用于回声定位的特殊物质，也是 19 世纪捕鲸人寻求的优质且利润丰厚的油。古代抹香鲸的化石遍布世界各地，主要以硕大而美观的牙齿为代表，有时一颗牙齿的重量和大小相当于一个红酒瓶。我们在鲸之陵遗址发现过它们。现生抹香鲸的牙齿被打磨得如象牙雕刻品一般光滑，主要是因为平日里进食了无数吨的鱿鱼。

我们刮去化石表面的沉积物，估计这块化石的尺寸，尺寸与奥巴斯托鲸的吻部差不多。我们需要将它抬上几层台阶才能到我们停车的地方。遗憾的是，这块吻部没有牙齿，只在上颌有深深的几道沟，那些牙齿原本被韧带固定在这些沟里。不过这块化石还是比我过去在悬崖上发现的化石更有价值。我脱去了 T 恤，用作搬运化石的工具。

我们在挖掘这块化石的时候，我会偶尔瞥一眼我的儿子，他将一块石头扔进了潮水中，没什么其他事情做。我想象了一下这块吻部化石被还原的场景，大约 1500 万年前的某个时刻，它属于一头活着的正在呼吸的抹香鲸。这头早已灭绝的鲸有生活史，有饮食特性，存活于一个已经消失的生态系统。我想知道这块吻部化石的主人的故事，也想了想古生物学家可能还难以回答的问题：这是一头雌鲸吗？它是具备文化的鲸类氏族的家族成员吗？这头中新世的鲸能和它现生的后代交流吗？它是如何睡觉的呢，是像现在的抹香鲸一样吗？垂直入睡，与同伴在水面下共同组成巨鲸森林？

为了了解鲸类，我们都将它们个体化，以破除它们的神秘感，无论是一块头骨碎块，还是扭曲的"咔嗒"声波的波形，或是尾叶上特殊的斑纹。我们给每头鲸起了熟悉的名字，或是字母、数字，来区分它们和它们的亲人，好像这就在某些程度上限制了它们的神秘感，让我们更容易了解它们的历史和生活。个体是很重要的，因为它们有时候携带着科学家赠予的最高级的事物，毕竟个体与最大的、最深的、最早的，有时也是最终的记录联系在一起。

科学就是这样发生的：在探究某个或一系列特定的问题时，将这些个体收集到一起，由此你可以搭建更广阔的框架，开始照亮鲸类难以接近的一面。当我捡起一块头骨或者一根骨头的时候，我会询问这些个体："你是谁？"这就是我研究的起点。我知道，并不是只有我会提出这一系列问题，这也是从活体采样飞镖里取出鲸类组织，或是透过水族馆里的观察板凝视着一头被圈养的海豚的科学家提出的问题。它们是谁？这就是我们最终都想知道的关于鲸类的疑问。

那天的晚些时候，待我的儿子入睡，我便动身前往华盛顿市中心的国家自然历史博物馆，把那块吻部化石拖到了我的实验室里。我在黑暗中把一辆手推车推到我的车旁，卸下了那块还包着湿透了的 T 恤的头骨。那天的早些时候，这块化石还只是一块卡在泥灰土中的无名大骨头。现在，它将被整理、清洁、测量、研究并保存下来，代代相传。它将获得自己专属的编号——USNM 559329，而我儿子的名字将作为它的收集者被记录在数据库中。它将加入史密森尼学会成千上万化石标本的行列，每一件标本都有自己的故事。这些故事都是有待研究的发现，有些平淡无奇，有些则可能改写课本，这就是科学如此有趣的原因。要从未知事物中提取出真相，取决于提出一个正确的问题，它的答案可能会告诉你许多关于鲸类过去、现在和未来的事情。

# 致谢

多年前，我就萌生了撰写此书的想法。我奔走于世界各地做科学研究的时候，就已经开始构思故事的片段。当我坐在摇晃的地铁里、凝视着飞机窗外以及在野外考察的静谧时刻——船上、岩石边和被风吹拂的海岸，这本书的草图和故事就逐渐在我的脑海里凝结。这些故事代表了许多调查鲸类过去和现在生活的场景，因此这本书里的故事不仅介绍了鲸，也介绍了那些为科学奉献的人。最重要的是，我要特别感谢来自圣地亚哥、卡尔德拉、利马、巴拿马城、圣迭戈、洛杉矶、贝克斯菲尔德、帕西菲克格罗夫、圣克鲁斯、伯克利、纽波特、西雅图、维多利亚、温哥华、锡特卡、足寄、墨尔本、惠灵顿、达尼丁、福利海滩、科学家悬崖和雷克雅未克的同事的友好与热情。

我对 Bridget Matzie 的信任和友爱深表感谢，她和 Esmond Harmsworth 对未经整理的文本初稿寄予厚望。如果没有 Emily Wunderlich 锐利的文笔润色与编辑，这本书还只停留在松散的小故事结构。Emily 能够从我不完整的故事的粗糙片段中找出陈述句，还能从我糟糕含混不清的表达中理解到文字的准确含义，对此我十分感激。Shannon O'Neill 是本书撰写过程中一位不可或缺的词匠、耳语者和治疗师。在早期阶段，Melanie Tortoroli 的劝告和指导引领我走上了正确的道路。我知道，这本书在维京所有工作人员的帮助下才有了正确的归属。他们，尤其是 Hilary Roberts 和 Cassandra Garruzzo，专业的精神和周到的照顾一直以来都令我安心。另外我还要感谢此书提及的史密森尼学会主要成员，包括 Carol LeBlanc，Brigid Ferraro，

Sue Perez-Jackson，Carolyn Gleason 和 Eryn Starun 的坚持与帮助。

Alex Boersma 精心制作了书中的每一幅插图。这些插图都是用麻胶版或刮版制作的原创作品，与本书的具体故事相呼应，制造出了一种通俗地看待世界的方法。这项工作再适合 Alex 不过了，不仅仅因为她是一名艺术家兼科学家，还因为她掌握的鲸类知识都是由她自己用气凿、剥皮刀和打标记的杆子获得的。感谢您一路相伴。

从一开始，就有人凭直觉理解我为什么要写这样一本书。对此我是幸运的，因为我得到了 Ari Friedlaender，Jeremy Goldbogen，Carolina Gutstein，Kris Helgen，Katie Kuker，Gene Kwon，Holly Little，Megan McKenna，Jessica Meir，Aaron O'Dea，Jim Parham，Kris Perta，Aviva Rosenthal，Caroline Stromberg，Lesley Thorne，Jann Vendetti，Steve Weyer 和 Greg Wilson 的支持。你们每个人都为我们这个时代最常用的词语——朋友——赋予了意义。

写书的时候，我当然也希望本书能被人阅读，至少能具有可读性。我十分感谢 Lauren Appelbaum，Kay Behrensmeyer，Matt Carrano，Daniel Epstein，Doug Erwin，Molly Fannon，Ari Friedlaender，Jeremy Goldbogen，Gene Hunt，Sarah Hurtt，Randy Irmis，Dave Lindberg，Kevin Padian，Jim Parham，Aviva Rosenthal 和 Bob Shadwick 在各个阶段给我的鼓励和深思熟虑后的评论。家人的建议是最朴素直白的，因此我要感谢 Sue Hunter，Tom Hunter，Mitch Hunter，Ben Pyenson，Catharine Pyenson 和 Lewis Pyenson，他们通读了众多草稿，并直截了当地指出了我的错误之处。

早期撰写本书时，Neil Shubin，Scott Sampson，Tim Flannery，Ed Yong，和 Sean B. Carroll 都为我提供了必要的写书方面的建议。本书关于小头鼠海豚的片段首次出现在 2017 年史密森尼学会杂志的一篇文章中。在关键时刻，我得到了来自 Wayne Clough，Sarah Goforth，Nancy Knowlton，John Kress，Hillary Rosner，Sabrina Sholts 和 Lydia Pyne 的支持。我特别想感谢来自锡特

卡的 Jan 和 John Straley 以及来自圣佩德罗的 John 和 Terry Miller，我们一起吃饭时的谈话对我来说很重要。

感谢所有为史密森尼学会做出贡献的敬业的工作人员，史密森尼学会是融博物馆、研究中心和野外研究站为一体的机构，各位在其中各司其职。我想要特别强调史密森尼热带研究所、国际关系办公室、史密森尼图书馆（包括所有的图书馆分部）、史密森尼企业、总法律顾问办公室、公共事务办公室和数字化项目办公室为我的研究项目所提供的支持。此外，我要感谢国家自然历史博物馆的主管、通信、发展和科学副主任办公室，以及我古生物学部门出色的同事们。

除了书中提到的人物，在撰写本书的过程中，我还参考了许多其他人提供的专业知识。感谢他们为此付出时间，也感谢他们包容我写书过程中犯的错误，他们是：Renee Albertson，Lars Bejder，Gunnar Bergmann，Trevor Branch，Paul Brodie，Bob Brownell，Graham Burnett，Ellen Chenoweth，Fredrik Christiansen，Phil Clapham，Erich Fitzgerald，Ewan Fordyce，Shane Gero，Stephen Godfrey，Dalli Halldórsson，Yulia Ivashchenko，Jen Jackson，Dave Johnston，Bob Jones，Igor Krupnik，Kristin Laidre，Halldór Lárusson，Jacobus Le Roux，Kristjan Loftsson，Lori Marino，Chris Marshall，Rocky McGowen，Jim Mead，Dick Norris，Aaron O'Dea，Droplaug Ólafsdóttir，Daniel Palacios，Charley Potter，Stephen Raverty，David Rubilar Rogers，Angie Sremba，Gabor Szathmary，Hans Thewissen，Kirsten Thompson，Gisli Víkingsson，Wayne Vogl，和 Alex Werth。

撰写此书时，我也十分依赖我研究小组内的所有成员，不论是过去的还是现在的成员。感谢 Carlos Peredo，Matt Leslie，Aly Fleming，Ani Valenzuela-Toro，Jenell Larsen，Jorge Velez-Juarbe，Fri Engel，Holly Little，Neil Kelley，Maya Yamato，Matt McCurry，Dave Bohaska 和 Carrie Carter。在阿拉斯加锡特卡海峡科学中心提供的驻地科学家基金项目支持期间，我

曾经作为访问科学家，在那里度过了一个冬季，这本书的很大一部分就是我在那段时间完成的。因此我由衷地感谢 Lisa Busch，Tori O'Connell，Lauren Bell，Dane McFadden，the Straleys 和 Davey Lubin，感谢他们的热情款待。

最后，我最最需要感谢的，是我的妻子，Emily Hunter Pyenson。在我漫长的浴火写作的过程中，她陪伴着我，阅读了无数的文稿，用敏锐的思绪整理我的观点，提醒我维持整本书的框架结构。我希望我们的孩子们有一天能读完这本书，并能由此理解他们的父亲为何关心并专注于那些从海里打捞来的动物骸骨和神秘事物。

# 鲸的演化树

关于术语的简单介绍：科学家总共识别出了超过 80 个物种的现生鲸类，这些鲸类都被称为"鲸类动物"（*cetacean*）。"cetacean"一词来源于拉丁词语"*cetus*"，18 世纪，卡尔·林奈编撰了这一词语，用以描述由现存所有鲸类组成的分类学类群。鲸类动物在演化树（又称"系谱树""系统树"等）中可分为两大分支，分别是须鲸和齿鲸。虽然这两个类群在数千万年前已独立演化，其中一个类群演化出了各种滤食的方法，另外一个类群演化出了回声定位的能力，但是它们彼此间的亲缘关系最为接近，演化生物学家将这种类群称为"姐妹群"。在这两个主要的鲸类类群里，有数百个化石物种，有一些物种亲缘关系更接近须鲸，另一些物种则更接近齿鲸。然而它们演化自同一祖先，它们的祖先大约生活在距今 3500 万年前的海洋里。

鲸类演化树的早期分支，由一系列多样的化石物种体现。其中一些物种有四条腿，一生的大部分时间生活在陆地上；另外一些则介于陆生鲸类和现生的完全适应水生生活的鲸类之间的某处演化时间点。在这本书里，我将这些已经灭绝的物种称为"早期鲸类"，尽管有些科学家将它们称为"古鲸类"。以下图表基于现今我们了解的知识，对这些广大鲸类群体的演化关系进行了概述。

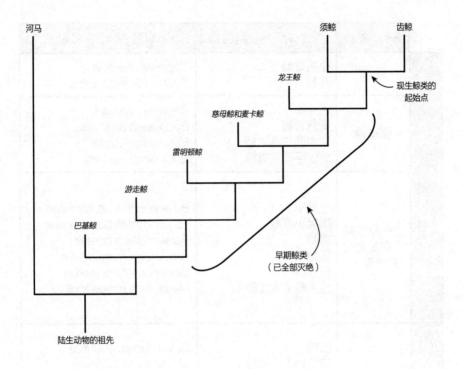

河马　　　　　　　　　　　　　　　　須鯨　　齿鯨

龙王鯨

现生鯨类的起始点

慈母鯨和麦卡鯨

雷明顿鯨

游走鯨

早期鯨类（已全部灭绝）

巴基鯨

陆生动物的祖先

在整本书中，我在提及鯨类现生物种的时候多使用俗名，而在提及大部分鯨类化石物种的时候使用了学名，且只用了拉丁文双名法（属名＋种名）中的属名。以下内容提供了一个有助于理解的框架，框架包括了在本书里出现的每一个鯨类物种所在的大致分类群。此外说明一下，该表并没有阐明更高分类单元的鯨类演化关系，当前，完整详细的鯨类演化树科学家们还在研究中。

| 分类学类群 | 中文正名或俗名 | 学名（拉丁文名） |
|---|---|---|
| 须鲸 | 小露脊鲸<br>灰鲸 | *Caperea marginata*<br>*Eschrichtius robustus* |
| 露脊鲸 | 弓头鲸<br>南露脊鲸<br>北大西洋露脊鲸<br>北太平洋露脊鲸 | *Balaena mysticetus*<br>*Eubalaena australis*<br>*Eubalaena glacialis*<br>*Eubalaena japonica* |
| 须鲸科的鲸<br>（有腹褶沟<br>和喉囊） | 小须鲸<br>南极小须鲸<br>塞鲸<br>蓝鲸<br>长须鲸<br>座头鲸（大翅鲸） | *Balaenoptera acutorostrata*<br>*Balaenoptera bonaerensis*<br>*Balaenoptera borealis*<br>*Balaenoptera musculus*<br>*Balaenoptera physalus*<br>*Megaptera novaeangliae* |
| 齿鲸 | 白鲸<br>独角鲸（一角鲸）<br>海牛鲸 | *Delphinapterus leucas*<br>*Monodon monoceros*<br>*Odobenocetops peruvianus* |
| 喙鲸 | 柯氏喙鲸 | *Ziphius cavirostris* |
| 远洋海豚 | 真海豚<br>虎鲸<br>飞旋海豚（飞旋原海豚）<br>宽吻海豚（瓶鼻海豚） | *Delphinus delphis*<br>*Orcinus orca*<br>*Stenella longirostris*<br>*Tursiops truncatus* |
| 鼠海豚 | 长江江豚<br>小头鼠海豚（加湾鼠海豚） | *Neophocaena asiaeorientalis asiaeorientalis*<br>*Phocoena sinus* |
| 淡水豚 | 亚马孙河豚<br>巴拿马的化石<br>恒河豚<br>白鱀豚 | *Inia geoffrensis*<br>*Isthminia panamensis*<br>*Platanista gangetica*<br>*Lipotes vexillifer* |
| 抹香鲸 | 抹香鲸<br>卡尔弗特悬崖的化石 | *Physeter macrocephalus*<br>*Orycterocetus crocodilinus* |

# 注释

## 序言

[p.I] **"它们还携带了鲸歌"**：送入星际的镀金唱片里的鲸歌并没有和其他动物声音或是世界音乐混在一起，而是融入了国际问候，大量介绍了我们与这些鲜为人知的哺乳动物之间的关系。Timothy Ferris, "How the Voyager Golden Record Was Made," *New Yorker*, https:// www.newyorker.com/ tech/ elements/voyager-golden-record-40th-anniversary-timothy-ferris.

[p.II] **"或许，外星生命能够理解这些超凡脱俗、虚无缥缈的鲸歌"**：这句话的出处实际上来自科幻电影《星际迷航 4：抢救未来》。

## 1 如何认识鲸

[p.4] **"以某些标准衡量"**：全世界的海洋中有许多不同种类的磷虾，但分布于威廉敏娜湾里的是南极磷虾（*Euphausia superba*）。据估计，南大洋的须鲸每个夏季要消耗大约 200 万吨的磷虾；南大洋的主要硬骨鱼类群（鲈形目）所消耗的磷虾量与所有鲸类、企鹅和海狗所消耗的磷虾总和一样多。磷虾的总量随着季节和年份而波动，目前对南大洋现有的磷虾生物量的最佳估计为 3.89 亿吨。见 Steve Reilly et al., "Biomass and Energy Transfer to Baleen Whales in the South Atlantic Sector of the Southern Ocean," *Deep Sea Research Part II: Topical Studies in Oceanography* 51 (2004): 1397–1409; Simeon Hill et al., "A Compilation of Parameters for Ecosystem Dynamics Models of the Scotia Sea-Antarctic Peninsula Region," *CCAMLR Science* 14 (2007): 1–25; and the

Commission for the Conservation of Antarctic Marine Living Resources (CCAMLR) website at https://www.ccamlr.org/en/fsheries/krill-fsheries.

[p.5] "追踪这些鲸将近 20 年了"：有许多例子可以证明，在这里列出两篇文献：Ari S. Friedlaender et al., "Whale Distribution in Relation to Prey Abundance and Oceanographic Processes in Shelf Waters of the Western Antarctic Peninsula," *Marine Ecology Progress Series* 317 (2006): 297–310；以及 Ari S. Friedlaender et al., "Extreme Diel Variation in the Feeding Behavior of Humpback Whales Along the Western Antarctic Peninsula During Autumn," Marine Ecology Progress Series 494 (2013): 281–89.

[p.5] "一头鲸呼气时喷出的喷潮"：鲸类动物从呼吸孔喷出的气体将呼吸孔上部的水冲至天空形成的雾状汽柱。

[p.7] "科学家们称这是一种生物信标跟踪记录的新方法"：有关该领域历史上有价值的观点，请参见其创始人之一的作品：Gerald L. Kooyman, "Genesis and Evolution of Bio-logging Devices: 1963–2002," *Memoirs of the National Institute of Polar Research* 58 (2004): 15– 22. 自其作品发布以来，生物追踪领域已经取得了令人瞩目的进展。例如 Nicholas L. Payne et al., "From Physiology to Physics: Are We Recognizing the Flexibility of Biologging Tools?" *Journal of Experimental Biology* 217 (2014): 317–22.

[p.8] "摄食过程还通常有伙伴协同"：协同进攻例子可见 David Wiley et al., "Underwater Components of Humpback Whale Bubble-Net Feeding Behaviour," *Behaviour* 148 (2011): 575–602.

[p.9] "须鲸科动物也是这颗星球上体形演化得最大的脊椎动物"：须鲸科下的物种彼此密切相关，但是它们在分类学意义上不太可能形成一个科，解释可见 Michael R. McGowen et al., "Divergence Date Estimation and a Comprehensive Molecular Tree of Extant Cetaceans," *Molecular Phylogenetics and Evolution* 53 (2009): 891–906. 然而，须鲸科的鲸类是有史以来体形最庞大的

脊椎动物。有关蜥脚类恐龙的体形，可见 Mark Hallett and Mathew J. Wedel, *The Sauropod Dinosaurs: Life in the Age of Giants* (Baltimore: Johns Hopkins University Press, 2016). 而须鲸科的体形，可见 Christina Lockyer, "Body Weights of Some Species of Large Whales," *Journal de Conseil International pour l'Exploration de la Mer* 36 (1976): 259–73. 也可见本书第 8 节对蓝鲸最庞大的体形的完整讨论。

[p.9] "迁徙路线跨越整个半球"：20 世纪初期的捕鲸业提供了许多证明须鲸存在大规模迁徙的基础数据。见 E. J. Slijper, *Whales* (London: Hutchinson, 1962), and David E. Gaskin, *The Ecology of Whales and Dolphins* (New York: Heinemann, 1982).

[p.9] "须鲸体内还留有嗅叶"：参考 Stephen J. Godfrey et al., "On the Olfactory Anatomy in an Archaic Whale (Protocetidae, Cetacea) and the Minke Whale *Balaenoptera acutorostrata* (Balaenopteridae, Cetacea)," Anatomical Record 296 (2013): 257–72.

[p.10] "进行神奇的冲刺捕食"：见 Jeremy A. Goldbogen, "The Ultimate Mouthful: Lunge Feeding in Rorqual Whales," *American Scientist* 98 (2010): 124–31.

[p.10] "冲刺捕食被人们描述为地球上最大的生物力学事件之一"：最早将冲刺捕食描述为地球上最大的生物力学事件的出版物为 Paul F. Brodie, "Noise Generated by the Jaw Actions of Feeding Fin Whales," *Canadian Journal of Zoology* 71 (1993): 2546–50. 保尔（Paul）在我们于冰岛进行实地考察时发挥了重要的作用（见第 10 节），在 20 世纪 80 年代和当鲍勃带着自己的实验室团队、杰瑞米和我回到冰岛时，他都在协助进行解剖学研究的工作。有关鲸吞体积的详尽数据，参见 Jeremy A. Goldbogen et al., "Scaling of Lunge Feeding Performance in Rorqual Whales: Mass-Specific Energy expenditure Increases with Body Size and Progressively Limits Diving Capacity," *Functional Ecology* 26 (2012): 216–26.

[p.10] "用它们的下颌蹭海底"：参考 Colin Ware et al., "Shallow and Deep

Lunge Feeding of Humpback Whales in Fjords of the West Antarctic Peninsula," *Marine Mammal Science* 27 (2011): 587–605.

[p.10] "有的喜欢向左边滚"：参考 Ari S. Friedlaender et al., "Three-Dimensional Context Dependence of Divergent Lateralized Feeding Strategies in Blue Whales," *Current Biology* 27 (2017): R1206–8.

[p.10] "精确地对准磷虾群"：文章中对蓝鲸一系列摄食动作的描述很值得一看，文章本身既简短又可爱：Jeremy A. Goldbogen et al., "Underwater Acrobatics by the World's Largest Predator: 360° Rolling Maneuvers by Lunge Feeding Blue Whales," *Biology Letters* 9 (2013): 20120986.

[p.10] "一直到亚热带海域"：参考 Jessica F. Lee et al., "Behavior of Satellite-Tracked Antarctic Minke Whales (Balaenoptera bonaerensis) in Relation to Environmental Factors Around the Western Antarctic Peninsula," *Animal Biotelemetry* 5 (2017): 23.

[p.11] "潜水深度新纪录"：见 Gregory S. Schorr et al., "First Long-Term Behavioral Records from Cuvier's Beaked Whales (Ziphius cavirostris) Reveal Record-Breaking Dives," *PLoS ONE* 9 (2014): e92633.

[p.11] "结合标记数据和活体采样飞镖所获得的组织样本"：研究人员发射在鲸类身上的活体采样飞镖为空心钢制螺栓，是用弩或压缩空气枪发射的，飞镖可以收集手指大小的组织碎片。这些样本中的皮肤和脂肪组织可以揭示鲸类个体的饮食、生殖史以及遗传学的大量信息。这里列出一篇关于将活体采样飞镖应用于鲸类身上的重要的早期论文：Richard H. Lambertsen, "A Biopsy System for Large Whales and Its Use for Cytogenetics," *Journal of Mammalogy* 68 (1987): 443–45.

[p.11] "再次回到南大洋觅食"：Kristin Rasmussen et al., "Southern Hemisphere Humpback Whales Wintering off Central America: Insights from Water Temperature into the Longest Mammalian Migration," *Biology Letters* 3 (2007): 302.

[p.12] "甚至南露脊鲸也是南极鲸群的一分子": 或许唯一一份记载南极半岛鲸类的历史群落的记录, 是一篇人类在该区域的捕鲸活动到达顶峰之后不久的报道: Stanley Kemp and A. G. Bennett, "On the Distribution and Movements of Whales on the South Georgia and South Shetland Whaling Grounds," *Discovery Reports* 6 (1932): 165–90.

[p.13] "人类就已捕杀了超过 200 万头鲸": 根据最新且最全面的统计, 在 20 世纪被猎杀的超过 300 万头鲸当中, 有 200 多万头来自南大洋。Robert C. Rocha Jr. et al., "Emptying the Oceans: A Summary of Industrial Whaling Catches in the 20th Century," *Marine Fisheries Review* 76 (2014): 37–48.

[p.13] "最高密度的须鲸聚集现象": 威廉敏娜湾的座头鲸数量是通过截线调查观测而推算出来的。见 Douglas P. Nowacek et al., "Super-aggregations of Krill and Humpback Whales in Wilhelmina Bay, Antarctic Peninsula," *PLoS ONE* 6 (2011): e19173.

[p.13] "才恢复至捕鲸前数量的 70% 而已": 见 Alyson H. Fleming and Jennifer Jackson, "Global Review of Humpback Whales (Megaptera novaeangliae)," *NOAA Technical Memorandum* NOAA-TM-NMFSSWFSC-474 (2011): 1–206.

[p.14] "知识的谷仓": 谷仓效应, 由英国《金融时报》的专栏作家吉莲·邰蒂 (Gillian Tett) 2015 年出版的一本书 The Silo Effect 翻译而来。此书作者将社会上一些各自为政、缺乏协调的企业或组织形象地称作 "谷仓"。

[p.14] "首批科学家来到这里时": 1898 年阿德里安·德·杰拉许在南极探险过程中发现并命名了威廉敏娜湾。比利时号上的船员还包括几名科学家, 这种组合的南极探险队在 20 世纪以前并非必要且典型。南极探险的历史之所以如此引人入胜, 部分原因在于地缘政治的目的性被置于科学的公正性之上, 尤其是在争夺无人占据的领土时。见: David Day, *Antarctica: A Biography* (Oxford, UK: Oxford University Press, 2013).

## 2　无与伦比的哺乳动物

[p.16] "蓝鲸的分布范围移动"：一本权威的口袋书中描绘了这些地图，即 Brent Stewart et al., *National Audubon Society Guide to Marine Mammals of the World* (New York: Knopf, 2002). 随便浏览一下就会发现很多我们所不知道的关于世界鲸类的故事。

[p.17] "对我们的生活没有威胁"：人类并不是鲸类的猎物；鲸类对吃人根本不感兴趣，尽管曾经有人被海洋馆圈养的虎鲸杀死，而商业捕鲸时期肯定也发生过鲸类杀死人类的案例，特别是在 19 世纪末以前。见 Carl Safina, *Beyond Words: What Animals Think and Feel* (New York: Henry Holt, 2015).

[p.17] "超越了千百万年的深时"："深时"是诞生于 19 世纪初的地质科学思想，有着深厚的渊源。马丁·J.S. 卢德维克在这一思想演化的过程中撰写了大量的文章；其中一篇特别有意义的起点文章可能是 Martin J. S. Rudwick, *Earth's Deep History: How It Was Discovered and Why It Matters* (Chicago: University of Chicago Press, 2014).

[p.17] "过去世界出现的一些特征"：见 James Zachos et al., "Trends, Rhythms, and Aberrations in Global Climate 65 Ma to Present," *Science* 292 (2001): 686–93; and Bärbel Hönisch et al., "The Geological Record of Ocean Acidification," *Science* 335 (2012): 1058–63.

[p.18] "典型的哺乳动物"：关于鲸类早期演化的许多证据都记录在化石中。物种描述摘自原始文献的正文，也可以在下面的概要里面找到：Philip D. Gingerich, "Evolution of Whales from Land to Sea: Fossils and a Synthesis," *in Great Transformations: Essays in Honor of Farish A. Jenkins*, ed. K. P. Dial, N. H. Shubin, and E. Brainerd (Chicago: University of Chicago Press, 2015), pp. 239–56; J. G. M. Thewissen, *The Walking Whales: From Land to Water in Eight Million Years* (Berkeley: University of California Press, 2014).

[p.18] "巴基鲸发源于现在的巴基斯坦"：Philip D. Gingerich et al., "Origin of

Whales in Epicontinental Remnant Seas: New Evidence from the Early Eocene of Pakistan," *Science* 220 (1983): 403–6.

[p.18] "步行的鲸"：J. G. M. Thewissen et al., "Fossil Evidence for the Origin of Aquatic Locomotion in Archaeocete Whales," *Science* 263 (1994): 210–11.

[p.18] "有一具胎儿骨骼"：Philip D. Gingerich et al., "New Protocetid Whale from the Middle Eocene of Pakistan: Birth on Land, Precocial Development, and Sexual Dimorphism," *PLoS ONE* 4 (2009): e4366.

[p.19] "像小海螺一样卷曲"：关于鲸类耳朵内部结构的细节，见 Zhe-Xi Luo and Philip D. Gingerich, "Terrestrial Mesonychia to Aquatic Cetacea: Transformation of the Basicranium and Evolution of Hearing in Whales," *University of Michigan Papers on Paleontology* 31 (1999): 1–98; 和 J. G. M. Thewissen and Sirpa Nummela, *Sensory Evolution on the Threshold: Adaptations in Secondarily Aquatic Vertebrates* (Berkeley: University of California Press, 2008).

[p.20] "直至现在持续了大约4000万年"：最古老的化石鲸类物种有将近5300万年的历史，但一般认为5000万年就是一个相当接近的数字了；更精确的年份推测参见 Nicholas D. Pyenson, "The Ecological Rise of Whales Chronicled by the Fossil Record," *Current Biology* 27 (2017): R558–64.

[p.21] "一个全新的适应区"：20世纪中叶，古脊椎动物学家兼生物学现代综合论的主要奠基人之一的乔治·盖洛德·辛普森明确地将这一概念表述为适应区：例如，企鹅演化进入了一个新的适应区，它们在这里可以在水下生活，用前肢推进游泳，与以往任何其他鸟类的支系都不相同。生物学家们至今仍然在使用几十年前发展起来的这一术语，这归功于这一概念的持久性。见 George G. Simpson, *Tempo and Mode in Evolution* (New York: Columbia University Press, 1944); 和 Dolph Schluter, *The Ecology of Adaptive Radiation* (Oxford, UK: Oxford University Press, 2000).

[p.21] "先后入侵海洋生态系统"：海洋哺乳动物和海洋爬行动物各自代表

了演化树上具有四肢的动物，即"四足动物"（tetrapod）的不同分支。要全面了解这些动物多次入侵海洋的历史，见 Neil P. Kelley and Nicholas D. Pyenson, "Evolutionary Innovation and Ecology in Marine Tetrapods from the Triassic to the Anthropocene," *Science* 301 (2015): aaa3716.

[p.18] **"其他哺乳动物"**：海牛、儒艮属于海牛目，是一类食草的海洋哺乳动物。海牛目群体的祖先生活在陆地上，有四条负重的肢体，生活在大约 5000 万年前的加勒比海地区。早期海牛类的演化与早期鲸类的演化有许多相似之处，包括后肢的退化消失。见 Daryl P. Domning, "Sirenian Evolution," in Bernd Würsig et al., eds., *Encyclopedia of Marine Mammals*, 3rd ed. (San Diego, CA: Academic Press/Elsevier, 2018), pp. 856–59. 关于海洋哺乳动物多次返回海洋的概况，见 Annalisa Berta, *The Rise of Marine Mammals: 50 Million Years of Evolution* (Baltimore: Johns Hopkins University Press, 2017).

[p.21] **"巴基鲸颈部以下的结构"**：Philip D. Gingerich, "Evolution of Whales from Land to Sea," *Proceedings of the American Philosophical Society* 156 (2012): 309–23.

[p.22] **"可能由脚蹼相连"**：有关发现游走鲸的描述，见 J. G. M. Thewissen, *The Walking Whales: From Land to Water in Eight Million Years* (Berkeley: University of California Press, 2014).

[p.22] **"（利用升力推进力向前运动）"**：以下这篇开创性的论文介绍了早期鲸类潜在运动模式的过渡状态，这篇论文的观点至今新颖：J. G. M. Thewissen and F. E. Fish, "Locomotor Evolution in the Earliest Cetaceans: Functional Model, Modern Analogues, and Paleontological Evidence," *Paleobiology* 23 (1997): 482–90.

[p.22] **"这些有力的尾巴可能朝什么方向摆动"**：Gingerich, 2012.

[p.22] **"这表明它们之间可能存在演化关系"**：威廉·特纳与威廉·亨利·弗劳尔（当时在南肯辛顿的大英博物馆）一起在 19 世纪末观察到了这些现象，不过特纳在许多年之后才发表了观察成果：William Turner, *The Marine Mammals in the Anatomical Museum of the University of Edinburgh* (London: Macmillan,

1912).

[p.22] "鲸类最深层的起源"：Christian de Muizon, "Walking with Whales," *Nature* 413 (2001): 259–60.

[p.22] "两个存在竞争关系的古生物学家团队"：这两篇论文同时发表于 2001 年的某一周：J. G. M. Thewissen et al., "Skeletons of Terrestrial Cetaceans and the Relationship of Whales to Artiodactyls," *Nature* 413 (2001): 277–81; 以及 Philip D. Gingerich et al., "Origin of Whales from Early Artiodactyls: Hands and Feet of Eocene Protocetidae from Pakistan," *Science* 293 (2001): 2239–42.

[p.23] "一种半鱼半哺乳动物的生物"：摩羯，又称摩伽罗，本是印度神话中水神的坐骑，其头部似羚羊，身体与尾部像鱼。

[p.23] "或许是为了方便觅食蛤蜊"：Philip D. Gingerich et al., "Makaracetus bidens, a New Protocetid Archaeocete (Mammalia, Cetacea) from the Early Middle Eocene of Balochistan (Pakistan)," *University of Michigan Publications in Paleontology* 31 (2005): 197–210.

[p.23] "将自己的脚趾浸在水里"：2006 年，在加拿大渥太华举行的古脊椎动物学会的会议上，我记得菲利普·金格里奇在演讲中用了类似的措辞来敦促人们在进行古生物学艺术重建时要表达得诚实一些，他认为把巴基鲸描绘成一条迷路的小狗是错误的，因为我们对它的骨架了解得并不完整，所以无法对它进行符合实情的重建，也就不能确定它长得像小狗。

[p.24] "早期鲸类的完整阵容"：对此场景的精彩重建可见 Carl Buell, figure 2 in J. G. M. Thewissen and Ellen M. Williams, "The Early Radiations of Cetacea (Mammalia): Evolutionary Pattern and Developmental Correlations," *Annual Review of Ecology and Systematics* 33 (2002): 73–90.

[p.25] "和任何脊椎动物的头骨一样"：头骨解剖学和骨骼学是研习脊椎动物形态学的学生的必修课程。要深入了解这两门学科，请参见 James Hanken and Brian K. Hall, eds., *The Skull: Functional and Evolutionary Mechanisms, Vol.*

3 (Chicago: University of Chicago Press, 1993).

[p.25] "以宽吻海豚的头骨为例": James G. Mead and R. Ewan Fordyce, "The Therian Skull: A Lexicon with Emphasis on the Odontocetes," *Smithsonian Contributions to Zoology* 627 (2009): 1–248.

[p.26] "更靠头骨前方一点": Domning, 2017.

[p.26] "绑了一个探照灯一样": Whitlow W. L. Au, *The Sonar of Dolphins* (New York: Springer Science & Business Media, 2012).

[p.27] "唯一一类在水下运用回声定位的动物": David R. Lindberg and Nicholas D. Pyenson, "Things That Go Bump in the Night: Evolutionary Interactions Between Cephalopods and Cetaceans in the Tertiary," *Lethaia* 40 (2007): 335–43.

[p.27] "从三维角度精确定位声源": Kenneth S. Norris and George W. Harvey, "Sound Transmission in the Porpoise Head," *Journal of the Acoustical Society of America* 56 (1974): 659–64; Ted Cranford et al., "Functional Morphology and Homology in the Odontocete Nasal Complex: Implications for Sound Generation," *Journal of Morphology* 228 (1996): 223–85.

[p.27] "鲸类就掌握回声定位的能力了": Sirpa Nummela et al., "Eocene Evolution of Whale Hearing," *Nature* 430 (2004): 776–78.

[p.27] "难以入手的圈养动物": W. W. Au, "History of Dolphin Biosonar Research," *Acoustics Today* (Fall 2015): 10–17.

[p.27] "它仍然能在迷宫里找到目标物": Kenneth S. Norris et al., "An Experimental Demonstration of Echo-Location Behavior in the Porpoise, Tursiops truncatus (Montagu)," *Biological Bulletin* 120 (1961): 163–76.

[p.27] "甚至是耳骨的结构都有明显的差异": Megan F. McKenna et al., "Morphology of the Odontocete Melon and Its Implications for Acoustic Function," *Marine Mammal Science* 28 (2012): 690–713.

[p.28] "当今生物学最重要的未解之谜之一": Neil Shubin et al., "Deep

Homology and the Origins of Evolutionary Novelty," *Nature* 457 (2009): 818–23.

[p.28] "它们的恐龙祖先": Richard O. Prum and Andrew H. Brush, "Which Came First, the Feather or the Bird?" *Scientific American* 288 (2003): 84–93.

[p.28] "每只海龟的肩膀都紧紧地塞在龟甲内": Tyler R. Lyson et al., "Evolutionary Origin of the Turtle Shell," *Current Biology* 23 (2013): 1113–19.

[p.28] "都是它们的祖先体内没有的": Pyenson, 2017.


## 3　骨语故事

[p.32] "这是鲨鱼的齿痕": 在世界各地的化石丰富的遗址里，有鲨鱼齿痕的鲸骨并不罕见。参见 Thomas A. Demére and Richard A. Cerutti, "A Pliocene Shark Attack on a Cethotheriid Whale," *Journal of Paleontology* 56 (1982): 1480–82; 还有 Dana J. Ehret et al., "Caught in the Act: Trophic Interactions Between a 4-Million-Year-Old White Shark (*Carcharodon*) and Mysticete Whale from Peru," *Palaios* 24 (2009): 329–33.

[p.34] "和最早的完全水生鲸类之间的认识也存在缺口": 见 Gingerich, 2012.

[p.34] "与骨骼化石集中在单一的一层岩石中有关": Raymond R. Rogers et al., eds., *Bonebeds: Genesis, Analysis, and Paleobiological Significance* (Chicago: University of Chicago Press, 2010).

[p.34] "根据它们破碎的头骨和独特的耳骨鉴定出来的": Remington Kellogg, "Pelagic Mammals from the Temblor Formation of the Kern River Region, California," *Proceedings of the California Academy of Sciences* 4 (1931): 217–397.

[p.34] "矿化程度最高的骨骼": John D. Currey, "Mechanical Properties of Bone Tissues with Greatly Differing Functions," *Journal of Biomechanics* 12 (1979): 313–19.

[p.35] "长相类似河马的怪异食草类动物": Mark T. Clementz et al., "A Paleoecological Paradox: The Habitat and Dietary Preferences of the Extinct Tethythere *Desmostylus*, Inferred from Stable Isotope Analysis," *Paleobiology* 29 (2003):

506–19.

[p.35] "他对那里的海龟化石更感兴趣": 见 Shannon C. Lynch and James F. Parham, "The First Report of Hard-shelled Sea Turtles (Cheloniidae *sensu lato*) from the Miocene of California, Including a New Species (*Euclastes hutchisoni*) with Unusually Plesiomorphic Characters," *PaleoBios* 23 (2003): 21–35.

[p.35] "一段被压缩的时间": 鲨齿山尸骨层位于贝克斯菲尔德附近的中央谷地,长期以来以盛产化石鲸类和其他已经灭绝的生物而闻名。自 19 世纪起,古生物学家在此已经收集了数千颗鲨鱼牙齿,它们坚硬,具有蓝灰的珐琅色泽。一眼望去,鲨鱼牙齿在山坡上铺展开,呈现出丰富的多样性,鲨齿山因此得名。到了 20 世纪,石油勘探活动引起了科学界对贝克斯菲尔德周围地底含石油岩层的年龄和石油含量的强烈关注,并对附近化石鉴定产生了浓厚的兴趣。加州大学古生物博物馆和洛杉矶自然历史博物馆里都有好几抽屉的来自鲨齿山尸骨层的化石,这些化石目前仍在等待科学家的仔细研究。有关鲨齿山尸骨层地质发现的总结,请参见 Nicholas D. Pyenson et al., "Origin of a Widespread Marine Bonebed Deposited During the Middle Miocene Climatic Optimum," *Geology* 37 (2009): 519–22.

[p.36] "更早时期的鲸类化石": Remington Kellogg, "A Review of the Archaeoceti," *Carnegie Institution of Washington Publication* 482 (1936): 1–366.

[p.36] "尾巴占了身体的大部分": Philip D. Gingerich et al., "Hind Limbs of Eocene Basilosaurus: Evidence of Feet in Whales," *Science* 249 (1990): 154–57.

[p.36] "毕竟龙王鲸的体重有 6 吨左右": Philip D. Gingerich, "Body Weight and Relative Brain Size (Encephalization) in Eocene Archaeoceti (Cetacea)," *Journal of Mammalian Evolution* 23 (2016): 17–31.

[p.37] "和象最早的祖先": Philip D. Gingerich, "Marine Mammals (Cetacea and Sirenia) from the Eocene of Gebel Mokattam and Fayum, Egypt: Stratigraphy, Age and Paleoenvironments," *University of Michigan Museum of Paleontology, Papers on*

*Paleontology* 30 (1992): 1–84.

[p.37]"**瓦地阿希坦**"：鲸之谷（Wadi Al-Hitan），"Wadi"即河谷的意思，"Al-Hitan"意思是鲸鱼的复数。

[p.38] "**包括鬣狗**"：Eric J. Snively, "Bone-Breaking Bite Force of *Basilosaurus isis* (Mammalia, Cetacea) from the Late Eocene of Egypt Estimated by Finite Element Analysis," *PLoS ONE* 10 (2015): e0118380.

[p.38] "**就跟现在的虎鲸一样**"：Mark D. Uhen, "Form, Function, and Anatomy of *Dorudon atrox* (Mammalia, Cetacea): An Archaeocete from the Middle to Late Eocene of Egypt," *University of Michigan Museum of Paleontology, Papers on Paleontology* 34 (2004): 1–222.

[p.38] "**古海岸线的形成时间**"：Shanan E. Peters et al., "Sequence Stratigraphic Control on Preservation of Late Eocene Whales and Other Vertebrates at Wadi Al-Hitan, Egypt," *Palaios* 24 (2009): 290–302.

## 4　穿梭在化石鲸类的时光隧道中

[p.40] "**俯冲作用的效果**"：关于达尔文乘坐皇家海军舰艇"贝格尔号"的航海经历，有大量文献可供参考。达尔文在罗伯特·菲茨罗伊船长的指挥下在船上度过的时光，以及他乘坐"贝格尔号"在世界各地探险的经历，被发表在不同的文献和书籍中。现在，这些作品都被粗略地划分在"贝格尔号之旅"的标题目录下，目录体现了他在探险时撰写叙述材料的缩影，而这些作品大部分是在他死后被整理汇编出来的。关于达尔文在奇洛埃和康塞普西翁的经历，我查阅了他在 1839 年出版的原始出版物中关于探险部分的内容，在第 15 和第 16 章：Charles R. Darwin, *Narrative of the Surveying Voyages of His Majesty's Ships Adventure and Beagle Between the Years 1826 and 1836, Describing Their Examination of the Southern Shores of South America, and the Beagle's Circumnavigation of the Globe: Journal and Remarks, 1832–1836* (London: Henry

Colburn, 1839). 原始文本可以通过剑桥大学提供并对外开放的"达尔文在线"网站获取，见 John van Wyhe, ed., *The Complete Work of Charles Darwin Online* (2002), http://darwin-online.org.uk/.

[p.41] "也是支撑板块构造学说的中心过程"：David Whitehouse, *Into the Heart of Our World: A Journey to the Center of the Earth: A Remarkable Voyage of Scientific Discovery* (New York: Pegasus Books, 2016).

[p.41] "推动着地球岩层表面的破碎地壳不断运动"：关于板块构造史，见：Naomi Oreskes, *Plate Tectonics: An Insider's History of the Modern Theory of the Earth* (Boulder, CO: Westview Press, 2003); 以及 William Glen, *Road to Jaramillo: Critical Years of the Revolution in Earth Science* (Redwood City, CA: Stanford University Press, 1982).

[p.41] "当达尔文漫游于南美洲的锥形地区时"：见 Rudwick, 2014.

[p.41] "和巴塔哥尼亚已经灭绝的陆生哺乳动物的化石"：珍尼特·布朗撰写的两卷集里的第一卷对达尔文在南美洲进行的地质学研究做了明确的综合性总结：E. Janet Browne, *Charles Darwin, Vol. 1: Voyaging* (London: Jonathan Cape, 1995).

[p.42] "并一路向着卡尔德拉附近的北部海岸而去"：达尔文在他的《"贝格尔号"远航纪闻》第 18 章里记录了他在阿塔卡玛的行程和地理位置。

[p.42] "包括一座国家博物馆"：有关达尔文在南美洲的社交网络的更多信息，尤其是其对智利机构的影响，参见：Patience A. Schell, *The Sociable Sciences: Darwin and His Contemporaries in Chile* (New York: Palgrave Macmillan, 2013).

[p.42] "秘鲁寒流（洪堡洋流）横扫阿塔卡马海岸"：G. Hempel and K. Sherman, *Large Marine Ecosystems of the World* (Amsterdam: Elsevier, 2003).

[p.43] "鲸类、沙丁鱼和企鹅都想去的地方"：关于上升流对鲸类动物影响的开创性描述，见 Donald A. Croll et al., "From Wind to Whales: Trophic Links in a Coastal Upwelling System," *Marine Ecology Progress Series* 289 (2005): 117–30.

[p.43] "而这正是形成变质岩的地方"：Jan Zalasiewicz, *The Planet in a Pebble: A Journey into Earth's Deep History* (Oxford, UK: Oxford Landmark Science, 2012).

[p.43] "从来没有完整的骨架"：见 R. A. Philippi, *Los fósiles terciarios i cuartarios de Chile* (Leipzig: F. A. Brockhaus, 1887).

[p.44] "跟校车一样大的掠食性鲨鱼"：关于化石海鸟，见：Gerald Mayr and David Rubilar-Rogers, "Osteology of a New Giant Bony Toothed Bird from the Miocene of Chile, with a Revision of the Taxonomy of Neogene Pelagornithidae," *Journal of Vertebrate Paleontology* 30 (2010): 1313–30. 关于海懒兽，见：Eli Amson et al., "Gradual Adaptation of Bone Structure to Aquatic Lifestyle in Extinct Sloths from Peru," *Proceedings of the Royal Society of London B: Biological Sciences* 281 (2014): 20140192. 关于巨齿鲨，见 Catalina Pimiento et al., "Geographical Distribution Patterns of Carcharocles megalodon over Time Reveal Clues About Extinction Mechanisms," *Journal of Biogeography* 43 (2016): 1645–55.

[p.44] "涨落图"：这项工作的大部分内容为卡塔琳娜·卡雷尼奥在智利大学的荣誉论文奠定了基础。她对卡尔德拉盆地地层学的部分研究成果发表于 J. P. Le Roux et al., "Oroclinal Bending of the Juan Fernández Ridge Suggested by Geohistory Analysis of the Bahía Inglesa Formation, North-Central Chile," *Sedimentary Geology* 333 (2016): 32–49.

[p.44] "这对其中一些断层来说确实如此"：Robert M. Norris and Robert W. Webb, Geology of California, 2nd ed. (Hoboken, NJ: John Wiley and Sons, 1990). 罗伯特·诺里斯的弟弟，碰巧是肯尼斯·诺里斯，20 世纪最有影响力的海洋哺乳动物学家之一。参见 Randall Jarrell, ed., *Kenneth S. Norris: Naturalist, Cetologist and Conservationist, 1924–1998: An Oral History Biography* (Berkeley: University of California Press in association with University Library, UC Santa Cruz, 2010), https://escholarship.org/uc/item/5kf1t3wg.

[p.45] "微小火山颗粒"：关于锆石颗粒在辐射性定年中的使用背景（尤其

是铀铅定年），见 Zalasiewicz, 2012.

[p.47]"**它被称为鲸之陵**"："鲸之陵"距离阿塔卡马沙漠的圣何塞铜金矿区只需几个小时的车程，2010 年 8 月 5 日，33 名矿工被困在矿中超过 600 米深的地方长达 69 天。最终 33 名矿工全部获救。这起矿难是当时美国公共电视网"新星"系列节目（NOVA PBS）的杰出作品"紧急矿难营救"（2010）中的焦点。

## 5 鲸死后的生活

[p.50]"**会在衰变道路中逐步过滤掉一些数据**"：见 Anna K. Behrensmeyer and Susan M. Kidwell, "Taphonomy's Contributions to Paleobiology," *Paleobiology* 11 (1985): 105–19 里的图 3。

[p.51]"**从亚里士多德**"：Armand Marie Leroi, *The Lagoon: How Aristotle Invented Science* (New York: Bloomsbury Publishing, 2014).

[p.51]"**观赏鲸尸爆炸视频的普通观众**"：1970 年 11 月，在俄勒冈州佛罗伦萨附近，俄勒冈州的公路部门试图用炸药将一头搁浅在海岸上的死亡抹香鲸炸碎以便清理。一开始他们只是希望让海鸟来吃掉被炸毁的遗骸，但结果超出了他们的计划。爆炸将几十公斤重的鲸尸炸飞至 240 米外，砸碎了停在那里的汽车，并危及爆炸区域内所有人的安全——这些人都拿着摄像机正准备拍摄爆炸画面。见 https://www.youtube.com/watch?v=uD5sPgV61bw。

[p.51]"**了解鲸类解剖结构的唯一素材来源**"：John Hunter and Joseph Banks, "Observations on the Structure and Oeconomy of Whales by John Hunter, Esq. F. R. S.; Communicated by Sir Joseph Banks, Bart. P. R. S.," *Philosophical Transactions of the Royal Society of London* 77 (1787): 371–450. 另见 William Scoresby Jr., "Account of the Balaena mysticetus, or Great Northern Greenland Whale," *Memoirs of the Wernerian Natural History Society* 1 (1810): 578–86; 以及 William H. Flower, "On a

Lesser Fin-Whale (Balaenoptera rostrata, Fabr.) Recently Stranded on the Norfolk Coast," *Proceedings of the Zoological Society of London* (1864): 252–58.

[p.52] "这与一头奶牛或是一个税务人员并没有什么区别": Turner, 1912. 另见 Richard Owen, *On the Anatomy of Vertebrates*, vols. 1–3 (London: Longman, Green, 1866–1868).

[p.52] "创建了新的物种名": William Turner, "An Account of the Great Finner Whale (Balaenoptera sibbaldii) Stranded at Longniddry," *Transactions of the Royal Society of Edinburgh* 26 (1870): 197–251.

[p.53] "他直到20世纪初期才解开了大型须鲸在物种这方面的谜题": Frederick W. True, *The Whalebone Whales of the Western North Atlantic Compared with Those Occurring in European Waters, Smithsonian Contributions to Knowledge* 33 (1904): 1–332.

[p.53] "某些种类的喙鲸": Kirsten Thompson et al., "The World's Rarest Whale," *Current Biology* 22 (2012): R905–6.

[p.54] "就像一个不知怎么没能正常打开的紧急安全气囊": Robert E. Shadwick et al., "Novel Muscle and Connective Tissue Design Enables Hyper-extensibility and Controls Engulfment Volume in Lunge-Feeding Rorqual Whales," *Journal of Experimental Biology* 216 (2013): 2691–701.

[p.54] "发现了一具灰鲸尸体": Tom Vetter, *30,000 Leagues Undersea: True Tales of a Submariner and Deep Submergence Pilot* (Tom Vetter Books, 2015), www.tomvetterbooks.com.

[p.54] "他们将这一现象称为'鲸落'": Craig R. Smith and Amy R. Baco "Ecology of Whale Falls at the Deep-Sea Floor," *Oceanography and Marine Biology: An Annual Review* 41 (2003): 311–54; 以及 Craig R. Smith et al., "Whale-fall Ecosystems: Recent Insights into Ecology, Paleoecology, and Evolution," *Annual Review of Marine Science* 7 (2015): 571–96.

[p.56] "依赖于鲸落生态系统的骨架": Greg W. Rouse et al., "Osedax: Bone-Eating Marine Worms with Dwarf Males," *Science* 305 (2004): 668–71.

[p.56] "从而获得骨脂中的蛋白质": 顺便说一下, 你永远看不见雄性的食骨蠕虫, 因为它们最多只发育到幼虫阶段, 一般几十只雄性共同寄生在一只雌性的身体内, 雌性的身体则根植于鲸骨中。

[p.56] "跳跃到另一处栖息地的演化跳板": 食骨蠕虫在鲸骨内留下了独特的洞穴, 后来人们在鲸类化石、鸟类化石、海龟化石, 甚至是蛇颈龙的化石中都发现了这些洞穴。如此广度的宿主种类表明, 食骨蠕虫已经成功地在落至海床的大量骨骼中定居超过 1 亿年的时间了, 比最早的鲸类的出现时间还要早。Silvia Danise and Nicholas D. Higgs, "Bone-Eating Osedax Worms Lived on Mesozoic Marine Reptile Deadfalls," *Biology Letters* 11 (2015): 20150072.

[p.56] "多久出现一次、在哪儿出现": Craig R. Smith et al., "Whale-fall Ecosystems: Recent Insights into Ecology, Paleoecology, and Evolution," *Annual Review of Marine Science* 7 (2015): 571–96.

[p.57] "来自鲸落生态系统": Nicholas D. Pyenson and David M. Haasl, "Miocene Whale-fall from California Demonstrates That Cetacean Size Did Not Determine the Evolution of Modern Whale-fall Communities," *Biology Letters* 3 (2007): 709–11.

[p.57] "起源于 20 世纪上半叶": Ronald Rainger, "Everett C. Olson and the Development of Vertebrate Paleoecology and Taphonomy," *Archives of Natural History* 24 (1997): 373–96.

[p.57] "来观察北海沿岸生物体死亡和腐烂的模式": 此处指大西洋东北部边缘海洋, 位于欧洲大陆的西北, 即大不列颠岛、斯堪的纳维亚半岛、日德兰半岛和荷比低地之间。

[p.58] "大型生物的腐烂和分解模式的价值": Wilhelm Schäfer, *Ecology and Palaeoecology of Marine Environments* (Chicago: University of Chicago Press, 1972).

[p.58] "从头骨上脱落下来": Johannes Weigelt and Judith Schaefer, *Recent*

注释

*Vertebrate Carcasses and Their Paleobiological Implications* (Chicago: University of Chicago Press, 1989).

[p.58] **"海洋哺乳动物搁浅网络记录"**：1972 年以前，美国并没有联邦法律来指导政府收集美国沿海岸线的海洋哺乳动物搁浅数据。尽管《海洋哺乳动物保护法案》为建立搁浅网络提供了法律依据，但直到 1991 年，搁浅网络才基本覆盖了全美国的海岸线。区域每年都会在保护法案的年度报告档案中向美国国家海洋与大气管理局（NOAA）汇报数据。

[p.58] **"做了详细的调查"**：Jay Barlow and Karin A. Forney, "Abundance and Population Density of Cetaceans in the California Current Ecosystem," *Fishery Bulletin* 105 (2007): 509–26.

[p.58] **"出奇地吻合"**：Nicholas D. Pyenson, "Carcasses on the Coastline: Measuring the Ecological Fidelity of the Cetacean Stranding Record in the Eastern North Pacific Ocean," *Paleobiology* 36 (2010): 453–80.

[p.59] **"一堆龙涎香化石"**：Angela Baldanza et al., "Enigmatic, Biogenically Induced Structures in Pleistocene Marine Deposits: A First Record of Fossil Ambergris," *Geology* 41 (2013): 1075–78.

[p.59] **"三个抹香鲸头骨"**：Catherine Kemper et al., "Subfossil Evidence of Strandings of the Sperm Whale Physeter microcephalus in Gulf St. Vincent, South Australia," *Records of the South Australia Museum* 29 (1997): 41–53.

## 6　地质锤和激光

[p.66] **"即将向北延伸的车道"**：Abigail Tucker, "Save the Whalebones," *Smithsonian*, June 2012, 84–85.

[p.69] **"共享这些数据"**：Carl Zimmer, "Laser Cowboys and the Fossils of the Future," *Popular Mechanics*, May 2014, 64–69. 另见 Michael Weinberg, "It Will Be Awesome If They Don't Screw It Up: 3D Printing, Intellectual Property, and the

Fight over the Next Great Disruptive Technology" (white paper, Public Knowledge, November 2010); 以及 Michael Weinberg, "What's the Deal with Copyright and 3D Printing?" (white paper, Public Knowledge Institute for Emerging Innovation, January 2013)

# 7 破解"鲸之陵"疑案

[p.72] "鲸之陵到底发生过什么？": Nicholas D. Pyenson et al., "Repeated Mass Strandings of Miocene Marine Mammals from Atacama Region of Chile Point to Sudden Death at Sea," *Proceedings of the Royal Society B: Biological Sciences* 281 (2014): 20133316.

[p.74] "可能会掠食其他海洋哺乳动物": Olivier Lambert et al., "The Giant Bite of a New Raptorial Sperm Whale from the Miocene Epoch of Peru," *Nature* 466 (2010): 105–8.

[p.75] "这一奇特物种的其他化石": Christian de Muizon, "Walrus-Like Feeding Adaptation in a New Cetacean from the Pliocene of Peru," *Nature* 365 (1993): 745–48.

[p.75] "海牛鲸的英文名直译为'海象鲸'": 由于习性和海牛相近，中文名被称作"海牛鲸"。

[p.75] "它们的化石踪迹": Christian de Muizon and H. Gregory McDonald, "An Aquatic Sloth from the Pliocene of Peru," *Nature* 375 (1995): 224–27; 以及 Christian de Muizon et al., "The Evolution of Feeding Adaptations of the Aquatic Sloth *Thalassocnus*," *Journal of Vertebrate Paleontology* 24 (2004): 398–410.

[p.76] "翼展超过 5 米": Daniel T. Ksepka, "Flight Performance of the Largest Volant Bird," *Proceedings of the National Academy of Sciences* 111 (2014): 10624–29.

[p.76] "（大约在 1 亿到 7000 万年前）": Simon N. Jarman, "The Evolutionary History of Krill Inferred from Nuclear Large Subunit rDNA Sequence Analysis,"

*Biological Journal of the Linnean Society* 73 (2001): 199–212.

[p.77] "大约在 300 万年前": Catalina Pimiento and Christopher F. Clements, "When Did *Carcharocles megalodon* Become Extinct? A New Analysis of the Fossil Record," *PLoS ONE* 9 (2014): e111086.

[p.77] "有害藻华是最常见（也是唯一）的罪魁祸首": 见 Pyenson et al., 2014; 以及 Aleta Hohn et al., "Report on Marine Mammal Unusual Mortality Event UMESE0501Sp: Multispecies Mass Stranding of Pilot Whales (*Globicephala macrorhynchus*), Minke Whale (*Balaenoptera acutorostrata*), and Dwarf Sperm Whales (*Kogia sima*) in North Carolina on 15–16 January 2005, *NOAA Technical Memorandum* NMFSSEFSC-537 (2006): 1–222.

[p.78] "扩大其影响范围和延长持续时间": 安第斯山脉是世界上含铁量最高的山脉之一，其为输入太平洋的径流提供了丰富的铁来源。有证据表明，含铁径流提高了阿塔卡玛附近海域的沿海生产力，该海域距离鲸之陵不到 160 千米；见 Laurent Dezileau et al., "Iron Control of Past Productivity in the Coastal Upwelling System off the Atacama Desert, Chile," *Paleoceanography* 19 (2004): PA3012。上升流系统加上含铁径流的输入，这些都大大提高了沿海生产力，它们正是促进此处有害藻华发生的适宜条件。

[p.79] "这也是藻类毒素杀死鲸类的一种可怕方式": 见：Donald M. Anderson, "Red Tides," *Scientific American* 271 (1994): 62–68; 以及 Frances M. Van Dolah et al., "Impacts of Algal Toxins on Marine Mammals," *in Toxicology of Marine Mammals* (London: Taylor & Francis, 2003), pp. 247–69.

[p.79] "都无法免疫藻类神经毒素": 类似的案例很多，见：Leanne J. Flewelling et al., "Brevetoxicosis: Red Tides and Marine Mammal Mortalities," *Nature* 435 (2005): 755–56.

[p.79] "腹部朝上地被推到岸边": 在现代有害藻华对鲸类的影响案例中，最引人注目的案例之一是一次发生在马萨诸塞州科德角湾的案件，这起案件

无论是从行为学、生理学还是埋藏学的角度看都表现得十分特殊。在五个多星期的时间里，有十多头座头鲸和其他须鲸科动物死于赤潮中毒。观鲸的游客在部分鲸类死亡之前数小时便看到了它们，它们因进食了含有甲藻毒素的鲭鱼而死，甲藻毒素是赤潮神经毒素之一。大部分死掉的鲸类搁浅时都是腹部朝上。见 Anderson, 1994.

[p.79] "贝壳灰岩"：该岩石单元揭示了南美洲的鳍脚类在过去几百万年中有趣的演化模式，下述文献有详细的描述：Ana M. Valenzuela-Toro et al., "Pinniped Turnover in the South Pacific Ocean: New Evidence from the Plio-Pleistocene of the Atacama Desert, Chile," *Journal of Vertebrate Paleontology* 33 (2013): 216–23.

[p.80] "都不是独一无二的"：我们团队在鲸之陵的工作中得出的关键预测之一是，随着这些鲸类物种的种群数量从 20 世纪商业捕鲸的破坏中恢复过来，在未来几年里，须鲸大量搁浅的事件会发生得更加频繁。在有关鲸之陵遗址研究的论文发表一年后，我们团队的成员（包括卡罗）被招募去调查在智利巴塔哥尼亚发现的一起类似的大规模搁浅案例：至少有 343 头须鲸（很可能都是塞鲸）被困于巴塔哥尼亚中部的峡湾中。这次事件是有史以来所报道的最大规模的大型须鲸集体搁浅事件，并且很有可能与有害藻华相关。见 Häussermann et al., "Largest Baleen Whale Mass Mortality During Strong El Niño Event Is Likely Related to Harmful Toxic Algal Bloom," *PeerJ* 5 (2017): e3123.

[p.80] "任何一种古代海洋生态系统里的消费者"：玛格丽特·布朗格斯玛·桑德斯在一篇经典论文中首次阐述了将海洋大规模死亡事件视为更广泛的海洋学过程的信号的重要性：Margaretha Brongersma-Sanders, "Mass Mortality in the Sea," *Geological Society of America Memoirs* 67 (1957): 941–1010。从深层历史角度来看有害藻华随着地质时代的发展，参见 James W. Castle and John H. Rodgers Jr., "Hypothesis for the Role of Toxin-Producing Algae in Phanerozoic Mass Extinctions Based on Evidence from the Geologic Record and Modern

Environments," *Environmental Geosciences* 16 (2009): 1–23.

[p.81] "共享数字化资料库"：从史密森尼学会数字化项目办公室三维实验室的网站可以测量、操作和下载鲸之陵的鲸类化石骨架的三维数字模型：https://3d.si.edu/

[p.81] "有的甚至比第一代恐龙还要古老"：David Rubilar Rogers et al., eds., *Dinosaurios de Chile, Pasado y Presente* (Santiago: Editorial SurCiencia Chile, 2017).

[p.81] "史密森尼学会的第一座太阳观测站也建立于此"：史密森尼学会档案馆保存了一组位于蒙特祖玛山上的太阳观测站的绝佳影像，该观测站自 20 世纪 20 年代至 30 年代位于智利卡拉马市附近。关于南美洲这一地区天文史的更多信息，参见 Dava Sobel, *The Glass Universe: How the Ladies of the Harvard Observatory Took the Measure of the Stars* (New York: Penguin, 2017).

[p.82] "几十头中新世的鲸才被冲到鲸之陵的岸上"：R. Sagar and R. D. Cannon, "A Deep UBVRI CCD Photometric Study of the Moderately Young Southern Open Star Cluster NGC 4755 = K Crucis," *Astronomy and Astrophysics Supplement Series* 111 (1995): 75–84.

# 8　巨兽的时代

[p.85] "两层楼高的水柱"：Stephen Leatherwood et al., *Whales, Dolphins, and Porpoises of the Eastern North Pacific and Adjacent Arctic Waters: A Guide to Their Identification* (New York: Dover, 1988).

[p.85] "足以装满半辆水泥搅拌车"：这一数值与蓝鲸肺容量的估计值（2250 升）大致相当：Christina Lockyer, "Growth and Energy Budgets of Large Baleen Whales from the Southern Hemisphere," *Food and Agriculture Organization Fisheries Series* 3 (1981): 379–487.

[p.85] "它的血管直径有餐盘那么大"：麦·纽耶根据可比较的解剖标志性结构得出了估计值，Mai Nguyen, "How Scientists Preserved a 200 kg Blue Whale

Heart," *Wired*, September 5, 2017, https:// www.wired.com/ story/ how-scientists-preserved-a-440 -pound-blue-whale-heart/.

[p.85] "**总长度超过了 300 亿千米**"：均重约 60 千克的人体的血管总长度与蓝鲸的血管总长度的等距比例粗略估计为 1 比 1 亿千米。关于人体血管长度的数据来源有许多，例如 William C. Aird, "Spatial and Temporal Dynamics of the Endothelium," *Journal of Thrombosis and Haemostasis* 3 (2005): 1392–406.

[p.85] "**必须输送到每一个细胞**"：为什么蓝鲸和其他鲸类物种的体形这么大，它们的癌症发病率却没有升高？这是一个悬而未决的问题。这一问题被称为"佩托悖论"（Peto's paradox），该数值可以在以下文献查得：Aleah F. Caulin et al., "Solutions to Peto's Paradox Revealed by Mathematical Modelling and Cross-Species Cancer Gene Analysis," *Philosophical Transactions of the Royal Society B* 370 (2015): 20140222.

[p.85] "**传播至超过 1400 千米远的地方**"：见 Ana Širovic´, John A. Hildebrand, and Sean M. Wiggins, "Blue and Fin Whale Call Source Levels and Propagation Range in the Southern Ocean," *Journal of the Acoustical Society of America* 122 (2007): 1208–15, 以及其中的参考文献。

[p.85] "**有些课本比较了这两种巨兽**"：E. J. Slijper 的《鲸》(London: Hutchinson, 1962) 里展示了其中一幅经典插图。

[p.85] "**倾斜的脑袋和尾巴各自伸向一端**"：Johan Nicolay Tønnessen and Arne Odd Johnsen, *The History of Modern Whaling* (Berkeley: University of California Press, 1982).

[p.85] "**总长度可能超过 33 米**"：Mark Hallett and Mathew J. Wedel, *The Sauropod Dinosaurs: Life in the Age of Giants* (Baltimore: Johns Hopkins University Press, 2016).

[p.86] "**长约 33 米**"：见 S. Risting, "Whales and Whale Foetuses: Statistics of Catch and Measurements Collected from the Norwegian Whalers' Association 1922–1925," *Rapports et ProcèsVerbaux Des Réunions* 50 (1928): 1–122. 瑞斯汀为

有史以来最长的蓝鲸的存在提供了最具说服力的证据，它被作为蓝鲸最大测量长度的确切引用文献，尽管有些资料里也提到了这一长度值，却没有给出引用来源。（在资料第 29 页）瑞斯汀报告说，挪威捕鲸人协会在 1922—1925 年南大洋捕鲸季捕获的最大个体是一头体长达到"106 英尺"（挪威英尺，约 33.27 米）的雌性，这头蓝鲸于 1926 年 3 月在南设得兰群岛附近被猎杀。之所以可以判断瑞斯汀报告的第一个值应该是以挪威英尺为单位，是因为在最初的出版刊物中，这个值被基本正确地转换为公制值 33.26 米（或 109.11 英尺）。瑞斯汀进一步指出，在 1922—1925 年的南大洋捕鲸季，挪威捕鲸人杀死了 6925 头鲸，其中只有 5 头个体体长超过 100 英尺（估计这里也是以挪威英尺为单位），因此体长数值如此之大是相当罕见的。有关这些数据的更多信息，参见 S. Risting, "Whales and Whale Foetuses: Statistics of Catch and Measurements Collected from the Norwegian Whalers' Association 1922–1925," *Rapports et ProcèsVerbaux Des Réunions* 50 (1928): 1–122.

[p.86]"**超过 136 吨**"：Waldon C. Winston, "The Largest Whale Ever Weighed," *Natural History Magazine*, 1950. 很明显，温斯顿记录了一头体长为 27.1 米的雌性蓝鲸（编号 319. B. F.）的体重，这头蓝鲸于 1948 年 1 月 27 日在南大洋被日本捕鲸人猎杀，是众多可靠的蓝鲸体重测量数据当中数值最大的。关于这头蓝鲸的报告十分详细，报告列举了体长 27.1 米的雌性蓝鲸的计件重量，清楚地说明了每一称重物的类型，例如鲸脂、骨头和器官等。温斯顿对这头蓝鲸的最终计数为 136.4 吨，但这一数值显然没有校正其中的液体损失，损失的液体量范围可能在总体重的 6% 到 10% 之间（见 Lockyer, 1976）。

[p.86]"**鲸类的体重增加了约 1 万倍**"：Philip D. Gingerich, "Paleobiological Perspectives on Mesonychia, Archaeoceti, and the Origin of Whales," in *The Emergence of Whales* (New York: Springer, 1998), pp. 423–49.

[p.87]"从鼻子到嘴巴": Nicholas D. Pyenson and Simon N. Sponberg, "Reconstructing Body Size in Extinct Crown Cetacea (Neoceti) Using Allometry, Phylogenetic Methods and Tests from the Fossil Record," *Journal of Mammalian Evolution* 18 (2011): 269–88.

[p.87] "曾经在不同支系上演化了数次": Graham J. Slater, Jeremy A. Goldbogen, and Nicholas D. Pyenson, "Independent Evolution of Baleen Whale Gigantism Linked to Plio-Pleistocene Ocean Dynamics," *Proceedings of the Royal Society B: Biological Sciences* 284 (2017): 20170546.

[p.88] "一些物种在几百万年前才消失": Robert W. Boessenecker, "Pleistocene Survival of an Archaic Dwarf Baleen Whale (Mysticeti: Cetotheriidae)," *Naturwissenschaften* 100 (2013): 365–71.

[p.88] "还是与它们生活的环境关系更大？": Gene Hunt and Kaustuv Roy, "Climate Change, Body Size Evolution, and Cope's Rule in Deep-Sea Ostracodes," *Proceedings of the National Academy of Sciences* 103, no. 5 (2006): 1347–52; Daniel W. McShea, "Mechanisms of Large-Scale Evolutionary Trends," *Evolution* 48 (1994): 1747–63.

[p.88] "它们几乎不需要咀嚼和咬碎食物": Alexander J. Werth, "Feeding in Marine Mammals," *in Feeding: Form, Function and Evolution in Tetrapod Vertebrates* (2000), pp. 475–514.

[p.89] "就像指甲、蹄子和毛发": Alexander J. Werth, "How Do Mysticetes Remove Prey Trapped in Baleen?" *Bulletin of the Museum of Comparative Zoology* 156 (2001): 189–203; Alexander J. Werth and Jean Potvin, "Baleen Hydrodynamics and Morphology of Cross-Flow Filtration in Balaenid Whale Suspension Feeding," *PLoS ONE* 11 (2016): e0150106.

[p.89] "它们曾拥有牙齿": Thomas A. Deméré et al., "Morphological and Molecular Evidence for a Stepwise Evolutionary Transition from Teeth to Baleen in Mysticete Whales," *Systematic Biology* 57 (2008): 15–37.

[p.89] "证据主要有三点"：在达尔文的《物种起源》第一版内容中，他设想如果经历足够长时间的选择，一群在水中捕食昆虫的黑熊可以为水生动物，例如须鲸，演化出滤食功能的过程提供类似的模拟场景。这一设想在后来的版本中被省略了，尽管在 1872 年，达尔文指出鸭子嘴巴里的薄片是摄食的过滤装置，这与须鲸的鲸须功能类似。参见：Carlos Peredo et al., "Decoupling Tooth Loss from the Evolution of Baleen in Whales," *Frontiers in Marine Science* 4 (2017): 67.

[p.90] "羽毛不是鸟类的专属"：Richard O. Prum and Andrew H. Brush, "Which Came First, the Feather or the Bird?" *Scientific American* 288 (2003): 84–93.

[p.91] "而是一排原始鲸须的脊"：Peredo et al., 2017.

[p.91] "这个地方的化石都是他们采集的"：道格拉斯·埃姆隆是藏品最丰富的收藏家之一。他的藏品中有所谓的第一种有齿须鲸：臼槽艾什欧鲸（Aetiocetus cotylalveus），参见 Douglas Emlong, "A New Archaic Cetacean from the Oligocene of Northwest Oregon," *Bulletin of the Oregon University Museum of Natural History* 3 (1966): 1–51; 以及 Clayton E. Ray, "Fossil Marine Mammals of Oregon," *Systematic Zoology* 25 (1976): 420–36. 近几十年来，分别居住于华盛顿州和俄勒冈州的詹姆斯·L·戈德特和肯特·吉布森也向史密森尼学会捐赠了他们收集的重要标本。

## 9　海洋中最大的骨头

[p.93] "包括一些尚未命名的鲸"：Philip A. Morin et al., "Genetic Structure of the Beaked Whale Genus Berardius in the North Pacific, with Genetic Evidence for a New Species," *Marine Mammal Science* 33 (2017): 96–111.

[p.94] "编号 USNM 268731"："USNM" 是美国国家博物馆（United States National Museum）的缩写，美国国家博物馆现在在从属关系上已不再属于史密森尼学会，但其仍然是保存学会的基础性藏品的官僚实体。史密森尼

学会的自然历史藏品在 19 世纪至 20 世纪中期属于美国国家博物馆，现在后者成了美国国家自然历史博物馆，缩写为 NMNH。原本美国国家博物馆的其他曾经存放于史密森尼学会艺术与工业大楼和史密森尼城堡的藏品，现在已经分散到史密森尼学会的其他部门。为了方便，我和同事们仍然把 NMNH 的收藏品称为"那些 USNM"，因此我们至今会给我们为国家藏品收集的标本贴上 USNM 目录的编号。

[p.94] **"世界上所有博物馆收藏品内最大的蓝鲸标本"**：Nicholas D. Pyenson, Jeremy A. Goldbogen, and Robert E. Shadwick, "Mandible Allometry in Extant and Fossil Balaenopteridae (Cetacea: Mammalia): The Largest Vertebrate Skeletal Element and Its Role in Rorqual Lunge Feeding," *Biological Journal of the Linnean Society* 108 (2013): 586–99.

[p.94] **"一个骨质的联合体"**：Tim D. White et al., *Human Osteology* (San Diego: Academic Press, 2011).

[p.95] **"借用梅尔维尔的话"**：赫尔曼·梅尔维尔,《白鲸》( New York: Harper and Brothers, 1851 )。《白鲸》第九章更多是关于海底深度的描述："然而，即使是在任何下沉都达不到的地方 —— '地狱的肚子里' —— 当鲸降落在海洋最深处的骨头堆上时，即使在那时，上帝也听到了这位后悔的先知的哭声。"

[p.95] **"西部峻峭的群岛之间"**：Graeme Eagles and Wilfried Jokat, "Tectonic Reconstructions for Paleobathymetry in Drake Passage," *Tectonophysics* 611 (2014): 28–50; 以及 Howie D. Scher et al., "Onset of Antarctic Circumpolar Current 30 Million Years Ago as Tasmanian Gateway Aligned with Westerlies," *Nature* 523 (2015): 580–83.

[p.96] **"他知道在那里他可以获得帮助"**：记载沙克尔顿及其远征的文献非常丰富。我最喜欢的叙述版本相对较新：Caroline Alexander, *The Endurance: Shackleton's Legendary Antarctic Expedition* (London: Bloomsbury, 1998)。对于初接

触沙克尔顿故事的人，可以先从最原始的叙述版本开始接触：Ernest H. Shackleton, *South: The Story of Shackleton's Last Expedition*, 1914–1917 (New York: Macmillan, 1920); 以及 Alfred Lansing, *Endurance: Shackleton's Incredible Voyage* (New York: Carroll and Graf Publishers, 1959).

[p.96] "包括挪威、英国和阿根廷"：R. Headland, *The Island of South Georgia* (Cambridge, UK: Cambridge University Press, 1984).

[p.96] "加工他们的猎物"：Tønnessen and Johnsen, 1982.

[p.96] "它们的呼吸声在港口回荡"：Tønnessen and Johnsen, 1982.

[p.96] "这都归咎于那一时期南大洋的捕鲸活动"：Rocha Jr. et al., 2014.

[p.96] "留下了珍贵的照片"：Frank Hurley, *South with Endurance: Shackleton's Antarctic Expedition* 1914–1917: The Photographs of Frank Hurley (New York: Simon & Schuster, 2001).

[p.97] "总共有 325000 头尺寸各异的蓝鲸被猎捕"：Trevor A. Branch et al., "Past and Present Distribution, Densities and Movements of Blue Whales Balaenoptera musculus in the Southern Hemisphere and Northern Indian Ocean," *Mammal Review* 37 (2007): 116–75.

[p.97] "还需要再过数十年"：Jennifer A. Jackson et al., "How Few Whales Were There After Whaling? Inference from Contemporary mtDNA Diversity," *Molecular Ecology* 17 (2008): 236–51.

[p.97] "而不是为了科学交流"：D. Graham Burnett, *The Sounding of the Whale: Science and Cetaceans in the Twentieth Century* (Chicago: University of Chicago Press, 2012).

[p.97] "他们的实际捕鲸量应当比上报的统计数据更高"：Alexey V. Yablokov, "Validity of Whaling Data," *Nature* 367 (1994): 108; Alfred A. Berzin, "The Truth About Soviet Whaling," *Marine Fisheries Review* 70 (2008): 4–59; Yulia V. Ivashchenko and Phillip J. Clapham, "Too Much Is Never Enough: The Cautionary Tale of

Soviet Illegal Whaling," *Marine Fisheries Review* 76 (2014): 1–22.

[p.97] "从捕鲸业中获得的": N. A. Mackintosh and J. F. G. Wheeler, "Southern Blue and Fin Whales," *Discovery Reports* 1 (1929): 257–540.

[p.98] "仔细研究这些报告的人": Burnett, 2010. 凯洛格所留下的成果之一，是持续记录了国际捕鲸委员会年度科学委员会的报告内容。年度科学委员会是全世界科学家聚集在一起分享鲸类种群最新数据的主要场合之一。科学家们交流的内容涉及一系列的话题，从遗传学和生态学到各种污染对鲸类的影响，当然，还有捕鲸的影响。

[p.99] "就像现在对许多渔业资源一样": Stan Ulanski, *The Billfish Story: Swordfish, Sailfish, Marlin, and Other Gladiators of the Sea* (Athens: University of Georgia Press, 2013); Paul Greenberg, *Four Fish: The Future of the Last Wild Food* (New York: Penguin Press, 2010).

[p.99] "我们依然知之甚少": James A. Estes et al., eds., *Whales, Whaling, and Ocean Ecosystems* (Berkeley: University of California Press, 2007); James A. Estes et al., "Trophic Downgrading of Planet Earth," *Science* 333 (2011): 301–6.

[p.100] "就船上收集的标本": Quentin R. Walsh and P. J. Capelotti, *The Whaling Expedition of the Ulysses, 1937–38* (Gainesville: University Press of Florida, 2010).

[p.102] "较小的下颌骨比较大的下颌骨更具机械优势": Pyenson et al., 2013.

[p.102] "和看着键盘打字统计的苦活儿": Jeremy A. Goldbogen, Jean Potvin, and Robert E. Shadwick, "Skull and Buccal Cavity Allometry Increase Mass-Specific Engulfment Capacity in Fin Whales," *Proceedings of the Royal Society of London B: Biological Sciences* 277 (2010): 861–68.

## 10 "鲸之峡湾"的发现

[p.104] "控制它们的飞行轨迹": Frank E. Fish and George V. Lauder, "Control Surfaces of Aquatic Vertebrates: Active and Passive Design and Function," *Journal of Experimental Biology* 220 (2017): 4351–63.

[p.105] "有点儿类似机械过程": Steven Vogel, *Life's Devices: The Physical World of Animals and Plants* (Princeton, NJ: Princeton University Press, 1988).

[p.105] "需要消耗的能量": Jeremy A. Goldbogen, Nicholas D. Pyenson, and Robert E. Shadwick, "Big Gulps Require High Drag for Fin Whale Lunge Feeding," *Marine Ecology Progress Series* 349 (2007): 289–301.

[p.106] "有一个拖拉机轮胎那么大": 尺寸的估算来自: Mai Nguyen, "How Scientists Preserved a 440-Pound Blue Whale Heart," *Wired,* July 2, 2017, www.wired.com/story/how-scientists-preserved-a-440-pound -blue-whale-heart/.

[p.106] "合计有数千升": John M. Gosline and Robert E. Shadwick, "The Mechanical Properties of Fin Whale Arteries Are Explained by Novel Connective Tissue Designs," *Journal of Experimental Biology* 199 (1996): 985–97.

[p.106] "又重新上升": Drake et al., eds., Gray's Anatomy for Students (Philadelphia: Churchill Livingstone/Elsevier, 2014).

[p.106] "鲍勃和他的同事们发现": Gosline and Shadwick, 1996.

[p.106] "还没有人记录过一头野生须鲸的心跳": Eric A. Wahrenbrock et al., "Respiration and Metabolism in Two Baleen Whale Calves," *Marine Fisheries Review* 36 (1974): 3–8.

[p.107] "似乎最多只能张到 90 度": Paul F. Brodie, "Feeding Mechanics of Rorquals *Balaenoptera* sp.," in Jean-Michel Mazin and Vivian de Buffrénil, eds., *Secondary Adaptation of Tetrapods to Life in Water: Proceedings of the International Meeting, Poitiers, 1996* (Munich: Verlag Dr. Friedrich Pfeil, 2001).

[p.107] "长须鲸的种群数量大约是 5 万头": Stephen B. Reilly et al., "Balaenoptera physalus," *The IUCN Red List of Threatened Species* (2013): e.T2478A44210520, http://dx.doi.org/10.2305/IUCN.UK.2013-1.RLTS.T2478A44210520.en.

[p.111] "哪怕是最好的专题文章": 例如 H. von W. Schulte, "Anatomy of a

Foetus of Balaenoptera borealis," *Memoirs of the American Museum of Natural History*, New Series 1, part 6 (1916): 389–502.

[p.111] "需要多长时间？": Marina A. Piscitelli et al., "Lung Size and Thoracic Morphology in Shallow- and Deep-Diving Cetaceans," *Journal of Morphology* 271 (2010): 654–73.

[p.111] "也对它们摄食的时间长短有影响": A. Acevedo-Gutierrez, D. A. Croll, and B. R. Tershy, "High Feeding Costs Limit Dive Time in the Largest Whales," *Journal of Experimental Biology* 205 (2002): 1747–53.

[p.111] "通过一张嵌在颈椎骨中的面条状网络进入大脑": M. A. Lillie et al., "Cardiovascular Design in Fin Whales: High-Stiffness Arteries Protect Against Adverse Pressure Gradients at Depth," *Journal of Experimental Biology* 216 (2013): 2548–63.

[p.111] "这是逆流交换系统的典型标志": Per Fredrik Scholander and William E. Schevill, "Counter-Current Vascular Heat Exchange in the Fins of Whales," *Journal of Applied Physiology* 8 (1955): 279–82; Knut Schmidt-Nielsen, "Countercurrent Systems in Animals," *Scientific American* 244 (1981): 118–29.

[p.111] "在长须鲸身体的每一部分是如何排布": John E. Heyning and James G. Mead, "Thermoregulation in the Mouths of Feeding Gray Whales," *Science* 278 (1997): 1138–40.

[p.112] "快速地张开和闭合下颌": Brodie, 2001.

[p.113] "除非你意识到自己的无知": 这个说法提出已经有一段时间了。丹尼尔·J. 布尔斯廷在一次采访之中的表述或许是最好的："无知不是阻碍发现的最大障碍，对知识的错觉才是。" Carol Krucoff, "The 6 O' Clock Scholar," *Washington Post*, January 29, 1984, https://www.washingtonpost.com/archive/lifestyle/1984/01/29/the-6-oclock-scholar.

[p.114] "手头的解剖学复印本": 其中包括 Schulte, 1916. 我们还参考了

August Pivorunas, "The Fibrocartilage Skeleton and Related Structures of the Ventral Pouch of Balaenopterid Whales," *Journal of Morphology* 151 (1977): 299–313, 和其中的参考文献。

## 11 物理学与剥皮刀

[p.115] "像一头须鲸科动物一样去进食": J. A. Goldbogen et al., "How Baleen Whales Feed: The Biomechanics of Engulfment and Filtration," *Annual Review of Marine Science* 9 (2017): 367–86.

[p.115] "随后吞下": Alexander J. Werth and Haruka Ito, "Sling, Scoop, and Squirter: Anatomical Features Facilitating Prey Transport, Processing, and Swallowing in Rorqual Whales (Mammalia: Balaenopteridae)," *Anatomical Record* 300 (2017): 2070–86; R. H. Lambertsen, "Internal Mechanism of Rorqual Feeding," *Journal of Mammalogy* 64 (1983): 76–88.

[p.116] "形成了喉囊的外表面": Lisa S. Orton and Paul F. Brodie, "Engulfing Mechanics of Fin Whales," *Canadian Journal of Zoology* 65 (1987): 2898–907.

[p.116] "须鲸科动物的喉囊研究中": Jean Potvin, Jeremy A. Goldbogen, and Robert E. Shadwick, "Scaling of Lunge Feeding in Rorqual Whales: An Integrated Model of Engulfment Duration," *Journal of Theoretical Biology* 267 (2010): 437–53.

[p.116] "不同尺寸下的工作效果": Jean Potvin, Jeremy A. Goldbogen, and Robert E. Shadwick, "Metabolic Expenditures of Lunge Feeding Rorquals Across Scale: Implications for the Evolution of Filter Feeding and the Limits to Maximum Body Size," *PLoS ONE* 7 (2012): e44854.

[p.117] "被动喉囊扩张论还是主动喉囊扩张论？": Jean Potvin, Jeremy A. Goldbogen, and Robert E. Shadwick, "Passive Versus Active Engulfment: Verdict from Trajectory Simulations of Lunge-Feeding Fin Whales," *Journal of the Royal*

*Society Interface* 6 (2009): 1005–25.

[p.117] "倒 Y 形结构的左右分支": Pivorunas, 1977.

[p.118] "了解神经在冲刺捕食过程中的作用": A. Wayne Vogl et al., "Stretchy Nerves: Essential Components of an Extreme Feeding Mechanism in Rorqual Whales," *Current Biology* 25 (2015): R360–61.

[p.120] "通过符合标准的运输许可后运送而来": 所有采集自冰岛的组织样本都获得了《濒危野生动植物物种国际贸易公约》（CITES）批准的许可证，随后转移并进口至加拿大。

[p.121] "外星黏液秘密所需要的所有线索": Nicholas D. Pyenson et al., "Discovery of a Sensory Organ That Coordinates Lunge Feeding in Rorqual Whales," *Nature* 485 (2012): 498–501.

[p.122] "只喜欢偏向特定的一侧": 此外，长须鲸是地球上唯一一种体色一直不对称的哺乳动物，它的右侧喉部和下颌有白色的火焰状斑纹，左侧则是黑色的。Bernie R. Tershy and David N. Wiley, "Asymmetrical Pigmentation in the Fin Whale: A Test of Two Feeding Related Hypotheses," *Marine Mammal Science* 8 (1992): 315–18.

## 12 生物的极限

[p.124] "岛屿矮态": 体形庞大的动物在与世隔绝、资源有限的环境条件下，经过数代的演化，体形变小的现象。

[p.124] "随着地质时期发展而体形变大": John Alroy, "Cope's Rule and the Dynamics of Body Mass Evolution in North American Fossil Mammals," *Science* 280 (1998): 731–34.

[p.125] "巨无霸级别": Roger B. J. Benson et al., "Cope's Rule and the Adaptive Landscape of Dinosaur Body Size Evolution," *Palaeontology* 61 (2017): 13–48.

[p.125] "相同的体形级别": Felisa A. Smith et al., "The Evolution of Maximum

Body Size of Terrestrial Mammals," *Science* 330 (2010): 1216–19.

[p.125] "几乎整个演化历史的时间": Nicholas D. Pyenson and Geerat J. Vermeij, "The Rise of Ocean Giants: Maximum Body Size in Cenozoic Marine Mammals as an Indicator for Productivity in the Pacific and Atlantic Oceans," *Biology Letters* 12 (2016): 20160186.

[p.125] "这是非常有用的": John T. Bonner, *Why Size Matters: From Bacteria to Blue Whales* (Princeton, NJ: Princeton University Press, 2011); Knut Schmidt-Nielsen, *Scaling: Why Is Animal Size So Important?* (Cambridge, UK: Cambridge University Press, 1984).

[p.126] "因体温过高产生的代价": Peter J. Corkeron and Richard C. Connor, "Why Do Baleen Whales Migrate?" *Marine Mammal Science* 15 (1999): 1228–45.

[p.126] "这一基础数据": Jerry F. Downhower and Lawrence S. Blumer, "Calculating Just How Small a Whale Can Be," *Nature* 335 (1988): 675.

[p.127] "寿命也更长": Geoffrey B. West and James H. Brown, "Life's Universal Scaling Laws," *Physics Today* 57 (2004): 36–43.

[p.127] "或物体的表面积与体积之比": West and Brown, 2004.

[p.127] "还能在它们上浮至水面期间快速回胀": Marina A. Piscitelli et al., "A Review of Cetacean Lung Morphology and Mechanics," *Journal of Morphology* 274 (2013): 1425–40.

[p.127] "血红蛋白浓度很高": Shawn R. Noren and Terrie M. Williams, "Body Size and Skeletal Muscle Myoglobin of Cetaceans: Adaptations for Maximizing Dive Duration," *Comparative Biochemistry and Physiology Part A: Molecular & Integrative Physiology* 126 (2000): 181–91.

[p.127] "上述显著的血液特征": Scott Mirceta et al., "Evolution of Mammalian Diving Capacity Traced by Myoglobin Net Surface Charge," *Science* 340 (2013): 1234192.

[p.127] "就像今天的鸟类一样"：Mathew J. Wedel, "A Monument of Inefficiency: The Presumed Course of the Recurrent Laryngeal Nerve in Sauropod Dinosaurs," *Acta Palaeontologica Polonica* 57 (2011): 251–56.

[p.128] "现生生物体长的理论最大值"：Potvin, Goldbogen, and Shadwick, 2012.

[p.129] "这些方法的组合"：M. M. Walker et al., "Evidence That Fin Whales Respond to the Geomagnetic Field During Migration," *Journal of Experimental Biology* 171 (1992): 67–78.

[p.129] "集群使用'气泡网'捕食"：David Wiley et al., "Underwater Components of Humpback Whale Bubble-Net Feeding Behaviour," *Behaviour* 148 (2011): 575–602.

[p.129] "随机组合或解散"：Jenny Allen et al., "NetworkBased Diffusion Analysis Reveals Cultural Transmission of Lobtail Feeding in Humpback Whales," *Science* 340 (2013): 485–88.

[p.129] "座头鲸的一种文化"：Hal Whitehead and Luke Rendell, *The Cultural Lives of Whales and Dolphins* (Chicago: University of Chicago Press, 2014).

[p.132] "围绕太阳公转的活动决定"：Jamie Woodward, *The Ice Age: A Very Short Introduction*, vol. 380 (Oxford, UK: Oxford University Press, 2014).

[p.132] "集中分布在局部地区"：J. R. Marlow et al., "Upwelling Intensification as Part of the Pliocene-Pleistocene Climate Transition," *Science* 290 (2000): 2288–91.

[p.132] "也具有同样的优势"：Goldbogen et al., 2017.

## 13　北极的时光机

[p.137] "他们执行的整场任务也会遭遇灾难"：讲述富兰克林探险队故事的书籍在不断增加，特别是现在人们已经发现皇家海军舰艇"恐怖号"和"幽冥号"位于加拿大北极区的海底。参见 Paul Watson, *Ice Ghosts: The Epic Hunt for the Lost Franklin Expedition* (New York: W. W. Norton, 2017).

[p.137] "救援任务也都以惨痛失败告终"：W. Gillies Ross, "The Type and Number of Expeditions in the Franklin Search 1847–1859," *Arctic* 55 (2002): 57–69.

[p.137] "约翰·富兰克林"：富兰克林的第一任妻子在他先前参加北方海域探险的时候去世，留下一个没有父母照顾的女儿。1835年，富兰克林已经60多岁，并不是指挥这次探险的最佳人选，他在塔斯马尼亚州担任一名文职行政官之后，他便极力证明自己的能力。参见 Kathleen Fitzpatrick, "Franklin, Sir John (1786—1847)," in Douglas Pike, ed., *Australian Dictionary of Biography,* Vol. 1, 1788—1850, A–H (Melbourne, Australia: Melbourne University Publishing, 1966), http://adb. anu.edu. au/biography/franklin-sir-john-2066/text2575.

[p.138] "当弓头鲸母子在'幽冥号'船边嬉闹的时候"：值得指出的是，在1845年即将去往北极之前，"幽冥号"和"恐怖号"刚完成一次南极洲探险任务（1839—1843）。领队之人是詹姆斯·克拉克·罗斯爵士，在他的领导下，罗斯探险的主要目的是科学考察，探险队根据在此过程中发现的内容出版了许多文献，包括对罗斯海豹的最早描述，罗斯海豹至今仍是南极海豹当中最不知名也最罕见的一个物种。见 M. J. Ross, *Ross in the Antarctic: The Voyages of James Clark Ross in Her Majesty's Ships Erebus and Terror, 1839—1843* (Whitby, UK: Caedmon of Whitby, 1982).

[p.139] "它们能够打破冰层"：John C. George et al., "Observations on the Ice-Breaking and Ice Navigation Behavior of Migrating Bowhead Whales (Balaena mysticetus) Near Point Barrow, Alaska, Spring 1985," *Arctic* 42 (1989): 24–30.

[p.139] "因无力打破冰层而溺死"：Morten P. Porsild, "On 'Savssats': A Crowding of Arctic Animals at Holes in the Sea Ice," *Geographical Review* 6 (1918): 215–28; Mats P. Heide-Jørgensen et al., "Three Recent Ice Entrapments of Arctic Cetaceans in West Greenland and the Eastern Canadian High Arctic," *NAMMCO Scientific Publications* 4 (2002): 143–48.

[p.139] "如今'幽冥号'和'恐怖号'长眠的海区"：Watson, 2017.

[p.139] "从北极延伸下来的冰层": Sue E. Moore and Kristin L. Laidre, "Trends in Sea Ice Cover Within Habitats Used by Bowhead Whales in the Western Arctic," *Ecological Applications* 16 (2006): 932–44.

[p.140] "每天能增加超过约 45 公斤的重量": Christina Lockyer, "Review of Baleen Whale (Mysticeti) Reproduction and Implications for Management," *Reports of the International Whaling Commission, Special Issue* 6 (1984): 27–50.

[p.140] "弓头鲸的发育更为缓慢": John C. George et al., "Age and Growth Estimates of Bowhead Whales (*Balaena mysticetus*) via Aspartic Acid Racemization," *Canadian Journal of Zoology* 77 (1999): 571–80.

[p.140] "不是一件简单的事": Aleta A. Hohn, "Age Estimation," in W. F. Perrin et al., eds., *Encyclopedia of Marine Mammals*, 2nd ed. (San Diego, CA: Academic Press, 2009): 11–17.

[p.140] "就像树木的年轮一样": W. F. Perrin and A. C. Myrick Jr., eds., "Age Determination of Toothed Whales and Sirenians," *Reports of the International Whaling Commission, Special Issue* 3 (1980): 1–229.

[p.140] "而不是记录了弓头鲸的一辈子": S. C. Lubetkin et al., "Age Estimation for Young Bowhead Whales (Balaena mysticetus) Using Annual Baleen Growth Increments," *Canadian Journal of Zoology* 86 (2008): 525–38.

[p.140] "可读取的分层结构": Cheryl Rosa et al., "Age Estimates Based on Aspartic Acid Racemization for Bowhead Whales (Balaena mysticetus) Harvested in 1998–2000 and the Relationship Between Racemization Rate and Body Temperature," *Marine Mammal Science* 29 (2013): 424–45.

[p.141] "那时的阿拉斯加仍属于俄罗斯的领土": John Murdoch, *Ethnological Results of the Point Barrow Expedition*, Ninth Annual Report of the Bureau of Ethnology to the Secretary of the Smithsonian 1887—1888 (Washington, DC: Government Printing Office, 1892).

[p.141] "133 岁": John C. George et al., "A New Way to Estimate the Age of Bowhead Whales (Balaena mysticetus) Using Ovarian Corpora Counts," *Canadian Journal of Zoology* 89 (2011): 840–52.

[p.141] "这个过程被称为外消旋化": J. L. Bada and S. E. Brown, "Amino Acid Racemization in Living Mammals: Biochronological Applications," *Trends in Biochemical Sciences* 5 (1980): 3–5.

[p.141] "被猎杀时它竟然已经 211 岁了": 对于这头编号为 95WW5 的鲸，其年龄估算值的标准误差为 35 岁，上限 246 岁，下限 176 岁。克雷格和他的同事一共报告了 10 头年龄超过 100 岁的弓头鲸，其中包括 95B9，年龄上限为 201 岁。见 George et al., 1999 and 2011.

[p.141] "路易斯和克拉克探险": 路易斯和克拉克的西部探险，自 1804 年到 1806 年，由两位年轻军官和 41 名探险队员、1 名婴儿和 1 条狗组成的西部探险队，为开辟一条由美国东海岸到西海岸的陆上水路而进行的探险活动。

[p.142] "形成一张致密的垫子": Alexander J. Werth, "Models of Hydrodynamic Flow in the Bowhead Whale Filter Feeding Apparatus," *Journal of Experimental Biology* 207 (2004): 3569–80.

[p.143] "获得它的年度总结": Sang Heon Lee et al., "Regional and Seasonal Feeding by Bowhead Whales *Balaena mysticetus* as Indicated by Stable Isotope Ratios," *Marine Ecology Progress Series* 285 (2005): 271–87.

[p.143] "与北极食物网基础生产力损失有关的生物学信号": Paul Szpak et al., "Long-Term Ecological Changes in Marine Mammals Driven by Recent Warming in Northwestern Alaska," *Global Change Biology* 24 (2018): 490–503.

[p.144] "船只冲撞对露脊鲸来说是严重的威胁": 北大西洋露脊鲸的处境依然不容乐观。2017 年，有 17 头北大西洋露脊鲸死亡，死亡原因主要为船只撞击或渔网缠绕造成的创伤。这样的死亡率对一个仅有大约 450 头个体的物种来说是极其沉重的打击。见 Stephanie Taylor and Tony R. Walker, "North

Atlantic Right Whales in Danger," *Science* 358 (2017): 730–31.

[p.145] "（此前调查的努力量也并非不足）"：Paul Wade et al., "Acoustic Detection Satellite-Tracking Leads to Discovery of Rare Concentration of Endangered North Pacific Right Whales," *Biology Letters* 2 (2006): 417–19.

[p.145]"移动速度可能是露脊鲸游泳速度的10倍"：Scott D. Kraus et al., "North Atlantic Right Whales in Crisis," *Science* 309 (2005): 561–62.

[p.145] "更长期地进入这一区域"：Jeff W. Higdon and Steven H. Ferguson, "Loss of Arctic Sea Ice Causing Punctuated Change in Sightings of Killer Whales (Orcinus orca) over the Past Century," *Ecological Applications* 19 (2009): 1365–75.

[p.145] "虎鲸的咬痕在弓头鲸的鳍肢和尾叶上并不罕见"：J. Craig George et al., "Frequency of Injuries from Line Entanglements, Killer Whales, and Ship Strikes on Bering-Chukchi-Beaufort Seas Bowhead Whales," *Arctic* 70 (2017): 37–46.

[p.145] "整体生产力有所提高"：Kristin L. Laidre et al., "Arctic Marine Mammal Population Status, Sea Ice Habitat Loss, and Conservation Recommendations for the 21st Century," *Conservation Biology* 29 (2015): 724–37.

[p.146] "另外一个差异巨大的趋势"：Anthony D. Barnosky et al., "Approaching a State Shift in Earth's Biosphere," *Nature* 486 (2012): 52–58.

[p.146] "一万年前的弓头鲸头骨和下颌骨"：Arthur S. Dyke, James Hooper, and James M. Savelle, "A History of Sea Ice in the Canadian Arctic Archipelago Based on Postglacial Remains of the Bowhead Whale (Balaena mysticetus)," *Arctic* 49 (1996): 235–55.

[p.147] "其他副作用"：尤其是塑料，它们普遍存在于海洋里，就算被分解了也会作为微小的颗粒存在于食物网中。Elitza S. Germanov et al., " Microplastics: No Small Problem for Filter-Feeding Megafauna," *Trends in Ecology & Evolution* (2018): 227–32.

[p.147] "北极即将在我们的寿命范围内解体"：本节所提到的数据和事实主要来源于北极理事会 2017 年 SWIPA 报告及其参考资料。*Arctic Monitoring and Assessment Programme, Snow, Water, Ice and Permafrost: Summary for Policy-makers* (Oslo: AMAP, 2017).

## 14　改变基线

[p.148] "支撑生态学的两个重要思想"：Jonathan M. Chase, "Are There Real Differences Among Aquatic and Terrestrial Food Webs?" *Trends in Ecology & Evolution* 15 (2000): 408–12.

[p.148] "包括磷虾和其他浮游动物"：Andrew W. Trites, "Food Webs in the Ocean: Who Eats Whom and How Much," in Michael Sinclair and Grimur Valdimarsson, eds., *Responsible Fisheries in the Marine Ecosystem* (Wallingford, UK: CABI Publishing/Food and Agriculture Organization of the United Nations, 2003): 125–41.

[p.148] "我们是生物圈的顶级消费者"：Estes et al., 2011.

[p.150] "金字塔的底部则稍有倒转"：Jonathan B. Shurin, Daniel S. Gruner, and Helmut Hillebrand, "All Wet or Dried Up? Real Differences Between Aquatic and Terrestrial Food Webs," *Proceedings of the Royal Society of London B: Biological Sciences* 273 (2006): 1–9.

[p.150] "自下而上互动观点的排他性"：Estes et al., eds., 2007.

[p.150] "而海獭则非常喜欢吃海胆"：J. A. Estes and J. F. Palmisano, "Sea Otters: Their Role in Structuring Nearshore Communities," *Science* 185 (1974): 1058–60.

[p.151] "吉姆·埃斯蒂斯和他的同事认为"：James A. Estes et al., "Killer Whale Predation on Sea Otters Linking Oceanic and Nearshore Ecosystems," *Science* 282 (1998): 473–76.

[p.151] "我们忘却了这个世界过去的模样"：Jeremy B. C. Jackson, "Ecological

Extinction and Evolution in the Brave New Ocean," *Proceedings of the National Academy of Sciences* 105 (2008): 11458–65.

[p.152] "这些动物曾经的种群基线丰度是怎么样的": Daniel Pauly, "Anecdotes and the Shifting Baseline Syndrome of Fisheries," *Trends in Ecology & Evolution* 10 (1995): 430.

[p.152] "基因发生遗传瓶颈": 指一个大的多样性群体在某种条件的限制下，只有少部分个体可以通过某个时空到达新的繁殖地，并由这些个体进一步繁殖成一个多态性的小群体。

[p.152] "座头鲸的数量比现在的数量丰富了许多倍": Joe Roman and Stephen R. Palumbi, "Whales Before Whaling in the North Atlantic," *Science* 301 (2003): 508–10.

[p.153] "鲸类的粪便对海洋生态系统有重要的影响": Joe Roman and James J. McCarthy, "The Whale Pump: Marine Mammals Enhance Primary Productivity in a Coastal Basin," *PLoS ONE* 5 (2010): e13255.

## 15　所有走向灭绝的方法

[p.156] "近代地球历史上的一个关键时刻": Aaron O'Dea et al., "Formation of the Isthmus of Panama," *Science Advances* 2 (2016): e1600883.

[p.156] "分离了它们的演化路径": Egbert G. Leigh, Aaron O'Dea, and Geerat J. Vermeij, "Historical Biogeography of the Isthmus of Panama," *Biological Reviews* 89 (2014): 148–72.

[p.159] "最后一次白鱀豚调查中没有发现任何白鱀豚": Samuel T. Turvey et al., "First Human-Caused Extinction of a Cetacean Species?" *Biology Letters* 3 (2007): 537–40.

[p.159] "我们可以阅读霍伊的描述": C. M. Hoy, "The 'White-Flag Dolphin' of the Tung Ting Lake," *China Journal of Arts and Science* 1 (1923): 154–57.

[p.161] "给了史密森尼学会": G. S. Miller, "A New River Dolphin from China," *Smithsonian Miscellaneous Collections* 68 (1918): 1–12.

[p.162] "20 世纪中叶": G. G. Simpson, "The Principles of Classification, and a Classification of Mammals," *Bulletin of the American Museum of Natural History* 85 (1945): 1–350.

[p.162] "它们有着不同的祖先": H. Hamilton et al., "Evolution of River Dolphins," *Proceedings of the Royal Society of London B: Biological Sciences* 268 (2001): 549–56.

[p.163] "'*Isthminia panamensis*'": N. D. Pyenson et al., "Isthminia panamensis, a New Fossil Inioid (Mammalia, Cetacea) from the Chagres Formation of Panama and the Evolution of 'River Dolphins' in the Americas," *PeerJ* 3 (2015): e1227.

[p.163] "听起来很抽象": 每年，全球的渔业兼捕大约可杀死 60 万头大大小小的鲸类动物。见 Andrew J. Read, Phebe Drinker, and Simon Northridge, "Bycatch of Marine Mammals in US and Global Fisheries," *Conservation Biology* 20 (2006): 163–69.

[p.163] "它们自 1958 年才为科学界所知"：K. S. Norris and W. N. McFarland, "A New Harbor Porpoise of the Genus *Phocoena* from the Gulf of California," *Journal of Mammalogy* 39 (1958): 22–39.

[p.164] "得到的数字或许会更小"：美国海洋哺乳动物委员会（一个联邦监督机构）和国际自然和自然资源保护联盟（世界自然保护联盟，濒危物种红色名录的编撰者）共同组建了一个名为"CIRVA"的委员会，全称为"国际小头鼠海豚恢复委员会"（International Committee for the Recovery of the Vaquita），该委员会一直以来都在处理与小头鼠海豚有关的问题。截至作者撰写本书，文件 CIRVA-9（发布于 2017 年 5 月）是汇报小头鼠海豚近况的最新文件，而当时大部分公众可获取的小头鼠海豚数量调查结果来源于文件 CIRVA-8（发布于 2016 年 11 月）。

[p.164] "当地和世界市场的牺牲品": Environmental Investigation Agency, "Dual Extinction: The Illegal Trade in the Endangered Totoaba and Its Impact on the Critically Endangered Vaquita," briefing to the 66th Standing Committee of CITES, January 11–15, 2016, https://drive.google.com/viewerng/viewer?url=https://eia-international.org/wp-content/uploads/EIA-Dual-Extinction-mr.pdf.

[p.165] "来围捕小头鼠海豚": Nick Pyenson, "Ballad of the Last Porpoise," *Smithsonian*, November 2017, pp. 29–33.

[p.165] "被精神压力击溃而死亡": Livia Albeck-Ripka, "30 Vaquita Porpoises Are Left; One Died in a Rescue Mission," *New York Times*, November 11, 2017.

[p.166] "判断错误的可能性": Samuel T. Turvey et al., "Spatial and Temporal Extinction Dynamics in a Freshwater Cetacean," *Proceedings of the Royal Society of London B: Biological Sciences* 277 (2010): 3139–47.

# 16 人类世的演化

[p.168] "作为自我防御的武器": 这是一篇我最喜欢的学术论文之一，描述了鲸类动物在演化过程中出现武装竞争的生态框架: John K. B. Ford and Randall R. Reeves. "Fight or Flight: Antipredator Strategies of Baleen Whales," *Mammal Review* 38 (2008): 50–86.

[p.169] "它们以鲨鱼为食": John K. B. Ford et al., "Shark Predation and Tooth Wear in a Population of Northeastern Pacific Killer Whales," *Aquatic Biology* 11 (2011): 213–24.

[p.169] "许多散乱但诱人的渐新世岩石": Alexandra T. Boersma and Nicholas D. Pyenson, "*Arktocara yakataga*, a New Fossil Odontocete (Mammalia, Cetacea) from the Oligocene of Alaska and the Antiquity of Platanistoidea," *PeerJ* 4 (2016): e2321.

[p.170] "它的最后一顿饭看起来是一头港海豹": Stephen Raverty，私人通信，2017 年 8 月。

[p.170] "作为基础的后续研究中": Alan M. Springer et al., "Sequential Megafaunal Collapse in the North Pacific Ocean: An Ongoing Legacy of Industrial Whaling?," *Proceedings of the National Academy of Sciences of the USA* 100 (2003): 12223–28.

[p.171] "与它们大小相同或更小的物种时": Ford and Reeves, 2008.

[p.171] "让人类旁观者感到不适": John K. B. Ford, Graeme M. Ellis, and Kenneth C. Balcomb, *Killer Whales: The Natural History and Genealogy of Orcinus orca in British Columbia and Washington* (Vancouver: UBC Press, 2000).

[p.171] "虎鲸可以活到90多岁": Lauren J. N. Brent et al., "Ecological Knowledge, Leadership, and the Evolution of Menopause in Killer Whales," *Current Biology* 25 (2015): 746–50.

[p.172] "人类化学遗留物的流动档案": Robert C. Lacy et al., "Evaluating Anthropogenic Threats to Endangered Killer Whales to Inform Effective Recovery Plans," *Scientific Reports* 7 (2017): 14119.

[p.172] "损害它们的身体健康和生殖健康": Larry Pynn, "The Hunger Games: Two Killer Whales, Same Sea, Different Diets," *Hakai Magazine*, November 28, 2017, https://www.hakaimagazine.com/features/hunger-games-two-killer-whales-same-sea-different-diets/.

[p.172] "EQ": Hal Jerison, *Evolution of the Brain and Intelligence* (New York: Academic Press, 1973).

[p.172]"黑猩猩之前":Lori Marino, Daniel W. McShea, and Mark D. Uhen, "Origin and Evolution of Large Brains in Toothed Whales," *Anatomical Record* 281 (2004): 1247–55.

[p.172] "就像我们人类的大脑一样": Lori Marino et al., "Cetaceans Have Complex Brains for Complex Cognition," *PLoS Biology* 5 (2007): e139.

[p.172] "在解剖学上是有证明基础的": Lori Marino, "Convergence of

Complex Cognitive Abilities in Cetaceans and Primates," *Brain, Behavior and Evolution* 59 (2002): 21–32.

[p.173] "宽吻海豚、虎鲸": Diana Reiss and Lori Marino, "Mirror Self-recognition in the Bottlenose Dolphin: A Case of Cognitive Convergence," *Proceedings of the National Academy of Sciences* 98 (2001): 5937–42.

[p.173] "橡皮般的啁啾声": Michael J. Noad et al., "Cultural Revolution in Whale Songs," *Nature* 408 (2000): 537.

[p.173] "与小须鲸联系在一起": Shannon Rankin and Jay Barlow, "Source of the North Pacific 'Boing' Sound Attributed to Minke Whales," *Journal of the Acoustical Society of America* 118 (2005): 3346–51.

[p.174] "这可是一项艰难的挑战": M. Bearzi and C. B. Stanford, *Beautiful Minds: The Parallel Lives of Great Apes and Dolphins* (Cambridge, MA: Harvard University Press, 2008).

[p.174] "鲸类拥有文化": Hal Whitehead and Luke Rendell, *The Cultural Lives of Whales and Dolphins* (Chicago: University of Chicago Press, 2014).

[p.174] "抹香鲸有着独特的声学氏族": Luke E. Rendell and Hal Whitehead, "Vocal Clans in Sperm Whales (Physeter macrocephalus)," *Proceedings of the Royal Society of London B: Biological Sciences* 270 (2003): 225–31.

[p.175] "及其所有独特的文化传统": Shane Gero, "The Lost Culture of Whales," *New York Times*, October 8, 2016.

[p.175] "体形要恰到好处": Ana D. Davidson et al., "Multiple Ecological Pathways to Extinction in Mammals," *Proceedings of the National Academy of Sciences* 106 (2009): 10702–5.

[p.175] "日益城市化的海洋环境": Douglas J. McCauley et al., "Marine Defaunation: Animal Loss in the Global Ocean," *Science* 347 (2015): 1255641.

[p.176] "'金发姑娘'原则": Goldilock's principle, 源于童话《金发姑娘和三只熊》。

原则指出，凡事必有度，不能超越极限。

[p.176] **"维持在全球范围的分布"**: Ana D. Davidson et al., "Drivers and Hotspots of Extinction Risk in Marine Mammals," *Proceedings of the National Academy of Sciences* 109 (2012): 3395–400. 依据化石记录的记载，广阔的地理分布范围有助于物种在重大灭绝事件中存活下来。Jonathan L. Payne and Seth Finnegan, "The Effect of Geographic Range on Extinction Risk During Background and Mass Extinction," *Proceedings of the National Academy of Sciences* 104 (2007): 10506–11.

[p.177] **"支系分裂的第一步已经踏出"**: 在过去 20 万年里，北太平洋过客生态型和居留生态型的虎鲸拥有各自独立的演化单元，而南极虎鲸不同生态型之间的分化则出现得更晚、更接近现在。见 Andrew D. Foote et al., "Genome-Culture Coevolution Promotes Rapid Divergence of Killer Whale Ecotypes," *Nature Communications* 7 (2016): 11693.

## 17　鲸骨路口

[p.179] **"可能是在 20 世纪 50 年代拍的"**: 这张呈现小朋友站在鲸骨路口处的鲸骨架边的历史照片被存档于北卡罗来纳州曼蒂奥的外滩历史中心，该中心由北卡罗来纳州档案馆的特别收藏科管理。

[p.180] **"根据它们特有的蓬松、心形的喷潮形状认出它们"**: Leatherwood et al., 1988.

[p.180] **"仍没有得到很好的研究"**: S. B. Reilly et al., *"Eschrichtius robustus,"* *The IUCN Red List of Threatened Species* (2008): e.T8097A12885255, http://dx.doi.org/10.2305/IUCN.UK.2008.RLTS.T8097A12885255.en.

[p.180] **"为白令海和楚科奇海"**: Joe Roman et al., "Whales as Marine Ecosystem Engineers," *Frontiers in Ecology and the Environment* 12 (2014): 377–85.

[p.181] **"第一篇关于活体灰鲸的观察报告"**: Peter J. Bryant, Christopher M. Lafferty, and Susan K. Lafferty, "Reoccupation of Laguna Guerrero Negro, Baja

California, Mexico, by Gray Whales," in Mary Lou Jones et al., eds., *The Gray Whale: Eschrichtius robustus* (Orlando, FL: Academic Press, 1984): 375–87.

[p.181] "从灭绝的边缘挺了过来": P. J. Clapham, S. B. Young, and R. L. Brownell, "Baleen Whales: Conservation Issues and the Status of the Most Endangered Populations," *Mammal Review* 29 (1999): 37–62.

[p.182] "并且都是幼年个体": S. E. Noakes, N. D. Pyenson, and G. McFall, "Late Pleistocene Gray Whales (*Eschrichtius robustus*) Offshore Georgia, U.S.A., and the Antiquity of Gray Whale Migration in the North Atlantic Ocean," *Palaeogeography, Palaeoclimatology, Palaeoecology* 392 (2013): 502–9.

[p.182] "灰鲸曾经进行过横跨北大西洋的一系列活动": Ole Lindquist, *The North Atlantic Gray Whale* (Escherichtius [sic] robustus): *An Historical Outline Based on Icelandic, Danish-Icelandic, English and Swedish Sources Dating from ca 1000 AD to 1792*, Occasional papers 1 (St. Andrews, UK: University of St. Andrews, 2000).

[p.182] "史密森尼学会的馆藏标本": James G. Mead and Edward D. Mitchell, "Atlantic Gray Whales," in Jones et al., eds., *The Gray Whale*: 33–53.

[p.182] "最后一次冰期到大约 450 年前": Peter J. Bryant, "Dating Remains of Gray Whales from the Eastern North Atlantic," *Journal of Mammalogy* 76 (1995): 857–61.

[p.182] "海平面的变化将为跨越大洋提供少数入口": S. Elizabeth Alter, Eric Rynes, and Stephen R. Palumbi, "DNA Evidence for Historic Population Size and Past Ecosystem Impacts of Gray Whales," *Proceedings of the National Academy of Sciences* 104 (2007): 15162–67.

[p.183] "穿过了西北航道": Aviad P. Scheinin et al., "Gray Whale (Eschrichtius robustus) in the Mediterranean Sea: Anomalous Event or Early Sign of Climate-Driven Distribution Change?" *Marine Biodiversity Records* 4 (2011): e28.

[p.184] "弗雷德里克·威廉姆·特鲁提议"：Frederick W. True, "Suggestions to Keepers of the U.S. Lifesaving Stations, Light-houses, and Light-ships, and to Other Observers, Relative to the Best Means of Collection and Preserving Specimens of Whales and Porpoises," *Annual Reports of the United States Commission of Fish and Fisheries* 11, app. F (1883): 1157–82.

[p.184] "离纳格斯黑德和科罗拉只有几千米远"：Mead and Mitchell, 1984.

[p.185] "它们甚至都不是'过去的'世界"：William Faulkner, *Requiem for a Nun* (New York: Random House, 1951).

## 后记

[p.186] "数十万个中新世的化石"：Susan M. Kidwell, "Stratigraphic Condensation of Marine Transgressive Records: Origin of Major Shell Deposits in the Miocene of Maryland," *Journal of Geology* 97, (1989): 1–24.

[p.186] "例如弗雷德里克·特鲁和雷明顿·凯洛格"：这两位前辈的部分贡献还包括 Frederick W. True, "Description of a New Genus and Species of Fossil Seal from the Miocene of Maryland," *Proceedings of the United States National Museum* 30 (1906): 835–40；以及 Remington Kellogg, "Description of Two Squalodonts Recently Discovered in the Calvert Cliffs, Maryland; and Notes on the Shark-Toothed Cetaceans," *Proceedings of the United States National Museum* 62 (1923): 1–69.

[p.186] "奥巴斯托鲸是一种凯洛格曾经倾力研究的化石抹香鲸"：雷明顿·凯洛格在他的晚年发表了一套由八个部分组成的学术论文，描述了来自卡尔弗特地层中的鲸类化石。例子可见 Remington Kellogg, "A Hitherto Unrecognized Calvert Cetothere," *United States National Museum Bulletin* 247 (1968): 133–61.

[p.187] "超过2300万年以前的渐新世的化石物种"：R. Ewan Fordyce, "Cetacean

Fossil Record," in *Encyclopedia of Marine Mammals*, 2nd ed. (2009), pp. 207–15.

[p.187] "平日里进食了无数吨的鱿鱼"：Victor B. Scheffer, *The Year of the Whale* (New York: Scribner, 1969).

[p.188] "与同伴在水面下共同组成巨鲸森林"：事实上，全世界的抹香鲸都是这样睡觉的。科学家现在还不清楚它们是否像圈养的海豚一样，只用一半的大脑进行睡眠（"半脑睡眠"），毕竟目前还没有人对一头自由活动的野生鲸类进行过脑电图测试。Patrick J. O. Miller et al., "Stereotypical Resting Behavior of the Sperm Whale," *Current Biology* 18 (2008): R21–23.

# 参考书目

Burnett, D. Graham. *The Sounding of the Whale: Science and Cetaceans in the Twentieth Century*. Chicago: University of Chicago Press, 2012.

Day, David. *Antarctica: A Biography*. Oxford, UK: Oxford University Press, 2013.

Estes, James A., Douglas P. DeMaster, Daniel F. Doak, Terrie M. Williams, and Robert L. Brownell Jr., eds. *Whales, Whaling, and Ocean Ecosystems*. Berkeley: University of California Press, 2007.

Gaskin, David E. *The Ecology of Whales and Dolphins*. New York: Heinemann, 1982.

George, Jean Craighead. *The Ice Whale*. New York: Dial Books for Young Readers, 2014.

Hoare, Philip. *The Whale: In Search of the Giants of the Sea*. London: Ecco, 2010.

Horwitz, Joshua. *War of the Whales: A True Story*. New York: Simon & Schuster, 2015.

Lilly, John C. *Man and Dolphin*. New York: Doubleday, 1961.

Lopez, Barry. *Arctic Dreams: Imagination and Desire in a Northern Landscape*. London: Picador, 1987.

Marx, Felix G., Olivier Lambert, and Mark D. Uhen. *Cetacean Paleobiology*. Hoboken, NJ: John Wiley and Sons, 2016.

Mowat, Farley. *A Whale for the Killing*. Toronto: McClelland & Stewart, 1972.

Norris, Kenneth S., ed. *Whales, Dolphins and Porpoises*. Berkeley: University of

California Press, 1966.

Payne, Roger. *Among Whales.* New York: Scribner, 1995.

Philbrick, Nathaniel. *In the Heart of the Sea: The Tragedy of the Whaleship Essex.* New York: Viking, 2000.

Quammen, David. *The Reluctant Mr. Darwin: An Intimate Portrait of Charles Darwin and the Making of His Theory of Evolution.* New York: W. W. Norton, 2006.

Reiss, Diana. *The Dolphin in the Mirror: Exploring Dolphin Minds and Saving Dolphin Lives.* Wilmington, MA: Mariner Books, 2012.

Scammon, Charles M. *The Marine Mammals of the North- Western Coast of North America, Described and Illustrated: Together with an Account of the American Whale- Fishery.* SanFrancisco: John H. Carmany, 1874.

Scheffer, Victor B. *The Year of the Whale.* New York: Scribner, 1969.

Thewissen, J. G. M. *The Walking Whales: From Land to Water in Eight Million Years.* Berkeley: University of California Press, 2014.

Tonnessen, Johan Nicolay, and Arne Odd Johnsen. *The History of Modern Whaling.* Berkeley: University of California Press, 1982.

Whitehead, Hal. *Sperm Whales: Social Evolution in the Ocean.* Chicago: University of Chicago Press, 2003.

Zimmer, Carl. *At the Water's Edge: Macroevolution and the Transformation of Life.* New York: Free Press, 1998.

# 译名对照表

**A**

accretionary tissues，增生组织

acid baths，酸浴

acidification of oceans，海洋酸化

adaptation，适应

Adam Metallo，亚当·梅塔洛

Alaska，阿拉斯加

albatrosses，信天翁

Aleutian Islands，阿留申群岛

Alexander Archipelago，亚历山大群岛

Alexander von Humboldt，亚历山大·冯·洪堡

algal blooms，藻华

allometry，异速生长

Amazon river dolphins（*Inia geoffrensis*），亚马孙河豚

ambergris，龙涎香

*Ambulocetus*，游走鲸

amoeba，变形虫

anaerobic bacteria，厌氧菌

anatomy of whales 鲸的解剖学

Andes，安第斯山脉

Anders，安德斯

anklebones，踝骨

Año Nuevo Island，新年岛

Antarctic krill（*Euphausia superba*），南极磷虾

Antarctic minke whales（*Balaenoptera bonaerensis*），南极小须鲸

Antarctica，南极

Anthropocene epoch，人类世

Antofagasta，安托法加斯塔

aorta，主动脉

aquatic adaptations，水生适应

aquatic mammals，水生哺乳动物

Ari Friedlaender，阿里·弗里德伦德尔

archaeocetes，古鲸类

Arctic region，北极区

ashoro，足寄

astragalus bone，距骨

astronomy，天文学

asymmetry，不对称性

Atacama Desert，阿塔卡马沙漠

Atlantic gray whales，大西洋灰鲸

Atlantic Ocean，大西洋

atomic testing，原子弹实验

*Australopithecus*，南方古猿

## B

backbones, 脊柱

bacteria, 细菌

baiji（*Lipotes vexillifer*）, 白鱀豚

Baja California, 下加利福尼亚

Bakersfield, 贝克斯菲尔德

bald eagles（*Haliaeetus leucocephalus*）, 白头海雕

baleen whales, 须鲸

*Basilosaurus*, 龙王鲸

Basques, 巴斯克地区

beaked whales, 喙鲸

Beaufort Sea, 波弗特海

Belgica（research ship）, 比利时号（科考船）

belugas（*Delphinapterus leucas*）, 白鲸

Bering Sea, 白令海

Bering Strait, 白令海峡

billfish, 长喙鱼, 主要指剑鱼、旗鱼类

biologging, 生物信标跟踪记录

biological pump, 生物泵

biomass, 生物量

biomechanical models, 生物力学模型

biopsy darts, 活体采样飞镖

biosonar organs, 生物声呐器官

birds, 鸟

bison, 野牛

blood volume, 血量

blowholes, 呼吸孔

blubber, 鲸脂

blue whales（*Balaenoptera musculus*）, 蓝鲸

blue-green algae, 蓝绿藻（蓝细菌）

Bob Shadwick, 鲍勃·沙德威克

Bodie Island, 博迪岛

bonebeds, 骨床

bones of whales, 鲸骨

bony fish（Perciformes）, 硬骨鱼（鲈形目）

bony-toothed seabirds, 骨齿海鸟

bottlenose dolphins（*Tursiops truncatus*）, 宽吻海豚

bowhead whales（*Balaena mysticetus*）, 弓头鲸

brain physiology, 脑生理学

blue whales（*Balaenoptera musculus*）, 蓝鲸

breeding grounds, 繁殖场

bubble nets, 气泡网

buoyancy, 浮力

bycatch, 兼捕

## C

Caldera Basin, 卡尔德拉盆地

Calvert Cliffs, 卡尔弗特悬崖

Canadian Arctic Archipelago, 加拿大北极群岛

cancers, 癌症

Cape Cod Bay, 科德角湾

Cape Hatteras National Seashore, 哈特拉斯角国家海滨

Cape Horn, 合恩角

carbon isotopes, 碳同位素

Carl Linnaeus,, 卡尔·林奈

Central American Seaway, 中美洲航道

Central Valley of California, 加利福尼亚中央谷地

cephalopods，头足类动物

Cerro Ballena，鲸之陵（"鲸之山丘"，"鲸之丘陵"）

cetaceans，鲸类

Catalina island，卡塔利娜岛

Charles Darwin，查尔斯·达尔文

Charles McCauley Hoy，查尔斯·麦考利·霍伊

Charles M. Scammon，查尔斯·M. 斯卡蒙

chemical pollution，化学污染

chemosymbiotic clams，化学共生的蛤

Chesapeake Bay，切萨皮克湾

Chile，智利

Chukchi Sea，楚科奇海

circulatory system，循环系统

Circum-Antarctic Current，南极环流

CIRVA（International Committee for the Recovery of the Vaquita），CIRVA（小头鼠海豚恢复国际委员会）

clamshells，蛤壳

clans of whales，鲸的氏族

click trains，用以回声定位发出的一系列"咔嗒"声

climate change，气候变化

common dolphins（*Delphinus delphis*），真海豚

comparative physiology，比较生理学

competition，竞争

Convention on International Trade in Endangered Species of Wild Fauna and Flora，濒危野生动植物物种国际贸易公约

convergent evolution，趋同演化

copepods，桡足类动物

Cope's rule，柯普法则

Copiapó，科皮亚波市

coquina，贝壳灰岩

Corolla，科罗拉

coronoid process，冠状突

Costa Rica，哥斯达黎加

countershading coloration，反荫蔽色

Cretaceous，白垩纪

CT scans，计算机断层扫描

culture of whales，鲸的文化

Cuverville Island，库佛维尔岛

Cuvier's beaked whales（*Ziphius cavirostris*），柯氏喙鲸

**D**

data collection，数据收集

dating，定年

Dave Bohaska，戴夫·波西卡

Deep Time，深度时间（深时）理论

deep-diving mammals，深潜哺乳动物

deep-sea sediments，深海沉积物

deep-sea worms，深海蠕虫

*Desmostylus*，索齿兽

diaphragm，膈膜

diatoms，硅藻

digital imaging，数字成像图

dinoflagellates，双鞭毛藻（甲藻）

diplomacy，外交

directional hearing，定向听觉

the Discovery Investigations and Reports, 《发现调查与报告》

dissection of whales, 鲸的解剖

DNA studies, DNA 研究

dolphins, 海豚

dorsal fins, 背鳍

drag, 阻力

Drake Passage, 德雷克海峡

dugongs, 儒艮

**E**

early whales, 早期鲸类

ears and hearing, 耳与听觉

earthquakes, 地震

eastern gray whales, 东部灰鲸

echolocation, 回声定位

ecology, 生态 / 生态学

ecotypes, 生态型

Edward Drinker Cope, 爱德华·德林克·柯普

El Morro, 埃尔莫罗（山）

electroencephalography, 脑电图学

elephants, 象

encephalization quotient（EQ）, 脑形成商数

energy fixers, 能量固定者

environmental change, 环境变化

Eocene epoch, 始新世

Ernest Shackleton, 欧内斯特·沙克尔顿

erosion, 侵蚀

evolution, 演化

extinction, 灭绝

Exxon Valdez oil spill, "埃克森·瓦尔迪兹号" 石油泄漏

eyes, 眼

**F**

family tree of whales, 鲸的演化树

faulting, 断层作用

Fayum depression, 法尤姆洼地

feather evolution, 羽毛的演化

feces, 粪便

fetal bones, 胎儿骨骼

field notes, 野外笔记

filter-feeding whales, 滤食性的鲸

fin whales（*Balaenoptera physalus*）, 长须鲸

finger bones, 指骨

finless porpoises（*Neophocaena asiaeorientalis*）, 江豚, 本书指长江江豚

fishing industry, 捕捞业

fjords, 峡湾

flippers, 鳍肢

flensing knife, 剥皮刀

flukeprints, 尾印

food pyramid（trophic pyramid）, 食物金字塔（营养级金字塔）

fossil fuels, 化石燃料

fossils, 化石

Frank Hurley, 弗兰克·赫尔利

Franklin expedition, 富兰克林探险

Frederick William True, 弗雷德里克·威廉姆·特鲁

freshwater species, 淡水物种

fulmar, 鹱

Indian subcontinent，印度次大陆

indigenous whaling cultures，固有捕鲸文化

industrial whaling，商业捕鲸

innovations，新特征

intelligence，智力

interglacial periods，间冰期

International Whaling Commission（IWC），国际捕鲸委员会

Iñupiats，因纽皮特人

involucrum，包膜，亦称"增生层"

iron runoff，含铁径流

island dwarfism，岛屿矮态

isolation of populations，种群的隔离

*Isthminia panamensis*（Panamanian fossil），（巴拿马化石）暂无中文正式名

IUCN（International Union for Conservation of Nature and Natural Resources），IUCN（国际自然及自然资源保护联盟）

**J**

Jacob's staff，支杆罗盘

Jan Straley，简·斯特拉利

jaws and jawbones，颌与颌骨

Jean Craighead George，简·克雷格德·乔治

Jean Potvin，让·波特温

Jeremy Goldbogen，杰瑞米·戈德博根

Jorge Velez-Juarbe，豪尔赫·贝莱斯-朱尔贝

Jim Estes，吉姆·埃斯蒂斯

Jim Parham，吉姆·帕勒姆

**K**

kelp forests，巨藻林

killer sperm whales（*Zygophyseter varolai*），颧突抹香鲸

killer whales（*Orcinus orca*），虎鲸

King William Island，威廉王岛

krill，磷虾

Kruzof Island，克鲁佐夫岛

**L**

"La Familia" specimen group，"一家人"标本小组

lagoonal environments，潟湖环境

land mammals，陆生哺乳动物

language and communication，语言和交流

laser scanning，激光扫描

leads（冰层之间的）线状开口水域，冰间水道

lifespan of whales，鲸的寿命

lighthouses，灯塔

limbs of whales，鲸的鳍肢

locomotion，运动

lunge feeding，冲刺捕食

lungs，肺

**M**

*Maiacetus*，慈母鲸

*Makaracetus*，麦卡鲸

manatees，海牛

marine ecology，海洋生态学

Marine Mammal Protection Act，《海洋哺乳动物保护法案》

marine mammals，海洋哺乳动物

marine reptiles，海洋爬行动物

marine snow，海雪

Mario Suárez（"Tuareg"），马里奥·苏亚雷斯（图阿雷格人）

mass extinctions，"大规模灭绝"

matrilineal social structure，母系社会结构

megalodon，巨齿鲨

Mega McKenna,，梅甘·麦克纳

megatoothed sharks，牙齿硕大的鲨鱼，即巨齿鲨

melon，额隆

mercury，汞

mesonychids，中爪兽

metabolism，新陈代谢

migration，迁徙

minke whales（*Balaenoptera acutorostrata*），小须鲸

Miocene epoch，中新世

mirror self-recognition，镜像自我识别

Moby-Dick（Melville），莫比·迪克（梅尔维尔）

Monterey，蒙特雷

mosasaurs，沧龙

MRI scans，核磁共振成像扫描

mudstones，泥岩

musculature of whales，鲸的肌肉组织

Myrtle Beach，默特尔海滩

mysticetes，须鲸

**N**

Nags Head，纳格斯黑德

narwhals（*Monodon monoceros*），独角鲸

National Museum of Natural History，美国国家自然历史博物馆

National Oceanic and Atmospheric Administration（NOAA），美国国家海洋与大气管理局

natural patrimony laws，自然遗产法

natural selection，自然选择

naturalists，博物学家

Nazca Plate，纳斯卡板块

nervous system，神经系统

Newport，纽波特

nitrogen，氮气

noise pollution，噪声污染

North Atlantic Ocean，北大西洋

North Atlantic right whales（*Eubalaena glacialis*），北大西洋露脊鲸

North Pacific Ocean，北太平洋

Northern Song（research ship），北方之歌号（科考船）

Northwest Passage，西北航道

Norwegian Whalers' Association，挪威捕鲸人协会

nostril migration，鼻孔迁移

novelty in evolution，演化中的新特征 / 演化新征

nutrient cycling，养分循环

**O**

ocean currents，洋流

oceanic dolphins，远洋海豚

oceanic plates，海洋板块

odontocetes，齿鲸

Odontoceti indeterminate，未知的齿鲸物种

offshore killer whales，离岸型虎鲸

oil exploration，石油勘探

oil from whales，鲸油

olfactory lobes，嗅叶

Oligocene epoch，渐新世

opposable thumb，对生拇指

organic waste，有机废物

The Origin of Species（Darwin），《物种起源》（达尔文）

Ortelius（research ship），奥特柳斯号（科考船）

*Orycterocetus*，奥巴斯托鲸

*Osedax* worm，食骨蠕虫

osteology，骨骼学

Outer Banks，North Carolina，外滩，北卡罗来纳州

**P**

Pacific Grove，帕西菲克格罗夫

Pacific Northwest，美国西北部（东北太平洋海岸）

Pacific Ocean，太平洋

pack hunting，包围捕食

*Pakicetus*，巴基鲸

paleontology，古生物学

Panama Canal，巴拿马运河

Panamanian isthmus，巴拿马地峡

Pan-American Highway，泛美公路

papillae，乳突

parachute physics，降落伞物理学

passenger pigeons（*Ectopistes migratorius*），旅鸽

pectoral flippers，胸鳍

pelagic environments，远洋／上层环境

*Pelagornis*，伪齿鸟

penguins，企鹅

permafrost，永冻层

Peto's paradox，佩托悖论

photic zones，透光层／真光层

photosynthesis，光合作用

phytoplankton，浮游植物

Piña Town，皮尼亚小镇

plastic pollution，塑料污染

plate tectonics，板块构造学说

platysma，阔肌

Playa del Pulpos，章鱼海滩

Point Reyes National Seashore，雷伊斯角国家海滨

poisons，毒药

pollution，污染

polychaete worms，多毛虫

population data，种群数据

population estimates，种群估算

porpoises，鼠海豚

predation，捕食／掠食

Prince George's County，乔治斯王子县

Prince of Wales Island，威尔士亲王岛

proprioceptors，本体感受器

Puget Sound，皮吉特湾

Punta Arenas，蓬塔阿雷纳斯

Punta Referencia，雷佛伦西亚港

pygmy right whales（*Caperea marginata*），小露脊鲸

**R**

racemization，外消旋作用

radiometric dating，放射性定年

red tides，赤潮

Remington Kellogg，雷明顿·凯洛格

*Remingtonocetus*，雷明顿鲸

reproduction，繁殖

reptiles，爬行动物

resident killer whale，居留型虎鲸

retrospection，回顾

Reykjavik，雷克雅未克

ribs，肋骨

right whales，露脊鲸

river dolphins，淡水豚

rorqual whales，须鲸科动物

rosettes，玫瑰形状（的静脉）

Ross expedition，罗斯探险

Ross seal（*Ommatophoca rossii*），罗斯海豹

**S**

salmon，三文鱼

sandstones，砂岩

San Pedro，圣佩德罗

Sant Ocean Hall，桑特海洋厅

Santa Cruz，圣克鲁斯

satellite tracking，卫星跟踪

sauropods，蜥脚类动物

scales，天平

scavengers，食腐动物

scientific process，科学过程

scientific terminology，科学术语

Scientists Cliffs，科学家悬崖

Scott Noakes，斯科特·诺克斯

sea cows，海牛

sea ice，海冰

sea lions，海狮

Sea of Okhotsk，鄂霍次克海

sea otters，海獭

sea urchins，海胆

seals，鳍脚类动物，一般指海豹

sedimentary rocks，沉积岩

sei whales（*Balaenoptera borealis*），塞鲸

self-awareness，自我意识

semiaquatic mammals，半水生哺乳动物

sexual maturity of whales，鲸的性成熟

Seymour Canal，西摩运河

sharks，鲨鱼

Sharktooth Hill，鲨齿山

shifting baselines，改变基线

ship strikes，船只撞击

sirenians，海牛类动物

sister groups，姐妹群

Sitka, Alaska，锡特卡，阿拉斯加

Sitka Sound Science Center，锡特卡海峡科学中心

sloths, aquatic，本书指海懒兽

Smithsonian Institution，史密森尼学会

Smithsonian Tropical Research Institute（STRI），史密森尼热带研究所

snout length，口鼻部（吻部）的长度

social behavior，社会行为

Society of Vertebrate Paleontology，古脊椎动物学会

soft tissues，软组织

solar observatories，太阳观测站

Somerset Island，萨默塞特岛

South America，南美

South American Plate，南美板块

South Georgia，南乔治亚

Southern Cross，南十字星座

Southern Ocean，南大洋

Southern right whales（*Eubalaena australis*），南露脊鲸

specialization，特化

sperm whales（*Physeter macrocephalus*），抹香鲸

spinner dolphins（*Stenella longirostris*），飞旋海豚

squid，枪乌贼

Stellwagen Bank，斯泰尔瓦根海岸

strandings，搁浅

Stromness，斯特罗姆内斯

subduction zones，俯冲带

submersibles，潜水器

sulfophilic bacteria，嗜硫菌

sulfophilic invertebrates，嗜硫无脊椎动物

surfacing，露出水面

swimming styles，游泳方式

synovial joint，滑膜关节

## T

tagging studies，标记研究

tail flukes，尾叶

tail-driven propulsion，尾部驱动推进

taphonomy，埋藏学

taxonomy of whales，鲸的分类学

teeth，牙齿

terminology，术语学

the Tethys sea，特提斯海

3-D models of specimens，标本的三维模型

Three Gorges Dam，三峡大坝

throat pouches，喉囊

tidal flats，潮滩

Tierra del Fuego，火地岛

toothed whales，齿鲸

totoaba，加利福尼亚湾石首鱼

transient killer whales，过客型虎鲸

trophic patterns，营养模式

tsunamis，海啸

tundra soil，冻土

type specimens，模式标本

## U

Ulysses（whaling ship），尤利西斯号（捕鲸船）

UNESCO World Heritage sites，联合国教科文组织世界遗产遗址

ungulates，有蹄类动物

United States National Museum（USNM），

美国国家博物馆

University of California Museum of
Paleontology，加州大学古生物博物馆

upwelling currents，上升流

U.S. Coast Guard，美国海岸警卫队

U.S. Endangered Species Act，美国濒危
物种法案

U.S. Marine Mammal Commission，美国
海洋哺乳动物委员会

U.S. Navy，美国海军

Utqiaġvik, Alaska，乌特恰维克（旧称
巴罗），阿拉斯加

## V

vaquita（*Phocoena sinus*），小头鼠海豚

vascular system，血管系统

Venn diagram，维恩图

vertebrae，脊椎

Vince Rossi，文斯·罗西

vision，视觉

volcanoes，火山

the Voyage of the Beagle（Darwin），《贝
格尔号航海日记》（达尔文）

Voyager spacecraft，旅行者号宇宙飞船

## W

Wadi Al-Hitan（"Valley of the Whales"），
瓦地阿希坦（"鲸之谷"）

walrus whales（*Odobenocetops peruvianus*），
海牛鲸

walruses，海象

western gray whales，西部灰鲸

Whalebone Junction，鲸骨路口

whalefalls，鲸落

whalesong，鲸歌

whaling，捕鲸

Wilhelm Schäfer，威廉·舍费尔

whiskers，胡须

Wilhelmina Bay，威廉敏娜湾

World War II，第二次世界大战

## X

X-ray scanning，X 光扫描

## Y

Yangtze river dolphins（*Lipotes vexillifer*），
白鱀豚

## Z

zooplankton，浮游动物